FAUNE DES COLONIES FRANÇAISES

CONTRIBUTION A L'ÉTUDE
DE LA
FAUNE DE MADAGASCAR

Publiée par G. PETIT

DEUXIÈME PARTIE

PARIS

SOCIÉTÉ D'ÉDITIONS
GÉOGRAPHIQUES, MARITIMES ET COLONIALES
17, BOULEVARD SAINT-GERMAIN (VI)

CONTRIBUTION A L'ÉTUDE

de la

FAUNE DE MADAGASCAR

CONTRIBUTION A L'ÉTUDE

DE LA

FAUNE DE MADAGASCAR

Publiée par G. PETIT

Docteur ès sciences, Assistant au Muséum National d'Histoire Naturelle
Chargé de missions à Madagascar

DEUXIÈME PARTIE

PARIS

SOCIÉTÉ D'ÉDITIONS
GÉOGRAPHIQUES, MARITIMES ET COLONIALES
184, BOULEVARD SAINT-GERMAIN (VIe)

1929

CONTRIBUTION A L'ÉTUDE

DE LA

FAUNE DE MADAGASCAR

—

DEUXIÈME PARTIE

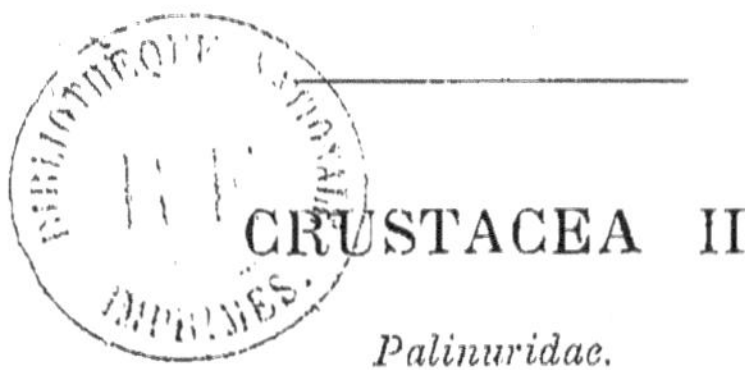

CRUSTACEA II

Palinuridae.

par

Th. Monod,   et   G. Petit,
Docteur ès Sciences   Docteur ès Sciences
Assistants au Muséum (Paris).

Les espèces du genre *Panulirus*, qui se rencontrent sur les récifs des côtes de Madagascar ont, comme on le verra d'autre part, une aire de répartition très étendue. Aussi ces espèces ont-elles été, pour la plupart, connues et déjà bien décrites avant d'avoir été recueillies dans la Grande Ile elle-même.

C'est A. Gruvel tout d'abord, dans sa monographie des *Palinuridae* (1911), puis dans un article de la *Revue générale des Sciences* (1914), qui, s'étant attaché à faire collecter les espèces de Langoustes de Madagascar, précisa l'existence de six espèces dans notre colonie de l'Océan Indien et esquissa les grandes lignes de leur habitat le long des côtes.

L'un de nous, au cours de deux voyages à Madagascar, a pu ajouter de nombreuses localités à celles déjà connues et préciser la répartition de ces espèces.

Une description détaillée des espèces vivant sur les côtes malgaches paraît être inutile après les travaux de G. PFEFFER (1897), A. GRUVEL (1911) et plus récemment de J. G. DE MAN (1916).

Nous nous bornerons donc à synthétiser dans des clefs dichotomiques les caractères distinctifs des genres de *Palinuridae* dont on trouve des représentants non seulement à Madagascar, mais aussi à la Réunion et à Maurice et ceux des espèces qui vivent autour de ces îles.

C'est ainsi qu'à côté du genre *Panulirus*, on donnera la diagnose du curieux genre *Palinurellus* dont la seule espèce (*P. Gundlachi* v. MART.), connue des Antilles, est représentée à Maurice par une variété (*P. Gundlachi Wieneckii* DE MAN). On trouvera de même les caractères distinctifs du genre *Palinurus*, car une espèce de ce genre, *Palinurus longimanus* H. MILNE-EDWARDS, signalée aux Antilles se trouve, de même, représentée à Maurice, par une variété (*P. longimanus mauritianus* MIERS).

D'autre part, dans la clef dichotomique permettant la détermination des espèces de *Palinuridae*, nous avons introduit les caractères de *Panulirus polyphagus* (HERBST), espèce commune notamment sur les côtes d'Annam et de Cochinchine, et qui se retrouve à Maurice. Elle n'a été signalée jusqu'ici ni à la Réunion, ni à Madagascar.

A ces diagnoses feront suite, pour chaque espèce malgache, des notes sur les détails de coloration observés par l'un de nous sur l'animal vivant et une liste des localités malgaches.

Un aperçu général sur la répartition des espèces de *Palinuridae* à Madagascar et sur la distribution de ces mêmes espèces dans l'Océan Indien complètera notre étude. Spécialement consacrée aux espèces du genre *Panulirus* vivant à Madagascar, elle donnera en même temps un aperçu général des *Palinuridae* des Mascareignes.

* * *

I.— CLEF POUR LA DÉTERMINATION DES GENRES DE *Palinuridae*
DE MADAGASCAR ET DES MASCAREIGNES.

1 { Un rostre développé; pas de cornes frontales supra-oculaires ; [flagella antennulaires courts].
= **Palinurellus** VON MARTENS 1878. (Une seule espèce : *P. Gundlachi* VON MARTENS var. *Wieneckii* DE MAN 1881. Sumatra, Maurice).
Rostre obsolète ou absent ; des cornes frontales supra-oculaires 2

2 { Flagella antennulaires courts (plus courts que le pédoncule et même que le dernier article pédonculaire) ; rostre petit, mais distinct ; épistome avec des plis longitudinaux ; cornes frontales, supra-oculaires, denticulées.
= **Palinurus** FABRICIUS *(s. str.).* (Une seule espèce dans la région : *Palinurus longimanus* H. M. EDW. 1837, var. *mauritianus* MIERS 1880).
Flagella antennulaires longs (plus longs que le pédoncule) ; rostre absent ; épistome lisse ; cornes frontales, supra-oculaires, entières.
= **Panulirus** WHITE 1847.

II. — CLEF POUR LA DÉTERMINATION DES ESPÈCES
DE *Panulirus* DE MADAGASCAR ET DES MASCAREIGNES.

1 { Des sillons tergaux transversaux sur les somites abdominaux ; 3e maxillipède (maxillipède externe) avec ou sans palpe (exopodite)............................ 2
Pas de sillons tergaux transversaux sur les somites abdominaux chez l'adulte; 3e maxillipède sans palpe.. 5

2 { Un palpe (exopodite) au 3e maxillipède (maxillipède externe) ; sillons transversaux médio-dorsalement ininterrompus partout ; bord antérieur de ces sillons entier, jamais festonné ou lobé........................ 3
Pas de palpe au 3e maxillipède ; sillons transversaux médio-dorsalement ininterrompus partout ou seulement aux somites 1-3 et 6 ou 1-4 et 6 (interrompus : 4-5, ou 5) ; bord antérieur des sillons plus ou moins distinctement festonné.................................... 4

3 {

Palpe du 3e maxillipède avec un flagellum développé, multiarticulé ; segment antennulaire avec 2 épines principales.

= *Panul. japonicus* (von Siebold) 1824 var. *longipes* A. M.-Edw. 1868.

Palpe du 3e maxillipède rudimentaire, réduit à un moignon sans flagellum ; segment antennulaire avec 4 épines principales groupées sur un socle commun.

= *Panul. penicillatus* (Olivier) 1811.

4 {

Sillons transversaux présentant une tendance à l'oblitération, plus marqués sur les côtés que médio-dorsalement où ils sont obsolètes, presque évanescents aux somites 4-5 ou 5 ; bord antérieur des sillons présentant des indications très peu apparentes de festons simplement juxtaposés.

= *Panul. dasypus* (Latreille).

Sillons transversaux fortement marqués sur tous les somites et sur toute l'étendue de ceux-ci ; bord antérieur des sillons portant une série de festons ciliés, d'aspect squammiforme et imbriqué.

= *Panul. Bürgeri* (de Han) 1841.

5 {

Segment antennulaire avec 2 fortes épines ; 2e maxillipède avec flagellum développé, multiarticulé.

= *Panul. polyphagus* (Herbst) 1796.

Segment antennulaire avec 4 fortes épines ; 2e maxillipède avec un flagellum obsolète ou nul............ 6

6 {

Palpe du 3e maxillipède sans trace de flagellum ; coloration verdâtre avec, sur la partie antérieure du céphalothorax, de fines marbrures et sur la partie moyenne des tergites abdominaux une large bande foncée transversale.

= *Panul. ornatus* (Fabricius) 1798.

Palpe du 3e maxillipède avec un rudiment obsolète et inarticulé de flagellum ; coloration : céphalothorax largement semé de taches bleu-foncé sur fond clair, pattes avec des lignes longitudinales foncées et claires, tergites abdominaux avec, au bord postérieur, une bande foncée transversale contenant elle-même une ligne centrale claire.

= *Panul. versicolor* (Latreille) 1804.

* * *

Panulirus japonicus (VON SIEBOLD),

var. *longipes* A. MILNE-EDW. 1868.

1911. *P. japonicus* VON SIEBOLD. A. GRUVEL, pp. 28-29, fig. 11
et pl. V, fig. 3 *(pro parte)*.

1916. *P. japonicus* VON SIEBOLD, var. *longipes* A. M. EDW. .
J. G. DE MAN, p. 13 et pp. 44-45.

Coloration sur le vivant. — Flagella antennulaires annelés de
brun-noir et de blanc. Flagella antennaires vert-brun avec taches
d'un blanc verdâtre. Segment antennulaire mauve. L'abdomen
offre une couleur générale ou brun marron foncé ou violet-rouge,
avec reflets blanchâtres dus à de nombreuses taches de dimen-
sion irrégulière. En bordure latérale de chaque tergite, tache
blanchâtre, le plus souvent ovale, parfois allongée et étranglée
en son milieu. La partie inférieure du céphalothorax présente
trois zones de coloration différente. L'antérieure est violâtre,
la moyenne est marron, la postérieure est jaune-brun. Elle
envoie des diverticules latéraux en direction antérieure, em-
brassant le plage moyenne.

Epines céphalothoraciques à base blanche et pointe noire.
La rangée marginale postérieure du céphalothorax, formée
d'épines noires.

Bourrelet de la bordure inférieure du céphalothorax de couleur
lie de vin, et surmonté d'un sillon blanchâtre inerme. Au-dessus
se voit une zone beige couverte d'une mosaïque de granulations
de couleur violet sombre, sans épines. Au bord antérieur de
la base de ces granulations s'insèrent des soies longues et
brunes qui débordent leur extrémité oralement, en leur faisant
comme une auréole. En arrière, ces granulations perdent leurs
soies et portent une pointe médiane courte. On constate un
mélange de granulations inermes et de granulations épineuses.
Cette zone beige, ainsi ornée et assez large, est surmontée d'une
bande blanchâtre, linéaire, sur laquelle s'espacent des granulations blanches. Les parois latérales du céphalothorax sont
couvertes d'épines plus fortes, à base noire, partie moyenne

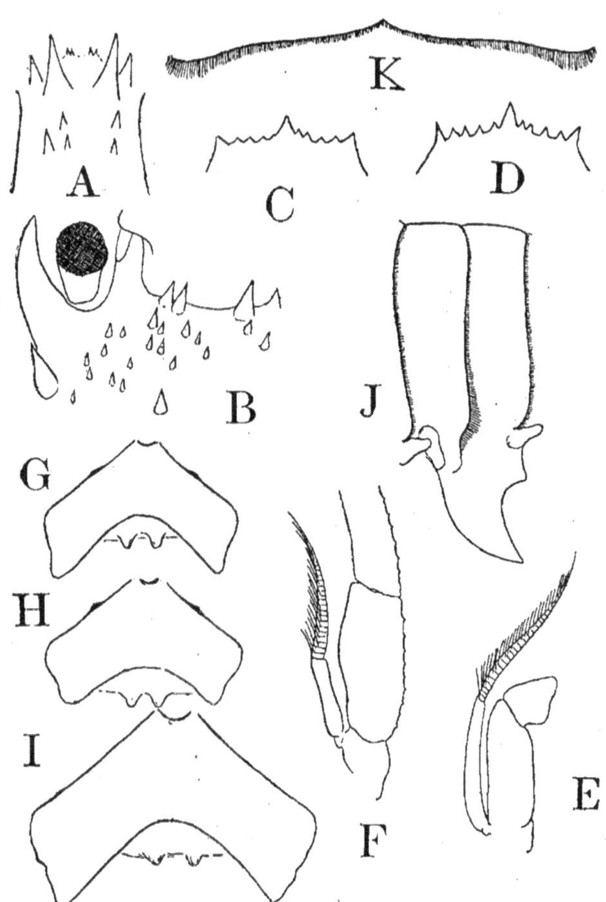

Fɪɢ. 1. — *Panulirus japonicus* (von Sɪᴇʙᴏʟᴅ) var. *longipes* A. M.-Edw. — A. Ornementation du segment antennulaire (exemplaire I *a*). — B. Région orbito-antennaire (ex. III *a*). — C. Bord antérieur de l'épistome (ex. IV *a*). — D. *Id.* (ex. I *a*). — E. Base du 2ᵉ maxillipède. — F. Base du 3ᵉ maxillipède. — G. Sternite du 5ᵉ péréiopode (ex. IV *a*). — H. *Id.* (Ex. III *a*). — I. *Id.* (Ex. II *a*). — J. 3ᵉ somite abdominal, en vue latérale (ex. I *a*). — K. Sillon tergal transversal du 2ᵉ somite abdominal.

blanche et pointe ambrée, alternant avec des granulations inermes
dont certaines ont un reflet azuré.

Pattes brunes, avec filets orangés et taches blanches.

*Exemplaires de la collection du Laboratoire des Pêches et Produc-
tions coloniales d'origine animale.*

I. Madagascar :

    a) 1 ♀, Nosy Bé ? [300 mm.]

    b) 1 ♀,   —

    c) 1 ♀,   —

    d) 1 ♂,   —

    c) 1 ♀, Anakao.

II. La Réunion :

    a) 1 ♀, Saint-Gilles.

III. Maurice :

    a) 1 ♂, Port-Louis [270 mm. ; mesure prise la queue repliée].

IV Sans indication de provenance :

    a) 1 ♀ [exemplaire mou ; 230 mm.].

    b) 1 ♀.

Panulirus penicillatus (OLIVIER) 1811.

1911. *P. penicillatus* OLIVIER. A. GRUVEL, pp. 31-32, fig. 13
    et pl. II, fig. 4, pl. IV, fig. 2.

1916. *P. penicillatus* OLIVIER. J. G. DE MAN, p. 34 et pp. 45-48,
    pl. II, fig. 6.

Coloration sur le vivant. — Tergites abdominaux de couleur
brune, ponctués de blanc sale. Cornes supra-oculaires à extrémité trichrome ; d'avant en arrière : ambré, jaune clair, orangé.
Le reste de ces cornes est brun noir avec une ou deux taches
superposées de couleur orange. La base est jaune orangé.

La coloration des cornes supra-oculaires se retrouve presque
exactement sur les épines du cercle antennulaire. Toutefois la

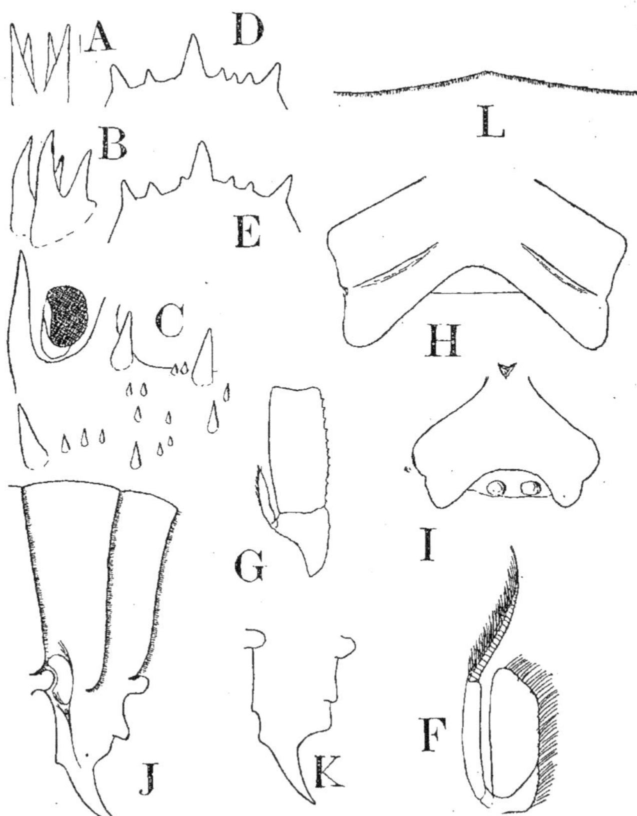

Fig. 2. — *Panulirus penicillatus* (Olivier). — A. Ornementation du segment antennulaire (exemplaire II *a*). — B. *Id.*, en vue oblique (ex. II *a*). — C. Région orbito-antennaire (ex. II *a*). — D. Bord antérieur de l'épistome (ex. II *a*). — E. *Id.* (ex. II *b*). — F. Base du 2ᵉ maxillipède (ex. II *a*). — G. Base du 3ᵉ maxillipède (ex. III *a*). — H. Sternite du 5ᵉ péréiopode (ex. II *b*). — I. *Id.* (ex. I *b*). — J. 3ᵉ somite abdominal, en vue latérale (ex. II *a*). — K. Epimère du 2ᵉ somite abdominal (ex. II *a*). — L. Sillon tergal transversal du 2ᵉ somite abdominal.

base de ces épines est nettement jaune et il n'y a pas de taches superposées sur leur face supérieure.

Les épines implantées en arrière des cornes frontales, ont leur sommet trichrome, comme ces dernières, mais les deux tiers de ces épines sont de teinte brun-noir.

Les épines antérieures du céphalothorax portent une pointe ambrée, un disque noir et une base jaune. Pattes d'un vert marron avec bandes latérales et supérieures, très étroites, jaune clair.

Exemplaires de la collection du Laboratoire des Pêches et Productions coloniales d'origine animale.

I. Madagascar :

    a) 1 ♀, Farafangana.
    b) 1 ♂, [170 mm.].
    c) 1 ♀, côte est.
    d) 1 ♂,   —
    e) 1 ?   —   (naturalisé).

II. La Réunion :

    a) 1 ♀, [300 mm. ; mesuré la queue repliée.]
    b) 1 ♀, [320 mm.].
    c) 1 ♀.
    d) 1 ♂.

Localités réunionnaises : Saint-Gilles. Etang salé.
Autres localités malgaches (1) : Itampolo (prov. de Tuléar). — Mahambo, Foulpointe, Tamatave.

Panulirus dasypus (LATREILLE).

1911. *P. dasypus* LATR. A. GRUVEL, p. 34, fig. 15 et pl. II, fig. 5.
1916. *P. dasypus* LATR. J. G. DE MAN, p. 33 et pp. 48-49.

---

1. Les localités malgaches sont indiquées en commençant par la côte W., et toujours du N. au S. en ce qui concerne la côte W. et la côte E.

Nous n'avons aucun document personnel sur la coloration de l'espèce sur le vivant.

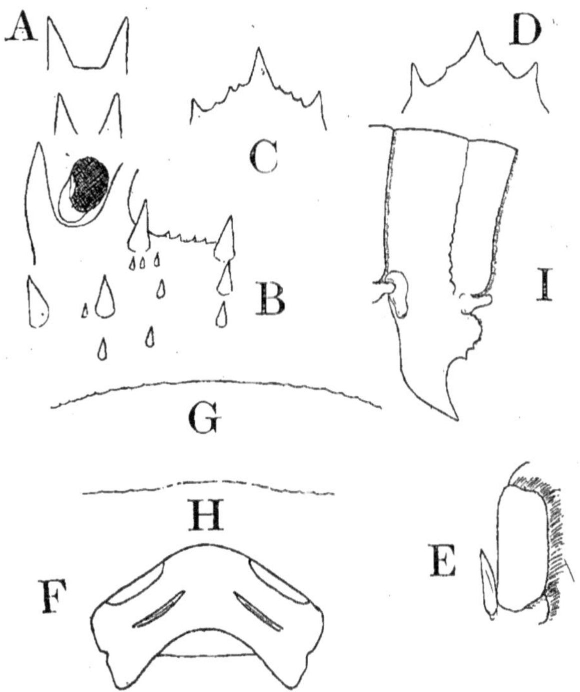

Fig. 3. — *Panulirus dasypus* (LATREILLE). — A. Ornementation du segment antennulaire (exemplaire *a*). — B. Région orbito-antennaire (ex. *a*). — C. Bord antérieur de l'épistome (ex. *a*). — D. *Id.* (ex. *b*). — E. Base du 2e maxillipède (ex. *a*). — F. Sternite du 5e péréiopode (ex. *a*). — G. Sillon tergal transversal du 2e somite abdominal (ex. *a*). — H. *Id.* du 5e somite (ex. *a*). — I. 8e somite abdominal en vue latérale (ex. *a*).

*Exemplaires de la collection du Laboratoire des Pêches
et Productions coloniales d'origine animale.*

a) 1 ♀, grainée, Diégo [120 mm.].
b) 1 ♂, Diégo [140 mm.].

Panulirus Bürgeri (DE HAAN) 1841.

1911. *P. Burgeri* DE HAAN. A. GRUVEL, pp. 32-34, fig. 14 et 15
 et pl. I, fig. 6.
1916. *P. Bürgeri* (DE HAAN). J. G. DE MAN, p. 33 et pp. 48-49.

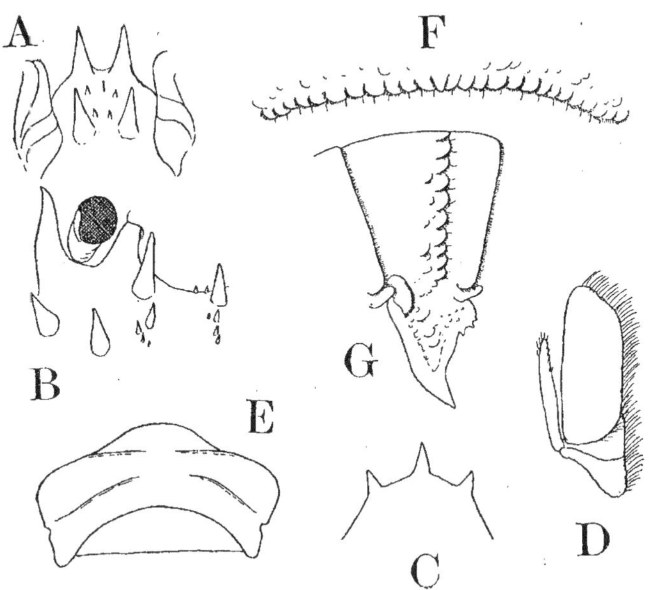

FIG. 4. — *Panulirus Bürgeri* (DE HAAN) [toutes les figures d'après l'exemplaire *e*]. —
A. Ornementation du segment antennulaire. — B. Région orbito-antennaire.
— C. Bord antérieur de l'épistome. — D. Base du 2e maxillipède. — E. Ster-
nite du 5e péréiopode. — F. Sillon tergal transversal du 2e somite abdominal.
— G. 3e somite abdominal, en vue latérale.

Coloration sur le vivant. — Couleur générale rouge-brun.
1er et 2e articles des antennes d'un violet plus clair que les
flagella. Les antennules et leurs flagella portent des anneaux
allongés, de couleur blanche, alternant avec des anneaux de
couleur brique. Cornes post-oculaires marbrées de brun et de

jaune. Epines céphalothoraciques nombreuses, de couleur rouge. Au bord antérieur de leur base, couronne de soies brunes. Latéralement, ces épines, plus clairsemées, sont à base blanche.

Bourrelet latéral inférieur du céphalothorax d'un bleu-ciel qui paraît s'accentuer chez des individus adultes. Un sillon garni de poils sépare ce bourrelet d'une zone inerme d'une belle teinte·brun-foncé, avec une partie antérieure, jaunâtre, bien tranchée.

Sillons pilifères des tergites abdominaux avec bordure claire. Sur ces tergites, petites ponctuations blanchâtres qui deviennent plus grosses à partir du 4e, où l'on voit souvent de véritables marbrures jaunâtres. Les tergites portent latéralement une tache jaune.

Exemplaires de la collection du Laboratoire des Pêches et Productions coloniales d'origine animale.

Madagascar :

    a) 1 ♂, sec. Morombé (prov. de Tuléar).
    b) 1 ♀
    c) 1 ♀, côte Ouest.
    d) 1 ♀,   —
    e) 1 ♀, Fort-Dauphin [180 mm.].
    f) 1 ♀,   —

Autres localités malgaches : Nosy Andramona, Nosy Lava (Morombé), Androka. — Mahambo, Foulpointe, Tamatave, Ambatomainty (Vangaindrano).

Panulirus polyphagus (HERBST) 1796.

1911. *P. fasciatus* FABRICIUS. A. GRUVEL, pp. 41-43, fig. 19.
1916. *P. polyphagus* HERBST. J. G. DE MAN, p. 34 et pp. 49-51.
    Nous n'avons aucune donnée personnelle sur la coloration de *P. polyphagus* (HERBST) sur le vivant.

*Exemplaires de la collection du Laboratoire des Pêches
et Productions coloniales d'origine animale.*

a) 1 ♀, Province de Baria (Cochinchine) [250 mm.].
b) 1 ♀,   —

Autres localités indochinoises : Côte d'Annam (A. KREMPF).

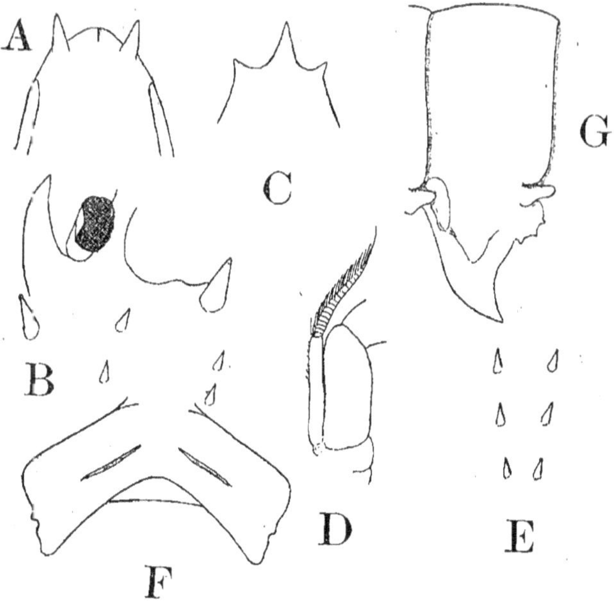

FIG. 5. — *Panulirus polyphagus* (HERBST) [toutes les figures d'après l'exemplaire a]. — A. Ornementation du segment antennulaire. — B. Région orbito-antennaire. — C. Bord antérieur de l'épistome. — D. Base du 2° maxillipède. — E. Ornementation de la région cardiaque. — F. Sternite du 5° péréiopode. — G. 3° somite abdominal, en vue latérale.

Panulirus ornatus (FABRICIUS) 1798.

1911. *P. ornatus* FABRICIUS. A. GRUVEL, pp. 47-49 et pl. VI, fig. 2.

1916. *P. ornatus* FABRICIUS. J. G. DE MAN, p. 34, pp. 51-54,
pl. II, fig. 7 *b*, 7 *c*.

Base des antennes violet foncé avec vergetures blanchâtres.
Flagella violet-rouge. Abdomen de couleur générale verte, avec
sur chaque segment une bande transversale vert-brun. Latéralement, et surtout sur les 2e, 3e et 4e tergites abdominaux, une
« flamme », de direction oblique et de couleur vert-clair, isole
de la *bande* vert-brun, une *tache* latérale de même couleur.

Une série de taches blanches, assez symétriques et parallèles
dans la partie antérieure des tergites. Pointe des épimères
blanche.

Céphalothorax vert-bleu avec épines orangées.

Bourrelet de la bordure latérale inférieure du céphalothorax
séparé par un sillon étroit, garni de poils très courts, d'une zone
latérale, élargie en avant, rétrécie en arrière, de couleur jaune.

Les épines les plus latérales du céphalothorax sont petites et
courtes, constituant une sorte de chagrin sur lequel le doigt
passe sans être accroché. Pattes brun-violet avec marbrures
jaunes.

*Exemplaires de la collection du Laboratoire des Pêches
et Productions coloniales d'origine animale.*

I. Madagascar :

a) 1 ♀, Nosy Bé ? [400 mm. ; mesuré la queue repliée.

b) 1 ♀, Nosy Bé.

c) 1 ♂, Tuléar, [320 mm.].

d) 1 ♂, —

e) 1 ♂, —

II. Sans indication de provenance :

a) 1 ♀ (en deux fragments).

b) 1 ♀ (à sec).

c) 1 ♀ (exemplaire mou).

d) 1 ♂.

e) 1 ♂ (naturalisé).

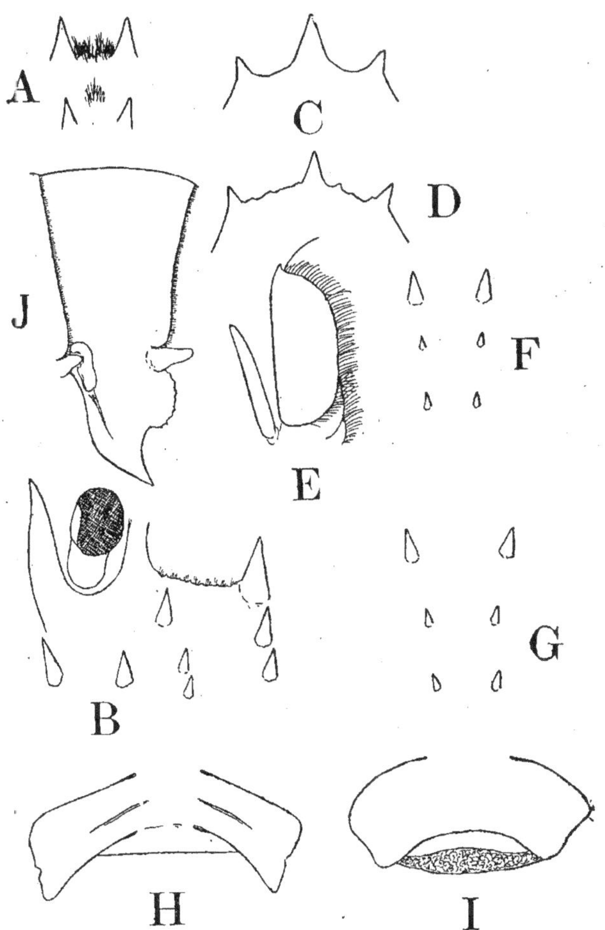

Fig. 6. — *Panulirus ornatus* (Fabricius). — A. Ornementation du segment antennulaire (exemplaire I *a*). — B. Région orbito-antennaire (ex. I *c*). — C. Bord antérieur de l'épistome (ex. I *a*). — D. *Id.* (ex. *g*). — E. Base du 2e maxillipède. — F. Ornementation de la région cardiaque (ex. I *a*). — G. *Id.* (ex. I *c*). — H. Sternite du 5e péréiopode (ex. I *a*). — I. *Id.* (ex. I *c*). — K. 3e somite abdominal, en vue latérale.

Autres localités malgaches : Ankatsépé (Majunga), Nosy Andrano (îles Barren), Nosy n'Dolo (Morombé), Salary, Manombo, baie d'Andronobé, Nosy Mareana (Tuléar), Sarodrano, Anakao, Beheloka, Androka. — Vohémar, Tamatave.

Panulirus versicolor (LATR.).

1911. *P. ornatus* FABRICIUS var. *tœniatus* LMCK. A. GRUVEL, pp. 48-49 et pl. VI, fig. 3.

1916. *P. versicolor* LATR. J. G. DE MAN, p. 34, pp. 55-61, pl. II, fig. 7, 7 *a*.

La coloration de *P. versicolor* (LATR.), qui paraît du reste très fixe, a été bien indiquée par les auteurs. Les zones bleu de Prusse du céphalothorax isolées par des plages jaunes et elles-mêmes damasquinées de jaune, sont très caractéristiques.

Aux détails déjà publiés et à ceux donnés par nous-mêmes dans la clef dichotomique, ajoutons que les articles antennaires, en dehors des taches foncées qui entourent chaque épine à leur base, sont de couleur rosée.

Exemplaires de la collection du Laboratoire des Pêches et Productions coloniales d'origine animale.

a) 1 ♂, Nosy Bé [débris ; 335 mm.].

b) 1 ♂,   —   [débris].

Autre localité malgache : Nosy n' Dolo (Morombé).

* * *

Les données que nous possédons actuellement sur la répartition des *Palinuridae* sur les côtes de Madagascar nous montrent la présence d'une espèce dominante sur la côte Ouest (*P. ornatus* FABRICIUS) ; cette espèce paraît être beaucoup plus localisée sur la côte Est, où elle n'a été rencontrée qu'en deux points.

Par contre, sur la côte Est, nous constatons la prédominance de deux espèces : *P. Bürgeri* (DE HAAN) et *P. penicillatus* (OLI-

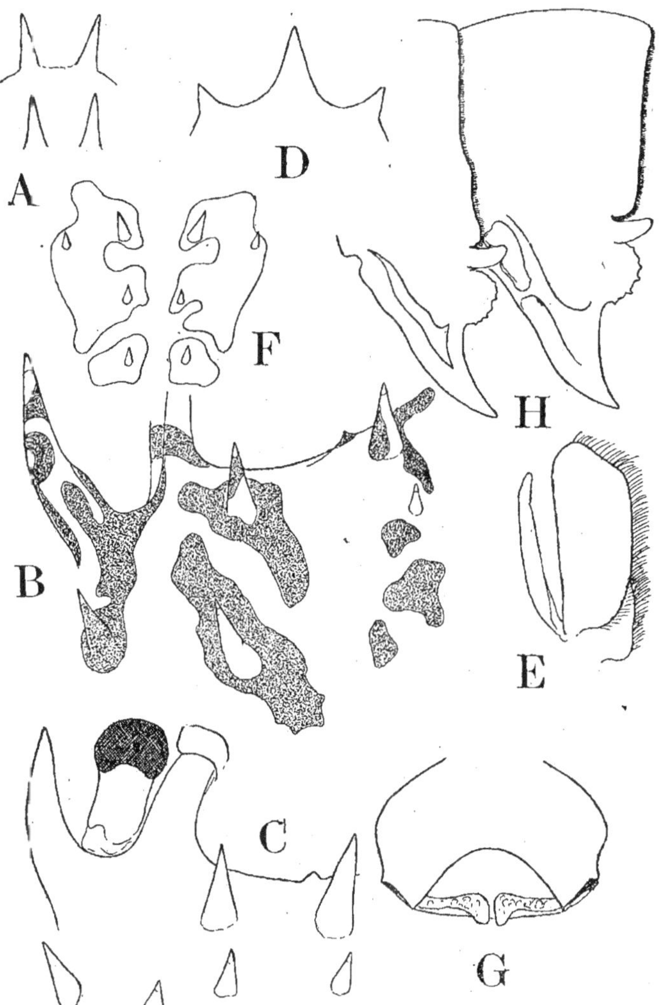

Fig. 7. — *Panulirus versicolor* (Latreille). — A. Ornementation du segment antennulaire (exemplaire *b*) — B. Région orbito-antennaire (ex. *a*) — C. *Id.* (ex. *b*). — D. Bord antérieur de l'épistome (ex. *b*). — E. Base du 2e maxillipède (ex. *b*) — F. Ornementation de la région cardiaque (ex. *a*). — G. Sternite du 5e péréiopode (ex. *b*). — H. 2e et 3e somites abdominaux, en vue latérale (ex. *b*).

vier) que l'un de nous a signalée pour la première fois dans le Sud-Ouest de Madagascar. Il faut noter encore la rareté des stations connues de *P. dasypus* (Latreille) et le fait que *P. japonicus longipes* A. Milne-Edw., non signalée avant nous sur la côte occidentale de Madagascar, a été rencontrée dans le N.-W. (Nosy Bé) et le Sud-Ouest (Anakao).

Il est probable, du reste, qu'à mesure que se poursuivront les investigations sur la faune marine de Madagascar, la répartition générale des *Palinuridae* de la grande Ile apparaîtra plus homogène. Mais il est possible qu'elle révèle une localisation plus précise d'une espèce ou qu'elle accentue, au contraire, la prédominance marquée d'une autre espèce sur toute l'étendue d'une des côtes de l'île.

C'est ainsi que la fréquence de *P. ornatus* Fabricius sur la côte W. peut s'expliquer par le fait que les récifs madréporiques paraissent offrir, pour cette espèce, les conditions les meilleures d'habitat. *P. ornatus* Fabricius, en effet, que les Européens appellent, du reste, langouste des sables, affectionne particulièrement les zones peu exposées à la lame, les plateformes ensablées des récifs, où des massifs de coraux vivants subsistent çà et là entre des plages de sable blanc ou des herbiers de Phanérogames marines (Cymodocées, Diplanthera).

Par contre, *P. japonicus longipes* A. Milne-Edw. semble, au contraire, se localiser vers l'abrupt du récif, dans les zones plus anfractueuses et plus battues par la lame.

L'habitat des deux espèces s'établissant ainsi sur deux zones distinctes d'un même récif a été nettement observé par l'un de nous à Nosy Bé (1). La présence exclusive de *P. ornatus* Fabricius sur les récifs de la région de Tuléar et l'apparition brusque, à quelques kilomètres au sud, de *P. japonicus longipes* A. Milne-Edw., sur les récifs d'Anakao où elle domine nettement, pour ne pas dire qu'elle s'y rencontre seule, pourrait s'expliquer, de même, par ces conditions d'habitat.

1. Voir la carte de la répartition des langoustes autour de Nosy Bé dans la note de G. Petit (1922).

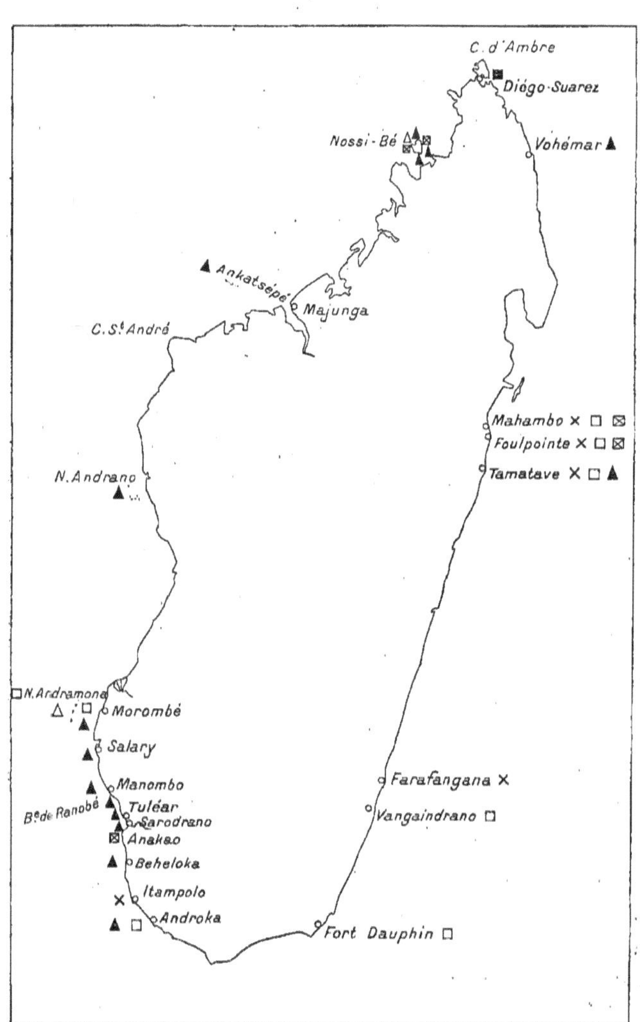

Fig. 8. — Carte de la répartition des Langoustes sur les côtes de Madagascar.

▲ *P. ornatus.*
△ *P. versicolor.*
□ *P. Bürgeri.*
■ *P. dasypus.*
⊠ *P. japonicus.*
× *P. penicillatus.*

P. Bürgeri (DE HAAN), *P. penicillatus* (OLIVIER), comme la variété indo-africaine de *P. japonicus* (VON SIEBOLD) paraissent être, de même, des espèces vivant de préférence dans les anfractuosités des récifs exposé la houle. Sans doute, ces espèces qui dominent sur la côte Est et qui sur la côte occidentale n'ont été rencontrées jusqu'ici que dans le Sud-W., se retrouvent-elles sur les récifs frangeants des côtes méridionales de Madagascar.

En ce qui concerne le comportement des Langoustes, il est intéressant de rapporter ici le fait observé sur la plateforme des récifs de Nosy n' Dolo (Morombé). Un bloc tabulaire de calcaire corallien dé 1 m. 50 de diamètre, environ, présentait sa face inférieure creusée de cavités, sculptée de dépressions parfois surmontées de petits ponts de calcaire. Six *P. ornatus* OLIV. et un exemplaire de *P. versicolor* (LATREILLE), d'une taille moyenne de 20 cm., étaient nichées et littéralement incrustées dans les anfractuosités de la roche. Seules, les antennes restaient libres hors de la cachette. Le bloc a dû être brisé pour en extraire les langoustes.

La ponte doit se répartir sur une période assez étendue. Des femelles grainées ont été capturées à la Réunion dans la deuxième quinzaine de septembre et d'autres, à Madagascar, en janvier et en mars.

* * *

De même que nous avons indiqué sur une carte (fig. 8) la répartition des espèces de langoustes le long des côtes de Madagascar — ce qui fixera schématiquement nos connaissances biogéographiques sur ces espèces, à l'heure où nous publions ce travail — de même, il nous a paru intéressant d'en indiquer la répartition générale dans la région indo-pacifique en nous basant sur les localités indiquées par divers auteurs et notamment PFEFFER (1897), GRUVEL (1911) et DE MAN (1916) (fig. 9).

Il y a peu d'observations d'ordre général à dégager de la carte ainsi établie. Nous avons déjà attiré l'attention, en effet, sur la présence, à Maurice, d'un représentant du genre *Palinurus*, sous la forme d'une variété de *P. longimanus*, espèce spéciale à la mer des Antilles. Encore à Maurice, nous constatons la présence de l'espèce *Panilurus polyphagus* HERBST dont la répartition paraît être plus dispersée que les autres espèces du même genre et qui n'a été rencontrée jusqu'ici, ni à la Réunion, ni à Madagascar.

Notons enfin que des six espèces de *Panulirus* signalées dans la région indo-pacifique, c'est *P. penicillatus* qui a la répartition la plus étendue en latitude, puisqu'on la rencontre du 135° longitude E (îles Gambier) jusqu'au 15° longitude W (Banc des Aiguilles, selon STEBBING, d'après A. GRUVEL) (1).

BIBLIOGRAPHIE

1897. — PFEFFER (G.). Zur Kenntnis der Gattung Palinurus Fabr. (*Mitth. Naturhist. Mus*. XIV. 2. *Beiheft zum Iahrb. Hamb. Wiss. Aust*., XIV, 1897, 16 pp.).

1911. — GRUVEL (A.). Contribution à l'étude générale, systématique et économique des *Palinuridae* (*Ann. Inst. Océan*., III, fasc. 4, pp. 5-54, pl. I-VI).

1914. — GRUVEL (A.). Les Langoustes de Madagascar (*Rev. gén. Sc*., n° 25, p. 711).

1921. — GRUVEL (A.). Sur la distribution géographique de quelques Langoustes de Madagascar et leur exploitation industrielle (*C. R. A. Sc*., n° 19, mai 1921).

1916. — DE MAN J. G. The Decapoda of the Siboga Expédition, Part III. Families Eryonidae, Palinuridae, Scyllaridae and Nephropsidae (*Siboga-Expeditie*, XXXIX a^2, 122 pp., 4 pl.).

1922. — PETIT (G.). Les Langoustes de Nosy-Bé (Madagascar) (*Rev. d'Hist nat. appliquée*, n° 4, 1 carte).

1. On trouvera des détails sur la pêche des langoustes à Madagascar *in* : G. PETIT, *L'Industrie des Pêches à Madagascar*, 1 vol. à l'impression. *Soc. d'Edit. géogr. marit. et coloniales*. Paris.

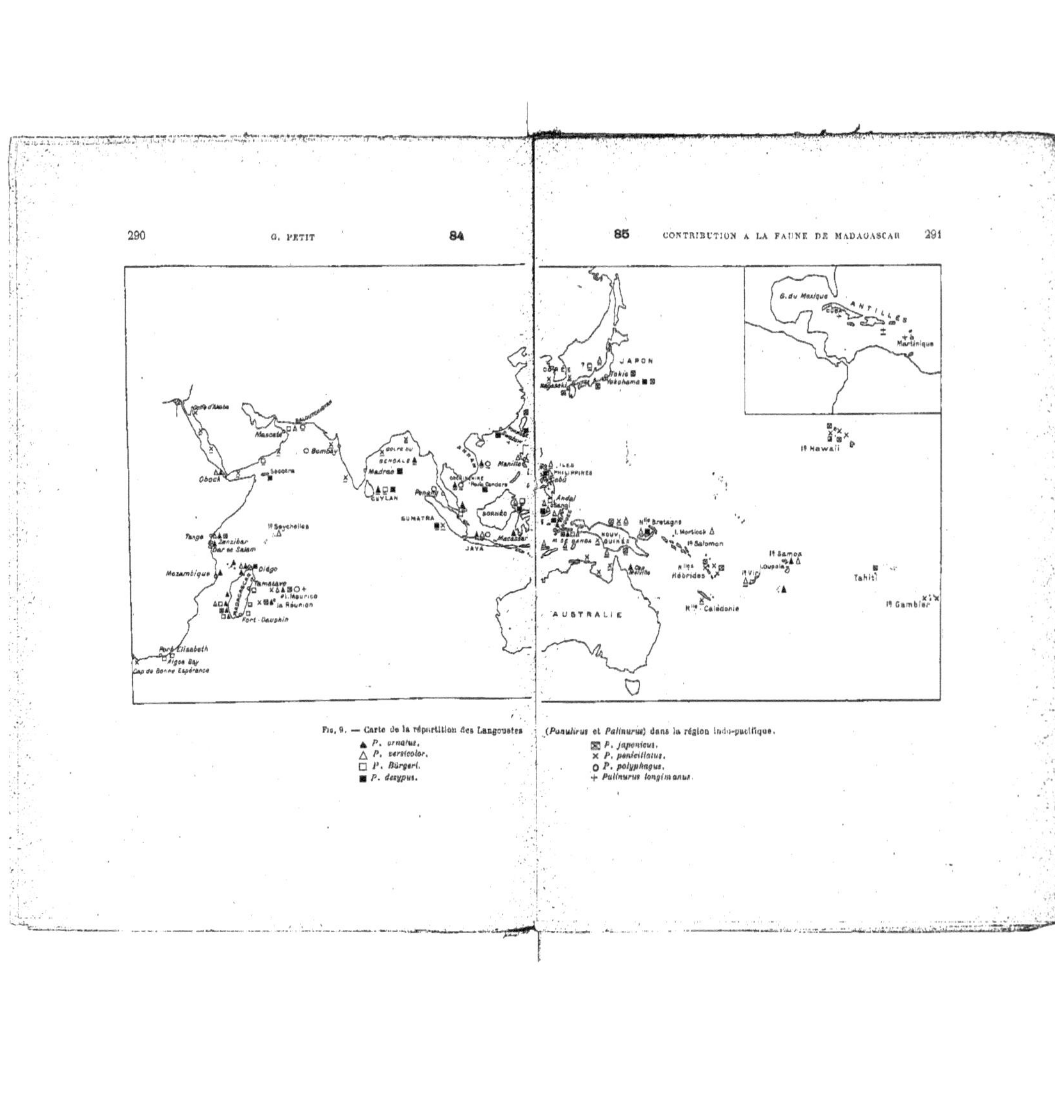

Fig. 9. — Carte de la répartition des Langoustes (*Panulirus* et *Palinurus*) dans la région indo-pacifique.

CRUSTACEA III

Atyidae.

par JEAN ROUX,

Docteur ès Sciences, Conservateur au Musée d'Histoire naturelle de Bâle.

La collection de Caridines que M. le Dr G. PETIT a rapportée de sa mission à Madagascar comprend 6 espèces dont 3 sont décrites comme nouvelles pour la science. Ces espèces sont : *Caridina gladiifera, Caridina Bouvieri* et *Caridina Petiti* dont les affinités seront examinées plus loin. Parmi les formes déjà connues se trouve *Caridina gracilirostris* dont la présence n'avait pas encore été signalée à Madagascar. Cette trouvaille étend considérablement l'aire de distribution de cette espèce qui doit se trouver répandue dans toute la région indo-pacifique.

Quant à *Caridina nilotica*, dont l'aire de dispersion s'étend, aussi, de l'Ouest africain en Mélanésie, on sait que cette espèce, éminemment plastique, se présente sous diverses sous-espèces dont plusieurs se rencontrent à Madagascar. La collection de M. le Dr G. PETIT renferme, outre la forme *typica*, les sous-espèces : *paucipara* DE MAN, *brevidactyla* J. ROUX et *xiphias* BOUV.

Basée sur des caractères morphologiques assez variables, la discrimination de ces sous-espèces n'est pas toujours aisée. Il ne me semble pas possible, dans bien des cas, de considérer ces formes comme des races géographiques bien localisées, étant donné que plusieurs d'entre elles se retrouvent dans des territoires fort éloignés les uns des autres.

Voici la liste de toutes les espèces et sous-espèces connues jusqu'à ce jour pour l'île de Madagascar ; l'astérisque précédant le nom, indique que la forme dont il est question n'a pas été, jusqu'ici, trouvée en dehors de la grande île malgache. Pour les autres espèces, l'aire de répartition a été indiquée.

1. *Caridina gracilirostris* DE MAN. (Région indo-austral.).
2. — *nilotica typica* DE MAN. (Région indo-austral.).
* 3. — *nilotica stylirostris* BOUV.
4. — *nilotica gracilipes* DE MAN. (Région indo-austr.).
5. — *nilotica paucipara* DE MAN. (Afrique mérid.).
* 6. — *nilotica xiphias* BOUV.
7. — *nilotica brachydactyla* BOUV. (Région indo-austr.).
8. — *nilotica brevidactyla* J. ROUX. (Région indo-austr.).
* 9. — *hova* Nobili.
* 10. — *isaloensis* COUT.
* 11. — *Bouvieri* n. sp.
* 12. — *Grandidieri* BOUV.
* 13. — *madagascariensis* BOUV.
* 14. — *gladiifera* n. sp.
* 15. — *edulis* BOUV.
* 16. — *Petiti* n. sp.
17. — *brevirostris* * *brevipes* BOUV. (espèce typique : Chine, ? Seychelles).
* 18. — *angulata* BOUV.
19. — *typus typica* M. EDW. (Région indo-austr.).
* 20. — *Calmani* BOUV.

De ces 20 formes, 12 peuvent être considérées, jusqu'à plus ample informé, comme spéciales à Madagascar, mais il n'est pas exclu que l'une ou l'autre ne se retrouve dans les îles voisines.

Ces espèces doivent être dérivées, pour la plus grande partie, des formes répandues dans la région indo-australienne (par ex. *Caridina nilotica*). Le groupe de *Caridina togoensis* Hilg. (= ? *africana* KINGSL.) n'a, par contre, fourni qu'un très maigre contingent à la faune des Caridines malgaches, du moins dans l'état actuel de nos connaissances.

Jusqu'ici aucun autre genre d'Atyidés n'a été rencontré à Madagascar ; cette lacune remarquable a déjà été relevée, dans sa récente monographie, par Bouvier (1) (p. 358).

Il faut peut-être mettre cette absence des Atyidés supérieurs, à Madagascar, en corrélation avec la présence dans cette île d'un représentant de la famille des *Parastacidae*, le genre *Astacoides*. On peut supposer qu'il y a là un cas de concurrence vitale et que ces deux familles, vivant dans l'eau douce et dans des conditions semblables, tendent à s'exclure. A cet égard, on peut citer comme cas analogue, celui de l'Australie où la famille des *Parastacidae* est représentée par plusieurs genres très répandus, tandis que ce n'est que tout récemment que la première espèce d'*Atya* a été signalée sur ce continent (2) (*A. striolata* Mc. Cull. et Mc. Neill.).

A propos de leur importance économique, disons que les Crevettes d'eau douce semblent jouer un rôle dans l'alimentation de la population à Madagascar. Voici, tout au moins ce que Bouvier (*loc. cit.*, p. 201) rapporte au sujet de l'espèce qu'il a, pour cette raison, nommée *edulis*. « Des milliers d'exemplaires de cette espèce ont été rapportés au Muséum par le Dr Catat qui les avait certainement achetés sur le marché, car ils sont cuits et visiblement préparés pour la vente. Le *C. edulis*, et sans doute les autres crevettes d'eau douce, sont un objet de consommation à Madagascar ».

Avant de terminer cette courte introduction, il me reste un devoir agréable à remplir, c'est celui d'adresser à M. le Dr G. Petit mes remerciements sincères pour avoir bien voulu me confier l'étude de son intéressante collection.

---

1. Bouvier E.-L. : *Recherches sur la morphologie, les variations et la distribution géographique des Crevettes de la famille des Atyidés*, in : Encyclopédie entomologique, IV. Paris, 1925. Paul Lechevalier, édit.

Cet ouvrage sera indiqué dans la suite sous le nom : *Monographie Atyidés*.

2. A. R. Mc Culloch et F. R. Mc Neill, in : *Records Austral. Museum*, Sydney, vol. XIV, 28 février 1923.

Systématique.

Caridina gracilirostris DE MAN.

1925. BOUVIER E. L., Monographie. Atyidés, p. 142.
Localité : Rivière Maintimaso à Bemazaka, Province de Majunga.

Le rostre égale en longueur 2 fois celle du céphalothorax chez la plupart des individus. Il est très élancé, se recourbant assez fortement vers le haut dans sa moitié distale. La position des dents sur le bord supérieur est typique pour l'espèce. Cette série varie, chez nos exemplaires malgaches, de 5 à 10 et ces dents sont le plus souvent toutes placées sur le rostre ; cependant il peut se faire qu'une ou même 2 dents soient situées sur le céphalothorax. Une particularité qui nous a frappé chez ces individus, c'est la présence fort commune de plusieurs dents apicales au lieu d'une seule. Nous avons enregistré 2 fois une seule dent apicale, 8 fois 2 dents, 1 fois 3 dents et 2 fois 4 dents. Le bord inférieur porte une longue série de dents dont le nombre varie ici de 16 à 28, laissant cependant libre l'extrémité distale.

Voici quelques-unes des formules rostrales qui ont été notées :

$$\text{(2)}\ \frac{10 + \text{ap}}{26} \qquad \text{(1)}\ \frac{9 + 2\ \text{ap}}{23} \qquad \frac{5 + [1 + 4\ \text{ap}}{25} \qquad \frac{9 + 2\ \text{ap}}{28}$$

$$\frac{7 + 2\ \text{ap}}{18} \qquad \text{(1)}\ \frac{9 + 2\ \text{ap}}{24} \qquad \frac{8 + 2\ \text{ap}}{23} \qquad \frac{8 + 2\ \text{ap}}{25}$$

$$\frac{7 + 1\ \text{ap}}{16} \qquad \frac{9 + 4\ \text{ap}}{26} \qquad \frac{5 + 2\ \text{ap}}{22} \qquad \frac{8 + 2\ \text{ap}}{21}$$

Les proportions des articles des chélipèdes et des pattes ambulatoires coïncident bien avec ces données des auteurs.

Chez une des ♀ ovifères mesurées, nous avons noté les rapports suivants :

Au chélipède I, le carpe est 2 fois plus long que large, la pince également ; le doigt est 1,3 fois plus long que la palma.

Au chélipède II, le carpe est 4,8 fois plus long que large, la pince 2,5 fois et le doigt est de longueur approximativement égale à celle de la palma.

A la patte III le propodite est 15 fois plus long que large. Le dactylus, qui est 4,5 fois plus long que large, est contenu 4,6 fois dans la longueur de propodite. Il est armé de 8 épines, la terminale comprise dans ce nombre, dont la taille augmente progressivement de la partie interne à la partie externe du bord qui les porte.

A la patte V le propodite est 17 fois plus long que large. Le doigt, 5 fois plus long que large, porte 53 épines. Le rapport de longueur entre le propodite et le doigt est 3,87.

Les épines uropodiales sont au nombre de 7.

La longueur des œufs varie de 0,41 à 0,45 de longueur sur 0,30 de large.

Jusqu'ici cette espèce n'était connue que du Sud-Est de l'Asie et des îles de l'archipel indo-australien. Sa présence dans l'île de Madagascar est donc intéressante à constater mais n'est pas surprenante. Il s'agit en effet d'une espèce qui ne craint pas les eaux quelque peu saumâtres. Elle représente certainement un immigrant relativement récent des eaux douces, étant donné le grand nombre et les faibles dimensions de ses œufs.

Kemp (1) a montré que les individus pris en eau douce possèdent des œufs de dimensions un peu plus fortes que ceux pris en eau saumâtre. D'après cet auteur la variation de longueur va de 0,35 à 0,52 pour 2 localités de l'Inde. Nous avons indiqué (2) 0,35 pour des exemplaires de la Nouvelle-Guinée. Les individus malgaches étudiés ici ont été pris en eau douce et leurs œufs ont une longueur variant de 0,41 à 0,45.

Caridina nilotica P. Roux.

1925. Bouvier E. L., Monographie Atyidés, p. 143.

Cette espèce, dont l'aire de dispersion est énorme, puisqu'elle s'étend de l'Afrique orientale aux îles du Pacifique, est représentée à Madagascar par plusieurs formes qu'il est souvent diffi-

---

1. 1918. Kemp St. : *Memoirs Asiat. Soc. Bengal*, vol. VI, p. 284.
2. 1921. Roux Jean : *Nova Guinea, Zool.*, vol. XIII, p. 587.

cile, sinon impossible, de distinguer nettement à cause des intermédiaires qui les réunissent.

Parmi les matériaux de cette collection, nous avons reconnu de façon plus ou moins nette les variétés suivantes que nous examinerons l'une après l'autre.

Caridina nilotica typica P. Roux.
— *xiphias* Bouv.
— *paucipara* DE MAN.
— *brevidactyla* J. Roux.

Caridina nilotica typica J. Roux (Tableau I, nᵒˢ 1-5).

1925. BOUVIER E. L. Monographie Atyidés, p. 146-148.

Localités : Riv. Kapiloza, Ambongo (Prov. Majunga), XII, 1926. — Canal d'irrigation des régions de Manarasandry (Prov. Majunga). — Riv. de Namoroko, Ambongo (Prov. Majunga).

BOUVIER a déjà fait remarquer que cette forme est soumise, comme les autres variétés de l'espèce, à des variations assez étendues.

Le rostre a la forme caractéristique en sabre plus ou moins recourbé et s'étend plus ou moins loin en avant.

Chez les individus de la Riv. Kapiloza, il est en général aussi long que le scaphocérite, parfois légèrement plus court. Les dents du bord supérieur forment une série plus ou moins longue qui comprend de 10 à 25 dents dont les 2 ou 3 premières sont placées sur le céphalothorax. Dans la presque totalité des cas on trouve une dent apicale, parfois 2 et l'espace compris entre cette dent et la série proximale peut être inerme ou pourvu d'une ou deux dents très espacées. Au bord inférieur on compte seulement 8 à 15 dents (en général 11 à 12). Ces chiffres concordent assez bien avec ceux qu'indique DE MAN (1). Parmi ces exemplaires ne se trouve malheureusement aucune femelle ovifère.

---

1. 1908. DE MAN J. G. : *Records Ind. Museum*, vol. II, p. 260.

Chez les spécimens de Manarasandry, de même que chez ceux de Namoroko, le rostre dépasse quelque peu le scaphocérite et se relève légèrement vers le haut dans sa partie distale.

Les formules rostrales notées sont à peu près les mêmes que celles trouvées chez les individus de la Riv. Kapiloza. Voici quelques-unes de ces formules :

$$\frac{(2)\ 24 + 1 + 1\ \mathrm{ap}}{12} \qquad \frac{(3)\ 25 + 1}{11} \qquad \frac{(2)\ 14 + 1 + 2\ \mathrm{ap}}{13}$$

$$\frac{(2)\ 19 + 1\ \mathrm{ap}}{15} \qquad \frac{(3)\ 21 + 1\ \mathrm{ap}}{20} \qquad \frac{(3)\ 14 + 1 + 1 + \mathrm{ap}}{13}$$

Parmi les spécimens de Manarasandry se trouvait une femelle ovifère dont les œufs mesuraient 0 mm. 69 de long sur 0,57 de large. Chez une femelle ovifère de Namoroko, les chiffres sont respectivement de 0,72 mm. sur 0,56 mm.

On trouvera dans le tableau n° 1 les chiffres indiquant les rapports de longueur des divers articles des chélipèdes et des pattes ambulatoires.

Le chélipède I a un carpe qui est en général 2 fois plus long que large, mais parfois il est un peu plus allongé, comme dans l'individu mesuré de Namoroko. La pince est le plus souvent 2 fois plus longue que large. Elle possède un doigt qui est en général légèrement plus long que la portion palmaire. Au chélipède II, le carpe est 5 à 5 fois 1/2 plus long que large en avant ; la pince, plus gracile que celle de la paire précédente, est environ 2 fois 1/2 plus longue que large. Le doigt est aussi proportionnellement plus long, et le rapport de longueur avec la palma est assez variable.

A la patte III, le rapport de longueur entre le propodite et le dactyle oscille autour de 4 ; le dactylus lui-même est environ 4 fois plus long que large et porte, chez nos spécimens, 7 à 9 épines, la dernière y comprise.

A la patte V, le doigt est contenu 3,3 à 3,8 fois dans la longueur du propodite correspondant. Le dactylus est environ 4 1/2 à 5 fois plus long que large et pourvu de 50 à 57 épines. Les œufs que nous avons mesurés sont de dimensions normales pour l'espèce ; $\frac{0,69 \text{ mm.}}{0,57 \text{ mm.}}$ chez la ♀ ovifère de Manarasandry et $\frac{0,72 \text{ mm.}}{0,56 \text{ mm.}}$ chez celle de Namokoro. Il est parfois très difficile de distinguer les individus typiques de ceux qu'on attribue à la variété *paucipara*, surtout quand il n'y a pas de ♀ ovifère. Et encore, comme nous allons le voir plus bas, faut-il compter parfois avec une certaine variation dans les dimensions des œufs pour une seule et même sous-espèce.

Caridina nilotica paucipara DE MAN. (Tableau I, nᵒˢ 6-12).

1925. BOUVIER E. L., Monographie Atyidés, p. 153.

Localités : Bords du lac Alaotra (1), Imerimandrosa, févr. 1927.—
     Lagunes, canal des Pangalanes, région d'Ambila. — Fleuve
     Irangy. — Marais d'inondation de la Betsiboka.

BOUVIER a déjà relevé la présence de cette sous-espèce à Madagascar d'où il en a obtenu un nombre considérable. Nous souscrivons à la remarque qu'il fait (*loc. cit.*, p. 153) « ...qu'elle passe insensiblement à la forme *typica*, de sorte qu'il est souvent difficile, sinon impossible, d'attribuer certains individus à l'une ou l'autre des deux variétés ». La différence qu'il constate dans la longueur du dactylopodite III chez les deux formes devient illusoire quand on examine un certain nombre d'individus. Même le critère tiré de la grosseur des œufs semble, lui aussi, n'être pas d'une constance parfaite.

Nous décrirons tout d'abord les exemplaires du lac Alaotra. Le rostre est toujours très long, dépassant l'extrémité du scaphocérite ; il est relevé assez fortement vers le haut dans sa moitié distale. Chez les individus examinés pour leur armature rostrale, nous avons remarqué que la série proximale de dents est en général un peu plus courte que la partie distale. On compte de 10 à 20 dents à cette série, dont les 2 ou 3 premières

---

1. Nous pensons que les noms Alasba, Maotva, Maotra, indiqués par BOUVIER (*Monogr. Atyid.*, p. 147 et 148) sont des altérations du nom Alaotra. Il serait à désirer que les noms de localités fussent toujours écrits distinctement, afin d'éviter des erreurs dans les citations !

sont fixées sur le céphalothorax. La dent dite apicale manque très rarement ; parfois une dent supplémentaire l'accompagne et il se peut aussi que l'espace généralement inerme du bord supérieur porte également une dent. Parfois aussi, les dernières dents de la série proximale — celles situées le plus en dehors — sont un peu plus éloignées les unes des autres que les précédentes. Le bord inférieur porte de 10 à 17 dents dont les proximales sont les plus fortes, les distales plus petites et plus espacées.

Voici quelques formules notées :

$$\frac{(2)\ 13+1}{12} \qquad \frac{(3)\ 17+1}{14} \qquad \frac{(3)\ 16+1}{15} \qquad \frac{(3)\ 18+1}{11}$$

$$\frac{(3)\ 16+2}{11} \qquad \frac{(3)\ 21+2}{15} \qquad \frac{(13)\ 14+1+1}{13} \qquad \frac{(2)\ 10+1}{12}$$

$$\frac{(2)\ 15+1+0}{10} \qquad \frac{(3)\ 19+1.}{17}$$

Ces exemplaires, davantage que les suivants, se distinguent par la gracilité de leurs chélipèdes, caractère que l'on retrouve chez *C. nilotica gracilipes* et chez certains individus de *typica*. Les chiffres que nous donnons dans le tableau sont, à cet égard, fort instructifs.

Les proportions entre les articles des pattes ambulatoires sont identiques à celles indiquées par les auteurs.

Le dactylus de la patte III est contenu environ 4 fois dans le propodite correspondant ; il porte 9 ou 10 épines, la dernière y comprise et est 4,3 à 4,4 fois plus long que large.

A la patte V, le dactylus est allongé, puisqu'il n'est contenu que 3,2 fois dans le propodite. Ce doigt est lui-même 5 fois plus long que large et porte 50 à 60 épines latérales.

Les propodites sont 13 à 14 fois plus longs que larges et portent de nombreuses épines (12-14). Quant aux méropodites ils sont armés de 2 éperons, l'un vers la moitié, l'autre vers l'extrémité distale de l'article.

On compte 9 à 10 épines uropodiales. Chez les mâles, l'endopodite du pléopode I est ovale et terminé par une assez longue tigelle ; les bords sont pourvus de longues soies.

Les femelles ovifères ont 25-27 mm. de long ; leurs œufs sont gros et relativement peu nombreux; leur longueur est de 0,9 à 1 mm., leur largeur de 0,60 à 0,67.

Dans son travail, paru en 1910, Lenz (1) rapporte des individus du lac Alaotra à la variété *gracilipes* DE MAN, soit à une espèce nouvelle qu'il nomme *C. voeltzkowi* ; ils appartiennent, comme nous avons pu le constater, à la forme *paucipara*.

Les exemplaires du Canal des Pangalanes et du fleuve Irangy ont aussi un très long rostre, dépassant le scaphocérite et fortement recourbé vers le haut dans sa portion distale. Les formules rostrales notées sont assez semblables à celles que nous avons indiquées.

Les chélipèdes sont moins graciles que chez les individus du lac Alaotra, ainsi qu'on peut s'en rendre compte par les chiffres donnés dans le tableau 1.

Aux pattes ambulatoires, les rapports de longueur entre les articles restent assez constants. Le nombre des épines du dactylus III semble être toujours élevé (8-10) et l'avant-dernière est plus forte que les précédentes. Au dactylus V le nombre des épines varie de 45 à 50.

Les femelles ovifères sont plus petites que celles du lac Alaotra ; elles mesurent environ 22 mm. ; de même, les œufs ont des dimensions moindres (0,68 de longueur au lieu de 0,9) ; ces individus pourraient donc être également considérés comme appartenant à la forme *typica*, mais leur dactylus V est souvent un peu plus court, proportionnellement au propodite.

On compte 9 épines uropodiales. Les épines latérales du telson sont plutôt longues, plus longues que les intermédiaires. La face dorsale du telson porte 4 paires d'épines.

Les spécimens jeunes ont un rostre un peu plus court que celui des adultes, leur armature est cependant semblable, c'est la partie antérieure qui est moins développée.

1. LENZ H. : *Crustaceen von Madagaskar, Ostafrika und Ceylon.* in : *Voeltzkow Reise in Ostafrika in den Jahren* 1903-1905. Bd. II, p. 568.

Les exemplaires des marais de la Betsiboka sont en grande partie des jeunes ; parmi eux se trouve une femelle ovifère qui nous fait considérer ces individus comme appartenant à la forme *paucipara*. Chez ces spécimens le rostre est assez différent de celui des exemplaires du lac Alaotra. Il est plus court tout d'abord, ne dépassant pas en avant l'extrémité du scaphocérite ou n'atteignant parfois pas même ce point. Sa hauteur est aussi proportionnellement un peu plus grande. La série proximale du bord supérieur se compose de 10 à 29 dents dont 1 ou 2 sont placées sur le céphalothorax. Chez plusieurs individus on observe 1 ou 2 dents entre cette série et la dent dite apicale. Au bord inférieur, les dents sont moins nombreuses que chez les exemplaires des localités citées plus haut ; elles sont au nombre de 5 à 14.

Par les caractères de leur rostre, ces spécimens pourraient être regardés comme des *typica*. Cependant la femelle ovifère, longue de 22 mm. a des œufs dont les dimensions sont celles de la forme *paucipara* : leur longueur atteint 0,94 mm. et leur diamètre 0,58.

On trouvera dans le tableau les rapports obtenus par la mensuration des divers articles des pattes ambulatoires et l'on pourra se rendre compte combien est factice la discrimination entre les formes *typica* et *paucipara*.

Caridina nilotica brevidactyla J. Roux (Tableau I, n° 15).

Localité : Riv. Ivoloina, près Tamatave.

Ces 5 exemplaires se rapportent très bien à la forme que j'ai décrite des îles Arou (1). Elle est très voisine de *brachydactyla* DE MAN dont elle ne diffère que par le rapport de longueur entre les doigts et la portion palmaire des pinces des deux paires de chélipèdes.

---

1. Roux J. in : *Abhandl. Senckenberg. Gesellsch.* Bd. 33, 1910, p. 320.

Nous avons noté les formules suivantes pour l'armature du rostre, ce dernier étant plus long que le scaphocérite :

$$\frac{(2)\ 20 + 1 + 1\ ap}{14} \qquad \frac{(2)\ 12 + 1\ ap}{20} \qquad \frac{(2)\ 20 + 2\ ap}{9}$$

$$\frac{(2)\ 23 + 1\ ap}{15} \qquad \frac{(2)\ 17 + 1 + ?}{8 + ?} \ \text{(rostre endommagé).}$$

Nous avons mesuré un individu et avons obtenu les chiffres suivants :

A la patte I, le carpe est 2,3 fois plus long que large ; la pince est 2 fois plus longue que large et le doigt 1,3 fois plus long que la portion palmaire.

A la patte II, le carpe est 5,5 fois plus long que large ; la pince est 2,7 fois plus longue que large et le doigt 1,7 fois plus long que la palma.

A la patte III, le propodite est environ 20 fois plus long que large en avant ; le dactylus est environ 7 fois moins long que lui et sa largeur comprise 3,3 fois dans sa propre longueur. Il est armé de 7 épines latérales dont la plus voisine de la terminale est beaucoup plus forte que les autres.

A la patte V, le propodite est aussi environ 20 fois plus long que large. Le dactylus, 4,2 fois aussi long que large, est compris environ 5,4 fois dans la longueur du propodite. Il est armé de 43 épines latérales.

Le telson porte sur sa face dorsale 5 paires d'épines ; à l'extrémité postérieure, les épines latérales sont de même longueur que les intermédiaires. On compte 11 épines uropodiales.

Les œufs de la seule ♀ ovifère sont petits et nombreux ; leur longueur est de 0,36 mm., leur diamètre 0,21 mm.

Caridina nilotica xiphias BOUVIER (Tableau I, n°s 13-14).

1925. BOUVIER E. L., Monographie Atyidés, p. 149.

Localité : Marais de Didy, distr. d'Ambatondrakaza, Prov. Moramanga.

Cette sous-espèce a été décrite par BOUVIER pour des spéci-

mens provenant de la même localité que ceux-ci. Malheureuse
ment, les individus récoltés par M. G. PETIT sont, comme ceux
étudiés par BOUVIER, tous immatures.

Le rostre, dirigé horizontalement en avant, se relève légèrement vers la pointe. Il atteint le plus souvent l'extrémité de
la tige du pédoncule antennulaire. Au bord supérieur, il porte
une série proximale de dents plus ou moins étendue qui peut
comprendre de 7 à 16 dents (le plus souvent 12 à 14), dont les
2 antérieures sont généralement placées sur le céphalothorax ;
dans un ou deux cas, il n'y avait qu'une seule dent ou au contraire 3 en arrière de l'échancrure oculaire. La partie distale
du rostre est inerme dans la grande majorité des cas ; cependant
chez deux ou trois spécimens, nous avons noté la présence d'une
petite dent apicale. Le bord inférieur du rostre est très faiblement armé ; on n'y remarque que quelques dents qui ne sont
plutôt que des entailles du bord, très peu saillantes ; dans un
ou deux cas, l'absence de dents était complète.

Voici quelques-unes des formules rostrales qui ont été notées :

$$\frac{(2)\ 16}{2} \qquad \frac{(2)\ 14}{2} \qquad \frac{(2)\ 14}{3} \qquad \frac{(2)\ 15}{3} \qquad \frac{(2)\ 12}{3}$$

$$\frac{(2)\ 14+1}{6} \qquad \frac{(2)\ 13+1}{2} \qquad \frac{(2)\ 12}{0} \qquad \frac{(2)\ 10}{5} \qquad \frac{(1)\ 7}{1}$$

Les chélipèdes sont plutôt massifs. Comme BOUVIER l'a déjà
fait remarquer, la carpe 1 est moins de 2 fois plus long que large.
La pince est environ 2 fois moins large que longue et le doigt
légèrement plus long que la partie palmaire.

Au chélipède II, les proportions des divers articles sont normales. A la pate III, le propodite est 11-13 fois plus long que
large à sa partie antérieure. Le dactylus est contenu 4 à
4,3 fois dans la longueur du propodite ; il est lui-même 3,7
à 4,2 fois plus long que large et porte 8 à 9 épines, la dernière
y comprise.

A la patte V, dont le propodite est 13 fois plus long que large,
le doigt est relativement long, puisqu'il est contenu environ

3,3 fois dans la longueur du propodite. Le doigt est étroit, 4,4 à 4,8 fois plus long que large et il porte 40 à 50 épines.

Les épines uropodiales sont au nombre de 9 à 11.

Le telson est arrondi et porte 4 paires de soies, dont les externes sont plus longues que les intermédiaires.

Caridina gladiifera n. sp. (fig. 1-6). (Tableau II, n°s 1-6).

Localités : Périnet, forêt, plusieurs exemplaires. — Riv. de Namoroko, Ambongo, 5 ex. trouvés avec *C. nilotica typica*. — Riv. Kapiloza, Ambongo, 3 ex. trouvés aussi avec *C. nilotica typica*.

L'espèce que nous décrivons ici nous semble dérivée de *Caridina nilotica xiphias* Bouv. dont il vient d'être question et avec laquelle elle a de nombreux caractères communs. Elle présente cependant d'autres traits dénotant une espèce plus évoluée qui vient se placer dans le groupe de *Caridina spathulirostris* et autres formes voisines. La différence la plus sensible entre l'espèce nouvelle que nous nommons *gladiifera* et le groupe de *Caridina nilotica* réside dans l'augmentation du nombre des épines uropodiales qui est compris entre 10 et 17.

Nous prendrons comme types les exemplaires de PÉRINET et indiquerons ensuite les quelques différences constatées sur les spécimens provenant des autres localités.

L'arceau antennulaire est dépourvu de carène. Le rapport de longueur entre les pédoncules antennulaires et la partie postorbitaire du céphalothorax s'élève à 0,66-0,70.

Le rostre, dirigé horizontalement en avant, présente la forme d'un glaive. Il s'étend aussi loin que l'épine latérale de l'écaille antennaire, parfois il est un peu plus long ou un peu plus court ; il est 6 fois plus long que haut. Les carènes latérales sont fortement marquées. Au bord supérieur, le rostre présente une série proximale de dents, variant de 8 à 18 chez les exemplaires examinés ; 1-3 dents peuvent se trouver sur le céphalothorax, en arrière de l'échancrure orbitaire. Les dernières dents de la série sont souvent un peu plus espacées que les précédentes.

Chez les spécimens de Périnet, le rostre est toujours inerme dans son tiers distal et dépourvu de dent apicale. Au bord inférieur, on compte de 3 à 9 dents, basses, placées dans la partie large du rostre et qui laissent libre le 1/4 ou le 1/5 distal du bord, de telle façon que l'appendice rostral est toujours terminé en pointe de glaive. C'est également la forme caractéristique du rostre de *C. nilotica xiphias* Bouv., mais chez cette dernière forme, l'extrémité est encore relevée vers le haut.

Les formules rostrales que nous avons notées sont semblables à celles indiquées plus haut pour *C. nilotica xiphias* ; en voici quelques exemples :

$$\frac{(1)\ 8}{2} = \text{péd. ant. ;} \quad \frac{(2)\ 10}{3} = \text{péd. ant. ;} \quad \frac{(3)\ 16}{4} = \text{péd. ant. ;}$$

$$\frac{(2)\ 8}{4} = \text{péd. ant. ;} \quad \frac{(2)\ 13}{3} = \text{ép. scaph. ;} \quad \frac{(2)\ 14}{4} = \text{scaphoc. ;}$$

$$\frac{(3)\ 14}{7} = \text{péd. ant. ;} \quad \frac{(2)\ 15}{5} = \text{scaph. ;} \quad \frac{(3)\ 16}{9} = \text{scaph.}$$

Les pédoncules oculaires sont dilatés dans la région cornéenne qui est assez grande ; ils égalent environ 1 fois 1/2 le diamètre de la cornée. L'acicule antennulaire, quoiqu'assez élancé, n'atteint pas l'extrémité du 1er article du pédoncule et l'épine externe qui termine cet article est bien développée ; elle égale au moins le 1/3, parfois même presque la 1/2 du second. L'article basal du pédoncule antennaire forme en dessous et en dehors un angle aigu qui se prolonge en une courte épine.

L'épine infra-orbitaire est bien développée, mais l'aile relativement courte. L'angle ptérygostomien est brusquement arrondi, formant presque un angle droit.

Le chélipède I possède un carpe qui est, en général, moins de 2 fois plus long que large (rapport 1,7-1,8). Son excavation antérieure est modérément développée. La pince est plutôt lourde, environ 2 fois plus longue que large et le doigt un peu plus court que la palma ou de longueur égale à elle.

Au chélipède II, le carpe est plutôt court (4,2 à 5 fois plus long que large) ; la pince est environ 2 fois 1/2 plus longue que large en avant et le doigt toujours plus long que la portion palmaire (1,5-1,9).

Les pattes ambulatoires sont relativement courtes et trapues. A la patte III, le propodite est environ 10 fois plus long que large. Le dactylus, dont la largeur est le 1/3 de la longueur, est contenu 4,2 à 4,4 fois dans la longueur du propodite. Il porte seulement

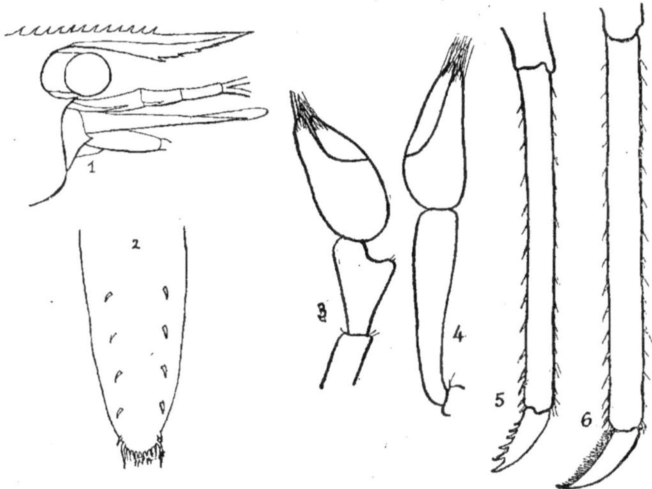

Fig. 1-6. — *Caridina gladiifera* n. sp.

5 à 6 épines latérales dont la dernière, située près de la terminale, est distinctement plus forte que les précédentes.

A la patte V, le propodite est 11-12 fois plus long que large. Son dactylus, 4-4,3 fois plus long que large est contenu un peu moins de 4 fois dans la longueur du propodite (3,6-3,8). On compte 33-47 épines latérales dont les plus externes sont plus fortes que les précédentes.

Les épipodites sont développés normalement aux 4 paires antérieures des pattes.

Les épines uropodiales sont au nombre de 10 à 17.

Le 6e segment abdominal mesure les 0,6 du céphalothorax.

Le telson porte 4-5 paires d'épines dorsales. Au bord postérieur, les épines latérales sont fortes, un peu plus longues que les intermédiaires, au nombre de 3-4 paires, qui sont courtes et massives.

Les exemplaires de la Rivière de Namoroko que nous rapportons à cette espèce sont au nombre de 5 qui furent trouvés en compagnie de *C. nilotica typica*. Chez eux, le rostre présente encore, dans sa partie distale, le relèvement vers le haut qu'on observe dans le groupe de *C. nilotica*. Il s'étend en avant jusqu'à l'extrémité du pédoncule antennulaire ; il est donc un peu plus court que chez les spécimens précédemment décrits. Comme armature, le rostre possède au bord supérieur une série proximale comprenant 12 à 17 dents dont les 2 premières sont encore situées sur le céphalothorax et dont la plus distale s'éloigne plus ou moins des précédentes chez plusieurs exemplaires. Au bord inférieur, on compte 4-7 dents qui laissent libre l'extrémité distale.

Le rapport entre les pédoncules antennulaires et la partie post-oculaire du céphalothorax varie de 0,62 à 0,75.

Les chélipèdes sont moins trapus que chez les spécimens précédents ; quant aux proportions des articles des pattes ambulatoires, ils coïncident avec ce que nous avons indiqué pour les individus de PÉRINET.

Nous avons compté 12-16 uropodes.

Parmi ces exemplaires se trouve une ♀ ovifère de 15 mm. de longueur. Les œufs de cette femelle mesurent 0 mm. 82 de longueur sur 0,56 mm. de diamètre.

Les spécimens de la Riv. Kapiloza sont au nombre de 3 qui furent également trouvés en compagnie de *C. nilotica typica* dont ils se distinguent d'emblée par leur rostre plus court.

Chez deux des exemplaires, il est même un peu plus court que chez les individus de Namoroko puisqu'il n'arrive qu'à la moitié du deuxième article du pédoncule antennulaire ; la formule rostrale de ces individus est $\dfrac{(2)\ 14}{4}$, chez un autre $\dfrac{(2)\ 12}{6}$.

Chez la 3e, la formule est $\dfrac{(2)\ 16 + 1 + 0}{7}$; on remarque en effet, chez ce dernier, la présence d'une dent entre la série proximale et l'extrémité qui est toujours dépourvue de dent apicale.

L'acicule antennulaire n'atteint pas le bout du 1er article du pédoncule et l'épine à la base du 2e article égale environ le 1/3 de cet article.

Les proportions des articles des pattes rentrent en général dans les limites indiquées. Au chélipède I, cependant, le carpe est plus trapu puisqu'il n'est que 1 2/5 à 1 2/3 aussi long que large.

Le carpe II est environ 5 fois plus long que large.

Les rapports entre les divers articles des pattes sont indiqués dans le tableau II.

Le telson porte 4-5 paires d'épines ; le bord postérieur est armé de 4 paires de soies assez égales entre elles. Les épines uropodiales sont au nombre de 10-15.

Aucun spécimen ne porte d'œufs. Longueur d'environ 17-18 mm.

Comme nous l'avons dit, nous rapprochons cette espèce de *C. spathulirostris* RICHT. habitant l'île de Maurice et des formes voisines : *C. Richtersi* THALLW. (Maurice), et *C. madagascariensis* BOUV. (Madagascar).

Les œufs de *C. gladiifera* sont plus grands que ceux de *spathulirostris*, mais plus petits que ceux de *Richtersi* ; des différences se manifestent en outre, soit dans la forme et l'armature du rostre (rostre inerme en dessus chez *madascariensis*), soit dans les rapports existant entre les articles des pattes thoraciques.

Par quelques-uns de ses caractères, on peut rapprocher aussi cette espèce de *C. brevirostris* telle que la définit BOUVIER (*loc. cit.*, pp. 229-230), mais chez notre espèce, le 6e segment abdominal est proportionnellement plus allongé.

Caridina isaloensis Coutière (Tableau II, n° 6).

1925. BOUVIER E. L., Monographie des Atyidés, p. 195.
Localités : Andranakanga, Ambongo, 25 ex.

Ces exemplaires répondent bien à la description qu'a donnée Bouvier et plus spécialement aux individus dont il parle, p. 197 (*loc. cit.*).

Comme Bouvier le fait remarquer, l'espèce de Coutière n'appartient pas, comme le pensait ce dernier auteur, au groupe de *C. typus*, bien qu'elle lui ressemble à première vue par la forme de son rostre. L'absence de carène à l'arceau antennulaire permet de distinguer d'emblée ces deux formes l'une de l'autre et le nombre des épines uropodiales est moins grand chez *C. isaloensis*.

A la patte I, le carpe est trapu, 1,5 fois aussi long que large, avec l'échancrure antérieure bien accusée. La pince, plus longue que le carpe, est environ 2 fois plus longue que large et la paume est presque égale en longueur au doigt.

A la patte II, le carpe, qui présente une légère excavation antérieure, est plutôt lourd, puisqu'il n'est que 4 fois plus long que large.

La pince, plus courte que lui, est 2,4 fois plus longue que large et le doigt 1,4 fois plus long que la portion palmaire.

Les pattes ambulatoires sont plutôt courtes.

A la patte III, le doigt est contenu 3,6 fois dans la longueur du propodite et est lui-même 3,5-3,6 fois plus long que large.

Les épines latérales du dactylus sont courtes, bien distantes les unes des autres, au nombre de 4, y compris la dernière.

Le propodite III est environ 10 fois plus long que large.

A la patte V, le propodite est 12 fois plus long que large et le doigt est contenu 3 fois dans sa longueur. Le dactyle lui-même est 5,3 fois plus long que large et porte 45 épines latérales.

Ajoutons que l'épine infraorbitaire est réduite à une simple pointe aiguë et courte ; de même l'angle de l'article basal des antennes. Nous avons compté 12 épines uropodiales.

Le telson est armé de 4 paires d'épines sur sa face dorsale. Au bord postérieur les épines latérales sont un peu plus longues que les intermédiaires. Le rapport entre la longueur des pédoncules antennulaires et la longueur post-oculaire du céphalothorax est environ 0,5. Le 6e segment abdominal a environ les 0,46 de la longueur postorbitaire du céphalothorax.

Les épipodites sont développés normalement aux 4 paires de pattes antérieures.

Une femelle de 16 mm. de longueur portait des œufs de 0,9 mm. de longueur, sur 0,56 mm. de diamètre ; ces chiffres sont conformes à ce qu'indique Bouvier pour les spécimens dont il parle (p. 197, *loc. cit.*).

Caridina Bouvieri n. sp. (Fig. 7-12) (Tableau II, nos 7 et 8).
Localités : Manjakatompo, altit. 1.940 m., ruisseau descendant de l'Ankaratra, VI, 1921, 10 spécimens.

Cette espèce se rapproche par certains caractères de *C. isaloensis* Cout. et de *C. edulis* Bouv., mais en diffère cependant assez pour constituer une espèce particulière.

Les plus grands exemplaires ont une longueur de 22 mm. Le rapport de longueur entre les pédoncules antennulaires et la partie post-oculaire du céphalothorax égale 0,55-0,6.

L'arceau antennulaire est pourvu d'une proéminence basse, en forme de soc, un peu plus large dans sa partie inférieure, mais qui ne constitue cependant pas une véritable carène.

Le rostre, très court, atteint à peine la moitié de l'article basilaire des pédoncules antennulaires. Par sa forme générale, il rappelle celui de certains individus de *C. brevirostris* étudiés par Bouvier (1). La carène dorsale du rostre est inerme et basse ; quant à la carène ventrale elle n'est développée que dans la partie distale du rostre, la moitié proximale étant plus aplatie dorso-ventralement. La carène ventrale peut être complètement inerme ou porter 1-3 denticules.

L'acicule antennulaire est court ; il atteint à peine la moitié de l'article basilaire du pédoncule des antennules ; l'épine à la base du 2e article pédonculaire est également très courte, car elle mesure à peine le 1/4 de cet article. L'épine sous-orbitaire

1. 1913. Bouvier E.-L.: *Transact. Linn Soc. London*, 2e sér. Zoology, vol. XV, Pl. 28, fig. 15 et 15'.

n'est presque pas développée, l'angle étant pointu et l'aile
très peu accusée. A la base du pédoncule de l'antenne, il n'y a
pas d'épine.

Au chélipède I, le carpe est 2 fois plus long que large, son

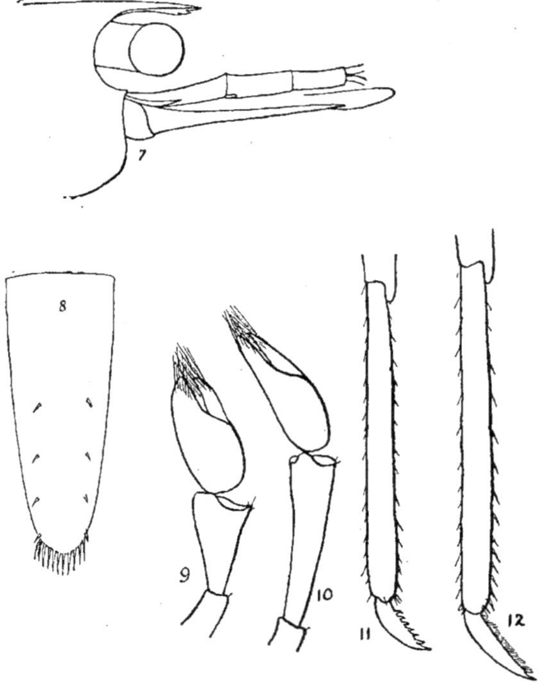

Fig. 7-12. — *Caridina Bouvieri* n. sp.

échancrure antérieure modérément développée. La pince, deux
fois plus longue que large, a des doigts dont la longueur est à
peu près égale à celle de la palma.

Au chélipède II, le carpe est 4,5-5 fois plus long que large, la
pince est plutôt grêle et les doigts 1,5 à 1,7 fois plus longs que
la partie palmaire.

Aux pattes III, le propodite est 9-10 fois plus long que large. Le rapport de longueur entre cet article et le doigt est 3,5 à 4. Le dactyle lui-même est 3 à 3,8 fois plus long que large et porte 7 à 8 épines, la terminale y comprise.

Aux pattes V, dont le propodite est 10-12 fois plus long que large, le rapport de longueur entre cet article et le doigt est 3,4-3,6.

La largeur du doigt est contenue 4-4,7 fois dans la longueur de ce segment et les épines sont au nombre de 45 environ.

Les épipodites sont présents à la base de toutes les pattes, sauf celles de la dernière paire.

On compte 12-13 épines uropodiales.

La partie dorsale du telson est armée de 3 à 4 paires d'épines ; quand au bord postérieur, il est garni de soies dont les latérales sont à peu près de même longueur que les intermédiaires. Ces dernières sont au nombre de 5 à 6 paires et modérément allongées.

Le rapport de longueur entre le 6e segment abdominal et le céphalothorax est d'environ 0,6.

Au pléopode I du ♂, l'endopodite est une lamelle lancéolée deux fois plus longue que large à la base.

Aucun des exemplaires ♀ ne porte d'œufs.

Cette espèce diffère de *C. isaloensis*, dont elle est voisine, par ses chélipèdes I plus allongés et moins fortement excavés en avant, son acicule antennulaire moins développé ; aux pattes III le dactylopodite est relativement un peu plus long que chez l'espèce de COUTIÈRE et armé d'un plus grand nombre d'épines. Elle se rapproche aussi, par certains caractères, de *C. edulis* BOUV., mais en diffère par les proportions des articles des pattes ambulatoires (dactyles moins allongés).

Caridina Petiti n. sp. (Fig. 13-18). (Tableau II, nᵒˢ 9 et 10). Localités : Ambila, lagunes orientales.

Cette nouvelle espèce est voisine de *C. syriaca* BOUVIER.

Elle appartient au groupe de Caridines dépourvues de carène antennulaire et dont les soies latérales du telson sont plus courtes que les soies intermédiaires.

Le rostre, dirigé obliquement vers le bas, est 4-5 fois plus long que haut. Relativement court, il atteint chez les plus grands exemplaires l'extrémité du pédoncule antennulaire ; chez les autres spécimens il reste en deçà de cette limite, s'étendant plus ou moins loin le long du 2e article du pédoncule.

Le bord supérieur est armé de dents qui, le plus souvent, s'étendent sur toute sa longueur ou laissent parfois, à l'extrémité distale, un court espace libre. La série supérieure comprend 10-17 dents qui, chez la majorité des exemplaires, sont toutes placées sur le rostre ; chez quelques individus cependant, il se trouve 1 ou 2 dents en arrière de l'échancrure orbitaire. Au bord inférieur on compte 1 à 5 dents, placées plutôt dans la partie distale.

Les dents du bord supérieur sont plutôt petites, inclinées en avant, et séparées les unes des autres par des soies assez longues, raides, dirigées verticalement. Le rostre possède des carènes latérales bien accusées et qui font fortement saillie.

Voici quelques formules rostrales notées :

$$\frac{(0)\ 10}{1} = 1/2,\ 2^e\ \text{art. p. a. ;} \quad \frac{(0)\ 11}{1} = 1/2,\ 2^e\ \text{art. p. a. ;} \quad \frac{(0)\ 11}{2}$$

$$= 2^e\ \text{art. p. a. ;} \quad \frac{(0)\ 12}{4} = 1/2,\ 2^e\ \text{art. p. a. ;} \quad \frac{(0)\ 13}{1} = 1/2,$$

$$2^e\ \text{art. p. a. ;} \quad \frac{(0)\ 13}{4} = 1/2,\ 2^e\ \text{art. p. a. ;} \quad \frac{(0)\ 17}{4} = 1/2,\ 2^e\ \text{art.}$$

$$\text{p. a. ;} \quad \frac{(1)\ 10}{2} = 2^e\ \text{art. p. a. ;} \quad \frac{(1)\ 14}{5} = 2^e\ \text{art. p. a. ;} \quad \frac{(1)\ 16}{2}$$

$$= 3^e\ \text{art. p. a. ;} \quad \frac{(2)\ 12}{3} = 1/2,\ 3^e\ \text{art. p. a. ;} \quad \frac{(2)\ 13}{4} = 2^e\ \text{art.}$$

$$\text{p. a. ;} \quad \frac{(2)\ 13}{5} = \text{péd. ant.}$$

Les pédoncules antennulaires sont plutôt courts, le rapport de leur longueur à celle de la partie postoculaire du céphalothorax égale 0,66. L'acicule antennulaire n'atteint pas l'extrémité de l'article basal et l'épine latérale à la base du 2e article est courte ; elle atteint au plus le 1/3 de cet article.

Les pédoncules oculaires sont courts et la région cornéenne légèrement élargie.

L'angle sous-orbitaire est terminé par une épine, mais l'aile est pour ainsi dire nulle. A la base de l'antenne se trouve une épine assez bien accusée. L'angle ptérygostomien n'est pas lar-

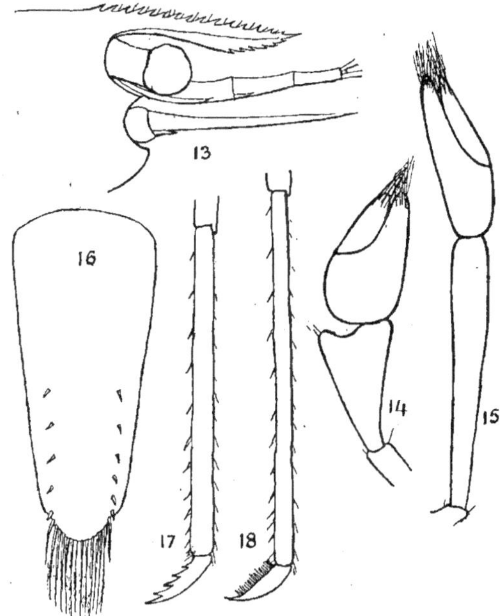

Fig. 13-18. — *Caridina Petiti* n. sp.

gement arrondi, mais forme presque un angle droit qui n'est arrondi que sur un fort petit espace.

Le chélipède I est court et massif ; le carpe est fortement excavé en avant et sa largeur n'est contenue que 1,6 fois dans la longueur. La pince, 1,75 fois aussi longue que large, possède des doigts un peu plus courts que la palma ou de longueur égale à elle.

Le chélipède II a un carpe dont la largeur antérieure est

contenue 6,5 fois dans la longueur. La pince, 2,7 fois aussi longue
que large, a les doigts plus longs que la portion palmaire (rapport 1,4).

Les pattes ambulatoires sont plutôt courtes. Le propodite III
est 12 fois plus long que large ; le dactylus, qui est 4 fois plus
long que large, est contenu 4 fois dans la longueur du propodite.
Les épines du doigt sont peu nombreuses, 7, y compris la terminale et bien séparées les unes des autres.

Le propodite V est 14-17 fois plus long que large. Quant au
doigt qui est 3,8 à 4 fois plus long que large, sa longueur est
contenue 4,5 à 5 fois dans celle du propodite. Il n'est armé latéralement que de 20-22 épines.

On compte 11-13 épines uropodiales.

Le telson porte 4,5 paires d'épines dorsales. Les soies externes
du bord postérieur sont assez longues, mais les intermédiaires,
au nombre de 5 à 6 paires sont plus longues encore et barbelées
sur une grande partie de leur longueur.

Le 6ᵉ segment abdominal est plutôt court, le rapport entre
sa longueur et celle de la partie postorbitaire de la carapace
céphalothoracique n'est que 0,55. Les angles des épimères IV
sont arrondis, ceux des V subaigus.

Des épipodites existent à la base de toutes les parties, sauf
la dernière paire.

La taille de cette espèce est petite ; les ♀ ovifères ne mesurent
guère que 12-13 mm. (rostre-telson). Les œufs sont relativement très gros et peu nombreux ; leur longueur est de 0,82 mm.
sur 0,52-0,58 mm. de diamètre.

Chez *C. syriaca* les œufs présentent des dimensions plu-
fortes encore et le dactylus de la patte V est proportionnellement un peu plus allongé.

Par la forme de son rostre, notre nouvelle espèce rappelle
certaines Caridines de l'Archipel indo-australien et mélanésien
(cf. par ex. *C. novae-caledoniae* J. Roux). Elle diffère cependant
de cette dernière par sa taille plus faible comme aussi par les
proportions et l'armature des articles terminaux des pattes
ambulatoires.

TABLEAU 1.

Mensurations de *Caridina nilotica* et de ses variétés.

			1	2	3	4	5	6	7	8	9	10	11	12	13	14	15
I	Carpo	long./larg.	2	1,9	1,9	2	2,7	2,6	2,4	2	2,4	2	2,1	2,1	1,7	1,7	2,3
	Pince	long./larg.	2	2,1	2	2,1	2,3	2,4	2,3	1,9	2,4	2	2,1	2,1	2,1	1,8	2,1
	Doigt/Palma		1,4	1,3	1,3	1,1	1,2	1,5	1,6	1	1,4	1,2	1,2	1,2	1,1	1,1	1,3
II	Carpo	long./larg.	5,2	5	5	5	5,7	5,2	5,2	5,2	5,7	—	5,3	5,3	5	5	5,5
	Pince	long./larg.	2,6	2,6	2,5	2,8	2,6	3,1	2,7	2,2	2,9	—	2,7	2,5	2,6	2,4	2,7
	Doigt/Palma		1,5	1,5	1,9	1,3	1,2	1,6	1,7	1,3	1,4	—	1,2	1,6	1,3	1,4	1,7
III	Propod.	long./larg.	12,5	11	11	13	14	13	14	14	15	11	14	13	11	13	20
	Dact.	long./larg.	4	4	4,4	4,3	4	4,4	4,3	5	5,2	4	4,5	4,5	4,2	3,8	3,3
	Propod./Dact.		4,1	4	4	4	4,4	4,1	4,2	3,8	4,2	4	3,7	3,7	4	4,3	6
	Epines*		8	7	8	9	7	9	10	9	10	7	8	7	9	8	8
V	Propod.	long./larg.	13	13	15	15	16	14	13	18	18	12	13	15	13	13,5	20
	Dact.	long./larg.	4,6	4,8	5	5,2	5,2	5	5	5,8	6	5	5,8	5,7	4,8	4,4	4,2
	Propod./Dact.		3,4	3,3	3,3	3,5	3,8	3,2	3,2	3,7	3,6	3	2,9	3,1	3,2	3,3	5,4
	Epines*		53	51	48	55	57	60	52	40	45	53	55	36	50	40	43
	Œufs	long./diam.	—	—	—	0,69/0,57	0,72/0,56	0,99/0,66	—	0,68/0,41	—	0,94/0,58	—	—	—	—	0,36/0,21

* L'épine terminale y comprise.

Car. nilot. typica : Nº 1-3. Riv. Kapiloza ; Nº 4. Manarasandry ; Nº 5. Namoroko.
Car. nilot. paucipara : Nº 6-7. Lac Alaotra ; Nº 8. Pangalanes ; Nº 9. Fl. Irangy ; Nº 10-12. Betsiboka.
Car. nilot. xiphias : Nº 13-14. Didy.
Car. nilot. brevirostris : Nº 15. Ivoloina.

Tableau II.

Mensurations de *Caridina gladiifera, isaloensis, Bouvieri, Petiti.*

N°°			1	2	3	4	5	6	7	8	9	10
I	Carpe	$\frac{long.}{larg.}$	1,8	1,6	1,6	2.	1,4	1,5	2	2	1,6	1,5
	Pince	$\frac{long.}{larg.}$	1,9	1,9	1,9	2	2	1,9	2	2	1,75	1,8
	$\frac{Doigt}{Palma}$		1,2	0,8	1	1,2	0,9	1,1	1,5	1,1	0,9	0,85
II	Carpe	$\frac{long.}{larg.}$	3,2	5	4,2	5,8	5	4	4,3	—	6,5	—
	Pince	$\frac{long.}{larg.}$	2,6	2,4	2,5	2,6	2,4	2,4	2,6	—	2,7	—
	$\frac{Doigt}{Palma}$		1,5	1,9	1,5	1,1	1,1	1,5	1,7	—	1,4	—
III	Propod.	$\frac{long.}{larg.}$	10	10	11	10	13	10	10	9	11	11
	Dact.	$\frac{long.}{larg.}$	3,1	2,9	3,2	4,2	3,8	3,5	3,8	3,1	4	3,6
	$\frac{Propod.}{Dact.}$		4,2	4,4	3,8	4,3	4,2	3,6	3,9	3,5	4	4,5
	Epines*		7	6	6	6	6	6	7	8	5	6
V	Propod.	$\frac{long.}{larg.}$	11	12	12	14	12	12	11	10,5	17	14
	Dact.	$\frac{long.}{larg.}$	4,2	4,3	4	4,3	4,2	5,3	4,7	4,2	3,8	4
	$\frac{Propod.}{Dact.}$		3,8	3,8	3,6	3,7	3,2	3	3,4	3,6	5	4,5
	Epines*		40	41	33	35	47	45	43	45	22	20
	Œufs		—	—	—	$\frac{0,82}{0,56}$	—	$\frac{0,9}{0,56}$	—	—	$\frac{0,80}{0,52}$	$\frac{0,82}{0,58}$

* L'épine terminale y comprise.

Caridina gladiifera n. sp. N°s 1-3, Périnet ; N° 4, Namoroko ; N° 5. Riv. Kapiloza
Caridina isaloensis Cout. N° 6, Andranakanga.
Caridina Bouvieri n. sp. N° 7 et 8, Manjakatompo.
Caridina Petiti n. sp. N° 9 et 10. Ambila.

MOLLUSCA II

Mollusca marina testacea.

Par Ph. DAUTZENBERG.

La grande uniformité de la faune malacologique marine dans toute la région Indo-Pacifique est confirmée par l'examen des Mollusques de Madagascar dont la plupart sont répandus dans tout l'Océan Indien et jusqu'aux îles de l'Océan Pacifique. Leur recensement est cependant utile pour aider à la connaissance de leur répartition géographique.

En 1923, nous avons publié, dans le *Journal de Conchyliologie* (vol. LXVIII, p. 21-74), une Liste préliminaire des espèces qui avaient été citées jusqu'alors comme vivant à Madagascar. Elles étaient au nombre de 587, auxquelles venaient s'en ajouter 229 autres provenant surtout des récoltes de M. G. Petit. Depuis lors, ce zélé naturaliste a poursuivi ses recherches qui nous permettent de mentionner 909 espèces et de nombreuses variétés. Nous ne nous dissimulons pas que ce nombre est encore bien inférieur à la réalité et nous en trouvons la preuve par le triage de sables littoraux, rapportés par M. G. Petit, qui nous a fourni non seulement de nombreuses espèces, mais même quelques genres que nous n'avons pu mentionner à cause du médiocre état des spécimens qui ne permettait pas une détermination certaine.

Classe CEPHALOPODA

Ordre DIBRANCHIATA

Genre ARGONAUTA, Linné 1758.

Argonauta tuberculata Shaw

1812. *Argonauta tuberculata* SHAW, Nat. Miscell. XXIII, p. 995.
1817. — — Shaw DILLWYN, Descr. Cat., I, p. 334
= *nodosa* Solander mss.

1817. *Argonauta tuberculosa* SCHUMACHER, Nouveau Syst.,
p. 260.
1879. *Argonauta nodosa* Sol. TRYON, Manual of Conch., I,
p. 140, pl. 50, fig. 124.

Localités. — Madagascar (Sganzin, p. 30) ; Madagascar
(v. Martens, p. 40).

Dillwyn a eu raison de ne citer que comme synonyme d'*A.
tuberculata*, l'*Argonauta nodosa* Solander, du Catalogue Portland, non publié. Tryon ne dit pas pour quel motif il a adopté
ce nom manuscrit.

Argonauta hians (Solander) Dillwyn.

1817. *Argonauta hians* SOLANDER mss. *in* DILLWYN, Descr. Catal., I, p. 334.

1822. *Argonauta nitida* LAMARCK, Anim. sans vert., VII, p. 653.
1879. *Argonauta hians* Sol. TRYON, Manual, I, p. 136, pl. 46,
fig. 100-102.

Localité. — Madagascar (Sganzin, p. 30).

Le nom *hians* a été emprunté à Solander, par Dillwyn en 1817.
Il est plus ancien que *nitida* Lamarck, qui s'applique à la même
espèce.

C'est par erreur que nous avons inscrit dans notre « Liste préliminaire » l'*Argonauta Argo* Linné comme ayant été signalé à
Madagascar par Sganzin.

Sous-Ordre **DECAPODA**

Genre **SPIRULA**, Lamarck 1801.
Spirula spirula Linné.

1758. *Nautilus Spirula* LINNÉ, Syst. Nat. édit. X, p. 710
(Amérique).
1879. *Spirula Peronii* Lamarck TRYON, Manual of Conch., I,
p. 205, pl. 96, fig. 467-469 ; pl. 105,
fig. 585.

Localités. — Madagascar (Sganzin, p. 30). — Ile Europa (Thiele, p. 562). — Ankilibé ! ; Androka, plage ; Ampalaza ! ; Sainte-Marie, entre l'île aux Nattes et Ilampy ! ; Tamatave ! ; pointe à Larrée ! ; Soanierana, plage ! ; Andevorante, plage !

Le nom spécifique *spirula* Linné s'impose pour ce Mollusque car il est plus ancien que *fragilis* Lamarck (1801), *prototypus* Péron (1804), *australis* Lamarck (1816) et *Peroni* Lamarck (1822).

En 1789, Browne (The Natural History of Jamaica, p. 398) a désigné la Spirule par le mot *Lituus* mais ce nom avait déjà été employé en 1784 par Martyn pour un Cyclostomidé et ne peut donc être substitué au genre *Spirula* Lamarck.

Ordre **TETRABRANCHIATA**

Genre **NAUTILUS**, Linné 1758.
Nautilus pompilius Linné.

1758. *Nautilus Pompilius* Linné, Syst. Nat. édit. X, p. 709.
1879.   —   — Lin. Tryon, Manual, I, p. 215, pl. 99, fig. 507, 508.

Localité. — Ambodifotatra (Dautzenberg, p. 27).

Classe **PTEROPODA**

Ordre **GYMNOSOMATA**

Genre **CLIO**, O. F. Müller, 1776.
Clio australis Bruguière.

1792. *Clio australis* Bruguière, Encycl. Méthod., p. 507, pl. 75, fig. 1, 2.
1852.   —   —   Brug. Rang et Souleyet, Ptéropodes, p. 79, pl. VIII, fig. 1, 2.

Localité. — Abondant sur la côte Sud de Madagascar (v. Martens, p. 41).

Ordre **THECOSOMATA**

Genre **CAVOLINIA**, Gioeni 1783.
Cavolinia longirostris (Lesueur) de Blainville.

1821. *Hyalœa longirostris* LESUEUR *in* DE BLAINVILLE, Dict.
des Sc. Nat., XXII, p. 81.
1852. — — Les. RANG et SOULEYET, Hist. Nat.
Moll. Ptéropodes, p. 41, pl. II,
fig. 7-10.

Localités. — Nosy Komba, près du village d'Andraikarékabé,
drag. 6 m. Sable et vase ! ; Nosy Fanihi ! ; Majunga (Odhner,
p. 19) ; Tamatave (Collect. Ph. D, ex. Schlumberger).

Classe **GASTROPODA**

Ordre **PULMONATA**

Sous-Ordre **GEOPHILA**

Genre **ONCIDIUM**, Buchanan 1800 (emend.).
Oncidium Peroni Cuvier.

1804. *Oncidium Peroni* CUVIER, Ann. du Mus., V, p. 37, pl. 6,
fig. 1-3.
1832. *Onchidium tonganum* QUOY et GAIMARD, Voyage de
l' « Astrolabe », I, p. 210, pl. 15,
fig. 17, 18.
Localité. — Tuléar, récif (Odhner, p. 42).

Oncidium verruculatum Cuvier.

1817. *Oncidium verruculatum* CUVIER, Mém. anatom. Moll.,
n° XIII.

Localité. — Katsèpe (Majunga), dans les lagunes, à basse mer
(Odhner, p. 23).

Sous-Ordre **GEHYDROPHILA**

Genre **PLECOTREMA**, H. et A. Adams 1853.
Plecotrema exigua H. Adams.

1867. *Plecotrema exigua* H. ADAMS, Proc. Zool. Soc. of Lond.,
p. 367, pl. XIX, fig. 15.
1901. *Plecotrema exiguum* H. Ad. KOBELT, Conch. Cab., 2e édit.,
p. 241, pl. 27, fig. 14.

Localités. — Nosy Bé ! ; Nosy Komba ! ; Ankatsepé !

Genre **LAIMODONTA**, H. et A. Adams, 1854.
Laimodonta affinis Deshayes.

1822. *Pedipes affinis* DE FERUSSAC, Prodrome, p. 109.
1863. —   —   Férussac DESHAYES, Catal. Moll. Réunion, p. 83, pl. XXXVI, fig. 5, 6.
1880. *Marinula (Laimodonta) affinis* Féruss. v. MARTENS,
Moll. Maskar. u. Seych. p. 32.
1901. *Melampus (Laimodonta) affinis* Féruss. KOBELT, C. Cab.
2e édit., p. 202, pl. 23, fig. 7, 8.

Localités. — Nosy Bé ! ; baie d'Ampasipohé ! ; Nosy Nasatrana (prov. de Tulear), plage !

Laimodonta Bronni Philippi.

1846. *Auricula Bronni* PHILIPPI, Zeitschr. f. Malak., p. 98.
1901. *Melampus (Laimodonta)* Phil. KOBELT, C. Cab. 2e édit.,
p. 200, pl. 23, fig. 1, 2.

Localité. — Tuléar !

Genre **CASSIDULA**, Férussac 1821.
Cassidula Kraussi Küster.

1844. *Auricula Kraussi* KÜSTER, Conch. Cab., 2e édit., p. 24,
pl. 3, fig. 6, 7, 8.

Localités. — Tuléar ! ; Ankilibé !.

Genre **MELAMPUS**, Montfort 1810.
Melampus cristatus Pfeiffer.

1854. *Melampus cristatus* Pfeiffer, Proc. Zool. Soc. Lond.,
         p. 122.
1854.   —   —   Pfeiffer, Novit. Conch., I, p. 17,
         pl. V, fig. 3, 4, 5.
1901.   —   —   Pfr. Kobelt, Conch. Cab., 2ᵉ édit.,
         p. 187, pl. 22, fig. 1.

Localité. — Nosy Bé.

Melampus lividus Deshayes.

1830. *Auricula livida* Deshayes, Encycl. Méthod., II, p. 91.
1844.   —   —   Desh. Küster, Conch. Cab., 2ᵉ édit.,
         p. 44, pl. 6, fig. 21-25.

Localités. — Ankify ! ; Ampasipohé ; ! Juan de Nova !.;
Ambodifotatra (Daützenberg, p. 27) ; île aux Forbans ! ; Tamatave !

Melampus parvulus (Nuttall), Pfeiffer.

1854. *Melampus parvulus* Nutt. Pfeiffer Synopsis Auriculac-
         eorum, Malakoz, Blätter, I, p. 147.
1901.   —   —   (Nutt.) Pfr. Kobelt, Conch. Cab.,
         2ᵉ édit., p. 220, pl. 26, fig. 5.

Localités. — Ile Europa ! ; île aux Forbans !

Melampus Pfeifferianus A. Morelet.

1860. *Melampus Pfeifferianus* A. Morelet, Séries Conch., II,
         p. 95, pl. VI, fig. 5.
1901.   —   *pfeifferianus* Mor. Kobelt, Conch. Cab.,
         2ᵉ édit., p. 231, pl. 29, fig. 5-7.

Localité. — Ampasipohé !

Sous-Ordre **THALASSOPHILA**

Genre **SIPHONARIA** Sowerby, 1824.
Siphonaria Baconi Reeve.

1856. *Siphonaria Baconi* REEVE, Conchol. Iconica, pl. VI,
fig. 30ª, 30ᵇ.

Localité. — Nosy Nasatrana !

Siphonaria concinna Sowerby.

1830. *Siphonaria concinna* SOWERBY, Genera of Shells, *Sipho-naria*, fig. 2.
1848.   —   *variabilis* KRAUSS, Südafr. Moll., p. 59., pl. IV, fig. 4ª.
1856.   —   *concinna* REEVE, Conch. Icon., pl. III, fig. 13*a* 13ᵇ .

Localités. —· Nosy Hara (P. Lemoine) ; Nosy Komba ! ;
Ampangorinana ! ; île Europa ! ; Tuléar ! ; Nosy-Nasatrana ! ;
Ambodifotatra (Dautzenberg, p. 27) ; Tamatave !.

On peut se demander pourquoi Krauss a créé pour cette espèce
le nouveau nom *variabilis*, alors qu'il cite lui même *concinna*
Sowerby comme synonyme.

Siphonaria incerta Deshayes.

1863. *Siphonaria incerta* DESHAYES, Moll. Ile Réunion, p. 81,
pl. 7, fig. 16, 17.

Localité. — Fort-Dauphin (Collect. Ph. D. — récolte Dongé
1913).

Siphonaria madagascariensis Odhner.

1919. *Siphonaria madagascariensis* NILS ODHNER Faune Malac.
Madagascar, p. 20, pl. I, fig. 10-12.

Localité. — Majunga (Odhner, p. 20).

Siphonaria natalensis Krauss.

1848. *Siphonaria natalensis* KRAUSS, Südafr. Moll., p. 61,
pl. IV, fig. 6.

Localités. — Nosy Bé ! ; Ampangorinana ! ; Befotaka ! ; Ilot
Sakatia ! ; Tamatave !.

Siphonaria sipho Sowerby.

1830. *Siphonaria Sipho* SOWERBY, Genera of Shells, fig. 1.
1856.   —   — Sow. REEVE, Conch. Icon., pl. II,
fig. 9^a, 9^b, 9^c, 9^d.

Localités. — Diego-Suarez (Collect. Ph. D., récolte Em. Dorr) ;
Sainte-Marie, entre l'île aux Nattes et Ilampy !.

Siphonaria siquijorensis Reeve.

1856. *Siphonaria Siquijorensis* REEVE, Conch. Icon., pl. VI,
fig. 27^a, 27^b.
1923. *Siphonaria atra* DAUTZENBERG (non Quoy et Gaim.)
Liste prélim., p. 24.

Localités. — Nosy Nasatrana ! ; Nosy Manitsa, au Sud d'Androka ! ; Ambodifotatra (Dautzenberg, p. 27, sub. nom. *atra*).

Ordre **OPISTHOBRANCHIATA**

Sous-Ordre **NUDIBRANCHIATA**

Genre **ASTERONOTUS**, Ehrenberg 1831.
Asteronotus mabilla Bergh.

1880. *Asteronotus mabilla* BERGH, Unters. Reisen *im* Archipel
der Philippinen, Suppl.

Localité. — Amborovy (Odhner, p. 20) ; ! Tamatave (Odhner, p. 39.)

Sous-Ordre **TECTIBRANCHIATA**

Genre **SOLIDULA**, Fischer de Waldheim, 1807.
Solidula flammea Gmelin.

1790. *Voluta flammea* GMELIN, Syst. Nat., édit. XIII, p. 3435
(excl. var.).

1893. *Actæon flammeus* Gm. PILSBRY *in* TRYON, Manual XV,
p. 151, pl. 20ª, fig. 58, 59.

Localité. — Tamatave (Odhner, p. 39).

Solidula nitidula Lamarck.

1816. *Tornatella nitidula* LAMARCK, Encycl. Méthod. Tabl. p. 11
pl. 452, fig. 2ª, 2ᵇ.

1822.   —   — LAMARCK, Anim. sans vert., VI, 2ᵉ partie, p. 221.

1893. *Solidula nitidula* Lam. PILSBRY *in* TRYON, Manual, XV,
p. 144, pl. 20ª, fig. 57.

Localités. — Pointe du Sable, Diego-Suarez (Collect. Ph. D.
ex Coll. Bavay) ! ; Nosy Bé ! ; Tuléar ! ; Nosy Nasatrana ! ;
Sainte-Marie (Sganzin, p. 21).

Solidula nivea Angas.

1871. *Buccinulus niveus* ANGAS, Proc. Zool. Soc. Lond., p. 19,
97, pl. 1, fig. 27.

1893. *Solidula nivea* Angas PILSBRY *in* TRYON, Manual, XV,
p. 146, pl. 20ª, fig. 62.

Localité. — Pointe du Sable, Diego-Suarez (Collect. Ph. D. ex.
Collect. Bavay).

Solidula solidula Linné.

1758. *Bulla solidula* LINNÉ, Syst. Nat., édit. X, p. 728.
1893. *Solidula solidula* Lin. PILSBRY *in* TRYON, Manual, XV,
p. 142, pl. 20ª, fig. 37, 38, 44, 45.

Localités. — Ankify ! ; Ambatoloaka ! ; Sainte-Marie (Sganzin, p. 21) ! ; Sainte-Marie (v. Martens, p. 16).

Solidula strigosa Gould.

1859. *Buccinulus strigosus* GOULD, Proc. Boston Soc., VII,
p. 141.
1893. *Solidula strigosa* Gould PILSBRY *in* TRYON, Manual, XV,
p. 137, pl. 20ª, fig. 55, 56.

Localités. — Nosy Bé ! ; Nosy Komba ! ; Andraikarékabé !.

Cette espèce n'était connue que de la Chine et des îles Licou Kieou.

Solidula sulcata Gmelin.

1790. *Voluta sulcata* GMELIN, Syst. Nat., édit. XIII, p. 3436.
1893. *Solidula sulcata* Gm. PILSBRY *in* TRYON, Manual XV,
p. 143, pl. 20ª, fig. 39, 46, 47, 48.

Localités. — Pointe du Sable, Diego-Suarez (Collect. Ph. D., ex collect. Bavay) ; ! Baie de Lamboharana ! ; Tuléar ! ; Nosy Nasatrana, plage !.

Solidula suturalis A. Adams.

1854. *Solidula suturalis* A. ADAMS, Proc. Zool. Soc. Lond.,
p. 61.
1865. *Tornatella suturalis* A. Ad. REEVE, Conch. Icon., pl. II,
fig. 9ª, 9ᵇ.
1893. *Solidula suturalis* A. Ad. PILSBRY *in* TRYON, Manual, XV,
p. 139, pl. 20ª, fig. 65.

Localité. — Pointe du Sable, Diego-Suarez (Collect. Ph. D. ex collect. Bavay).

Genre **TORNATINA**, A. Adams 1850.
Tornatina Isseli Pilsbry.

1869. *Tornatina pusilla* ISSEL (non Pfeiffer, nec A. Adams),
Malac. del Mar Rosso, p. 172, pl. 1,
fig. 15.

1893. *Tornatina Isselii* PILSBRY, *in* TRYON, Manual, XV,
p. 191, pl. 22, fig. 33.

Localités. — Atoll Europa, W. du Lagon actuel ! ; Tuléar,
plage ! ; Sarodrano (Lamy, p. 333) ! ; Nosy Nasatrana, plage ! ;
Sud de Madagascar (Collect. Ph. D., ex Decary).

Tornatina olivæformis Issel.

1869. *Tornatina olivæformis* ISSEL, Malac. del Mar Rosso, p. 171
(planche de Savigny, VI, fig. 25).
1893. —   — Issel PILSBRY *in* TRYON, Manual, XV,
p. 191, pl. 22, fig. 34.

Localité. — Pointe des Sables, Diego-Suarez (Collect. Ph. D.,
ex Bavay) ! ; Tuléar, plage ! ; Sarodrano (Lamy, p. 333).

Tornatina Townsendi Melvill.

1898. *Tornatina Townsendi* MELVILL, Moll. Arabian Sea etc.,
Mem. a. Proc. Manchester Soc.,
XLII, p. 8, pl. 1, fig. 20.

Localités. — Pointe des Sables, Diego-Suarez (Collec. Ph. D.,
ex Bavay) ! ; Sainte-Marie, entre l'île aux Nattes et Ilampy !.

Cette espèce, décrite d'après des spécimens de la côte de
Mekran, se distingue du *T. Isseli* par sa forme plus allongée,
plus étroite, son dernier tour moins anguleux au sommet, sa
spire plus haute et moins mucronée. Les spécimens récoltés
par M. Petit concordent très bien avec des co-types de Melvill
que je possède dans ma collection.

Tornatina voluta Quoy et Gaimard.

1850. *Bulla voluta* QUOY et GAIMARD, Voyage de l' « Astrolabe », II, p. 359, pl. 26, fig. 33, 34,
35.
1893. *Tornatina voluta* Q. et G. PILSBRY *in* TRYON, Manual,
XV, p. 195, pl. 22, fig. 29-32.

Localité. — Nosy Nasatrana, plage !.

Les exemplaires récoltés par M. Petit concordent mieux avec la figure du « Thesaurus » de Sowerby (pl. CXXI, fig. 24) qu'avec celles de Quoy et Gaimard qui semblent avoir été dessinées d'après un spécimen déformé.

Genre RETUSA, Brown 1827.
Retusa amphizosta Watson.

1884. *Utriculus amphizostus* WATSON, Moll. « Challenger » Exp. Journ. Linn. Soc. London, XVII, p. 336.

1886.   —   — WATSON, « Challenger » Gastrop., p. 652, pl. XLVII, fig. 11.

1893. *Retusa amphizostus* Wats. PILSBRY *in* TRYON, Manual XV, p. 224, pl. 21, fig. 4.

Localités. — Sarodrano (Lamy, p. 334) !.

Retusa Desgenettesi Audouin (emend.).

1827. *Bulla Desgenettii (sic)* AUDOUIN, Explic. des planches de Savigny, p. 178.

1869. *Cylichna mica* ISSEL (non Ehrenberg), Malac. del Mar Rosso, p. 169.

1893.   —   — PILSBRY *in* TRYON (non Ehrenberg), Manual, XV, p. 311.

1926. *Retiusa Desgenettesi* Aud. PALLARY, Explic. pl. de Savigny, Mém. Institut d'Egypte, p. 75, pl. IX, fig. 6.

Localités. — Pointe des Sables, Diego-Suarez (Collect. Ph. D., ex collect. Bavay) ! ; Tuléar, plage ! ; Sainte-Marie, entre l'île aux Nattes et Ilampy ! ; Fenérive, plage ! ; Sud de Madagascar (Collect. Ph. D., ex Decary).

Retusa Fourieri Audouin.

1827. *Bulla Fourierii* AUDOUIN, Explic. des planches de Savigny, p. 178.

1869. *Cylichna pulvisculus* ISSEL (non Ehrenberg), Malac. del
        Mar Rosso, p. 169.
1893.   —   — PILSBRY *in* TRYON (non Ehrenberg),
        Manual, XV, p. 311.
1926. *Retusa Fourieri* Aud. PALLARY, Explic. planches de Sa-
        vigny, Mém. Instit. d'Egypte, p. 75,
        pl. IX, fig. 5.

Localité. — Pointe des Sables, Diego-Suarez (Collect. Ph. D.,
ex collect. Bavay).

Genre ATYS, Montfort 1810.
Atys (Alicula) cylindrica Helbling.

1779. *Bulla cylindrica* HELBLING, Abh. Priv. Ges. *in* Böhmen,
        IV, p. 122, pl. 11, fig. 30, 31.
1893. *Atys (Alicula) cylindrica* Helbl. PILSBRY *in* TRYON, Ma-
        nual, XV, p. 265, pl. 33, fig. 60-64.

Localités. — Ankify ! ; Nosy Bé (de Man, p. 11) ! ; Nosy Bé ! ;
Nosy Komba ! ; Tuléar ! ; Sarodrano (Lamy, p. 333) ! ; Nosy
Nasatrana, plage ! ; Sainte-Marie, entre l'île aux Nattes et
Hampy ! ; pointe à Larrée ! ; Gisement quaternaire d'Antaboka
(Perrier de la Bathie).

Le polymorphisme de cette espèce a donné lieu à la création
de plusieurs noms qui tombent en synonymie de celui d'Helbling : *solida* Bruguière (1792) ; *albicita* Dufo (1840), *elongata*
A. Adams (1850), *succisa* A. Adams (1850), *angustata* Smith
(1872).

Atys naucum Linné.

1758. *Bulla Naucum* LINNÉ, Syst. Nat., édit. X, p. 726.
1893. *Atys naucum* Lin. PILSBRY *in* TRYON, Manual, XV,
        p. 263, pl. 28, fig. 11-16.

Localités. — Nosy Faly (de Man, p. 11) ! ; Ankify ! ; Nosy
Bé ! ; Nosy Bé (de Man, p. 11) ! ; Ampasimarina ! ; Majunga
(Odhner, p. 19) !.

Genre **CYLICHNA**, Lovén 1846.
Cylichna Petiti Dautzenberg.

1923. *Cylichna Petiti* DAUTZENBERG, Liste préliminaire. Moll.
mar. Madagascar, Journ. de Conch.,
LXVIII, p. 25, 70, fig. 1.

Localité. — Fénérive !.

Il n'est pas exact que le *C. Petiti* soit l'espèce la plus étroite
du genre *Cylichna*, car le *C. mecyntea* Melvill (Proc. Malac.
Soc., X, p. 252, pl. XII, fig. 15) est encore plus allongé. La
principale différence consiste dans la striation microscopique
qui est uniforme sur toute la surface de la coquille chez le *C. Petiti*, tandis que le *C. mecyntea* n'est strié que sur les deux extré
mités, la région médiane étant tout à fait lisse.

Cylichna Arthuri nom. mut.

1850. *Bulla (Cylichna) strigella* A. ADAMS (non Lovén, 1846),
Thes. Conch., II, p. 592, pl. CXXV,
fig. 141.
1893. *Cylichna strigella* A. Ad. PILSBRY *in* TRYON, Manual,
XV, p. 314, pl. 48, fig. 14.

Localité. — Tamatave (Odhner, p. 39).

Le nom spécifique *strigella* ayant été employé en 1846, par
Lovén, pour un *Cylichna* européen, différent de l'espèce d'Ar-
thur Adams, nous l'avons remplacé par *Arthuri*.

Genre **BULLA**, Linné 1758.
Bulla Adamsi Menke.

1850. *Bulla Adamsi* MENKE, Conch. von Maltzan, Zeitschr.
für Malakoz., p. 162.
1893. —   —   Menke PILSBRY *in* TRYON, Manual,
XV, p. 345, pl. 35, fig. 15, 16, 19, 20.

Localités. — Nosy Bé ! ; Nosy Fanihi ! ; Tamatave !.

Il était nécessaire de remplacer le nom *australis* attribué à tort à cette espèce par Adams. (Thesaurus Conch., II, p. 576, pl. CXXII, fig. 64-66), car le véritable *Bulla australis* représenté par Quoy et Gaimard (Voyage de l' « Astrolabe », pl. 26, fig. 38, 39) est une coquille bien plus allongée, piriforme et ne présentant, au sommet, qu'une ombilication très étroite de la spire.

Menke, en publiant son *B. Adamsi* lui a assigné comme habitat la côte de Mazatlan, ce qui est une erreur manifeste, car l'espèce de Quoy et Gaimard habite la région Indo-Pacifique.

Bulla ampulla Linné.

1767. *Bulla Ampulla* LINNÉ, Syst. Nat., édit. XII, p. 1183.
1893. *Bulla ampulla* Liu. PILSBRY *in* TRYON, Manual, XV,
     p. 343, pl. 34, fig. 1, 2, 3.

Localités. — Madagascar (Sganzin, p. 13, v. Martens, p. 127) ! ; Nosy Faly (de Man, p. 11) ; Ankify ! ; îlot Ambariobé ! ; îlot Sakatia (de Man, p. 11) ; île Europa ! ; Tuléar ! ; Tuléar (Lamy, p. 333) ! ; Tamatave ! ; Gisement quaternaire d'Antaboka (Perrier de la Bathie).

Genre HAMINEA, Leach 1847.
Haminea cymbalum Quoy et Gaimard.

1832. *Bulla cymbalum* QUOY et GAIMARD, Voy. « Astrolabe »,
     II, p. 362, pl. 26, fig. 26, 27.
1893. *Haminia cymbalum* Q. et G. PILSBRY *in* TRYON, Ma-
     nual, XV, p. 367, pl. 40, fig. 6, 7.

Localités. — Baie de Lamboharana ! ; Sarodrano (Lamy, p. 333).

Hamina flavescens A. Adams.

1850. *Bulla flavescens* A. ADAMS, Thes. Conch., II, p. 582,
     pl. CXXIV, fig. 99.
1893. *Haminea flavescens* A. Ad. PILSBRY *in* TRYON, Manual,
     XV, p. 374, pl. 41, fig. 15.

Localités. — Nosy Bé ! ; baie d'Ampasipohé ! ; abords de

l'Anse du Cratère, près Hellville, dragage, sable vasard ! ; Tuléar !.

Haminea tenella A. Adams.

1850. *Bulla tenella* A. ADAMS, Thes. Conch., II, p. 583, pl. CXXIV, fig. 103.

1893. *Haminea pemphis* (Phil.) PILSBRY *in* TRYON, Manual, XV, p. 368, pl. 40, fig. 87.

Localités. — Nosy Bé ! ; Befotaka ! ; Ampasipohé !.

D'après E. A. Smith (Ann. a. Mag. Nat. Hist., 4° série, IX, 1872, p. 347), il existe, dans la collection du British Museum, deux coquilles de la Mer Rouge étiquetées *Haminea pemphis* Philippi, identiques à l'*H. tenella* A. Adams. Mais Philippi (Zeitschr. für Malakoz,. 1847, p. 122) n'ayant pas figuré son espèce, nous préférons attribuer aux spécimens de Madagascar, récoltés par M. G. Petit, le nom *tenella* qui est basé sur une bonne figuration.

Genre **APLUSTRUM** Schumacher, 1817.
Aplustrum aplustre Linné (emend. Lamarck.).

1758. *Bulla Amplustre* LINNÉ, Syst. Nat., édit. X, p. 727.

1764.   —   —   LINNÉ, Mus. Lud. Ulr., p. 587.

1893. *Hydatina amplustre* Lin. PILSBRY *in* TRYON, Manual, XV, p. 390, pl. 44, fig. 1-6.

Localité. — Ampangorinana !.

Les références indiquées pour cette espèce dans la 10° édition du « Systema Naturæ » représentent, l'une : Gualtieri (pl. 13 fig. F, F) un *Hydatina physis*, l'autre : Lister (4 f. 9 c. 10 t. 2 f. exterior) probablement un jeune *Cypræa*. Ce n'est que dans le « Museum Ludovicæ Ulricae » qu'on trouve une description convenable de la disposition très caractéristique des bandes alternativement rouges et blanches qui décorent la coquille. D'autre part, Hanley (Ipsa Linn. Conch., p. 206) dit qu'il existe dans la collection de Linné un spécimen concordant avec la figuration de Mawe (pl. 22, fig. 5), ce qui confirme l'interprétation de Gmelin et de la plupart des auteurs. La correction du nom spécifique *aplustre* au lieu d'*amplustre* est justifiée par son étymologie.

Genre **HYDATINA**, Schumacher 1817.
Hydatina physis Linné.

1758. *Bulla Physis* Linné, Syst. Nat., édit. X, p. 727.
1893. *Hydatina physis* Lin. Pilsbry *in* Tryon, Manual, XV,
      p. 387, pl. 45, fig. 14-17.

Localité. — Ankify !.

Genre **APLYSIA**, Linné 1767.
Aplysia tigrinella Gray.

1832. *Aplysia tigrina* Quoy et Gaimard (non Rang), Voyage
      « Astrolabe », II, p. 308, pl. 24,
      fig. 1, 2.
1850. *Aplysia Tigrinella* Gray, Syst. Arrang. of figures *in*
      M. E. Gray, figures of Moll. Anim.,
      IV, p. 97.

Localité. — Amborovy (Odhner, p. 19).

Genre **RINGICULA**, Deshayes 1838.
Ringicula arctata Gould.

1860. *Ringicula arctata* Gould, Proc. Boston Soc. Nat. Hist.,
      VII, p. 325.
1893.   —   — Gould Pilsbry *in* Tryon, Manual XV,
      p. 403, pl. 47, fig. 74, 75, 79.

Localités. — Tuléar ! ; Fénérive !.

Genre **DOLABELLA**, Lamarck 1801.

1786. *Patella scapula* Martyn, Univ. Conch., III, pl. 99.

1895. *Dolabella scapulá* Martyn Pilsbry *in* Tryon, Manual
                 XVI, p. 153, pl. 26, fig. 26, 27, 28 ;
                 pl. 27, fig. 29, 30.

Localité. — Sainte-Marie de Madagascar (Sganzin, p. 14,
v. Martens, p. 130).

M. Pilsbry a eu raison de reprendre pour cette espèce le nom
scapula qui a été très exactement représenté par Martyn, d'au-
tant plus que la figuration de Rumph (Amb. Rarit., pl. 40,
fig. N.) sur laquelle Lamarck a basé son *D. callosa* et Cuvier
son *D. Rumphii* est assez douteuse.

Genre **UMBRACULUM** Schumacher 1817.

Umbraculum sinicum Gmelin.

1790. *Patella sinica* Gmelin, Syst. Nat., édit. XIII, p. 3705.
1790. *Patella umbellata* Gmelin, *ibid.*, p. 3720.
1819. *Umbrella Indica* Lamarck, Anim. s. vert., VI, 1re p.,
                 p. 348.
1905. *Umbraculum sinicum* Gm. Pilsbry *in* Tryon, Manual,
                 XVI, p. 181, pl. 70, fig. 58, 59, 60 ;
                 pl. 71, fig. 63, 64, 65 ; pl. 72, fig. 70,
                 71.

Localités. — Ile aux Sorciers (Sganzin, p. 13 ; v. Martens,
p. 133) ; Tamatave !.

M. Pilsbry a parfaitement fixé la nomenclature de ce Mollusque en adoptant comme nom générique *Umbraculum* Schumacher 1817, plutôt qu'*Umbrella* Lamarck 1819 et, comme nom
spécifique *sinica* Gmelin 1790, plutôt qu'*indica* Lamarck 1819.

Ordre **PROSOBRANCHIATA**

Sous-Ordre **PECTINIBRANCHIATA**
(Toxoglossa)

Genre **TEREBRA**, Adanson 1757.
Terebra affinis Gray.

1833. *Terebra striata* QUOY et GAIMARD (non Basterot 1824),
Voyage « Astrolabe », II, p. 468,
pl. 36, fig. 23, 24.
1834. *Terebra affinis* GRAY, Proc. Zool. Soc. of London, p. 60.
1885.   —   —   Gray TRYON (pars), Manual, VII,
p. 14, pl. 2, fig. 22 (*excl.* synon. et
fig. 18).

Localités. — Ambatoloaka ! ; Anakao, plage !

Nous ne partageons pas l'avis de Tryon qui a regardé le
T. eburnea Hinds (Pr. Z. S. L., 1843, p. 153 et Thes. Conch., I,
p. 164, pl. XLV, fig. 123), comme une variété de coloration de
l'*affinis*, car sa forme est bien plus obèse, moins élancée et les
stries axiales n'existent que sur les tours supérieurs.

Terebra argus Hinds.

1843. *Terebra argus* HINDS, Proc. Zool. Soc. Lond., p. 160.
1885.   —   —   Hinds TRYON, Manual, VII, p. 11,
pl. 2, fig. 24.
Localité. — Madagascar (Collect. Max Denis : leg. Lieut.
Raoulx).
Le *T. nebulosa* Kiener (non Sowerby) est synonyme.

Terebra babylonia Lamarck.

1822. *Terebra babylonia* LAMARCK, Anim. s. vert., VII, p. 287.
1885.   —   —   Lam. TRYON, Manual, VII, p. 28,
pl. 8, fig. 40, 41.
Localités. — Ampasindava ! ; Nosy Bé !.

Terebra cancellata Quoy et Gaimard.

1833. *Terebra cancellata* QUOY et GAIMARD, Voyage « Astrolabe », II, p. 471, pl. 36, fig. 27, 28.
1885.   —   —   Q. et G. TRYON, Manual, VII, p. 22, pl. 5, fig. 83, 84.

Localités. — Baie de Tsimipaika ! ; Tuléar (Lamy, p. 300).

Terebra chlorata Lamarck.

1822. *Terebra chlorata* LAMARCK, Anim. s. vert., VII, p. 288.
1885.   —   — Lam. TRYON, Manual, VII, p. 11, pl. 11, fig. 21.

Localité. — Tuléar (Lamy, p. 300).

Terebra cinerea Born.

1780. *Buccinum cinereum* BORN, Test. Mus. Cæs. Vindob., p. 267, pl. 10, fig. 11, 12.
1885. *Terebra cinerea* Born TRYON *(pars)*, Manual, VII, p. 31, pl. 9, fig. 67 *(tantum, excl.* synon.)

Localité. — Tamatave !

Terebra cingulifera Lamarck.

1822. *Terebra cingulifera* LAMARCK, Anim. s. vert., VII, p. 289.
1885.   —   — Lam. TRYON *(pars)*, Manual, VII, p. 27, pl. 8, fig. 35 *(tantum, excl.* synon.).

Localité. — Madagascar (Collect. M. Denis : legit Lieut. Raoulx).

Terebra hectica Linné.

1758. *Buccinum hecticum* LINNÉ, Syst. Nat., édit. X, p. 711.
1822. *Terebra cœrulescens* LAMARCK, Anim. s. vert., VII, p. 288.
1885.   —   — Lam. TRYON *(pars.)*, Manual, VII, p. 30, pl. 10, fig. 75, 76, 77 *(tantum)*, excl. synon. *nimbosa* Hinds.

Localités. — Nosy Iranja (Collect. Ph. D. ex P. de Givenchy) ;
Tuléar (Lamy, p. 300) ! ; Soanierana, plage ! ; Tamatave !.

Il ne peut y avoir le moindre doute sur l'identité du *Buccinum hecticum* de Linné et du *Terebra cærulescens* de Lamarck car la seule référence indiquée dans le « Systema Naturæ » : Gualtieri, pl. 56, fig. C, représente incontestablement l'espèce que Lamarck a nommée *cærulescens* et qui est généralement désignée sous ce nom.

Dans la 12e édition du « Syst. Nat. », Linné a ajouté la référence : Séba, pl. 56, fig. 21, alors que c'est la figure 35 de la même planche qui concorde avec la figuration de Gualtieri, tandis que la figure 21 représente le *Terebra crenulata* Linné. Or, parmi les références du *Buccinum crenulatum*, figure : Séba, pl. 56, fig. 35. Il paraît donc évident qu'il y a eu là une simple transposition des numéros des figures. Quoi qu'il en soit d'ailleurs, la validité de l'espèce dans la 10e édition ne pourrait être mise en échec par une addition maladroite dans la 12e.

Terebra crenulata Linné.

1758. *Buccinum crenulatum* Linné, Syst. Nat., édit. X, p. 741.
1885. *Terebra crenulata* Lin. Tryon, Manual, VII, p. 8, pl. 1,
fig. 1, 2, 6.

Localités. — Madagascar, pas rare dans le sable (Sganzin, p. 28 ; v. Martens, p. 54) ; Tuléar (Lamy, p. 299).

Le *T. fimbriata* Deshayes est une variété de cette espèce chez laquelle la rangée subsuturale de tubercules est complètement effacée et le *T. interlineata* une forme intermédiaire, à tubercules très faibles. La figure de Séba, pl. 56, fig. 21 (et non fig. 35 indiquée par erreur dans le « Systema Naturæ »), représente la variété *fimbriata*.

Terebra dimidiata Linné.

1758. *Buccinum dimidiatum* Linné, Syst. Nat., édit. X, p. 742.

1885. *Terebra dimidiata* Lin. Tryon, Manual, VII, p. 9, pl. 1,
fig. 13.

Localités. — Nosy Bé (de Man, p. 27 ; v. Martens, p. 53) ;
île Juan de Nova ! ; Tuléar (Lamy, p. 299).

Tryon a considéré le *T. splendens* Deshayes comme une forme
minor de cette espèce (Manual, p. 1, fig. 4), mais ses tours sont
plus convexes et sa coloration beaucoup plus pâle.

Terebra duplicata Linné.

1758. *Buccinum duplicatum* Linné, Syst. Nat., éd.t. X, p. 742.
1885. *Terebra duplicata* Lin. Tryon, Manual, VII, p. 17, pl. 4,
fig. 49-51.

Localités. — Baie d'Ambaro ! ; baie de Tsimipaika ! ; Nosy
Bé (de Man, p. 28 ; Odhner, p. 38 et collect. Ph. D., récolte
E. Marie).

Terebra flammea Lamarck.

1822. *Terebra flammea* Lamarck, Anim. s. vert., VII, p. 284.
1885.   —   —   Lam. Tryon, Manual, VII, p. 11,
pl. 2, fig. 26.

Localités. — Madagascar, pas rare dans le sable (Sganzin,
p. 28 ; v. Martens, p. 54 ; Tryon, p. 11).

Terebra maculata Linné.

1758. *Buccinum maculatum* Linné, Syst. Nat., édit. X, p. 741.
1885. *Terebra maculata* Lin. Tryon, Manual, VII, p. 9, pl. 1,
fig. 9, 10.

Localités. — Nosy Bé (de Man, p. 27 et Collect. Ph. D., récolte E. Marie) ; Tuléar (Lamy, p. 300).

Terebra monile Quoy et Gaimard.

1832. *Terebra monile* Quoy et Gaimard, Voyage « Astrolabe »,
II, p. 467, pl. 36, fig. 21, 22.

1885. *Terebra straminea* TRYON *(pars)*, Manual, VII, p. 28,
pl. 8, fig. 47, 48 *(tantum)*.

Localités. — Baie d'Ambaro ! ; Nosy Bé (de Man, p. 28 et
Collect. Ph. D., récolte E. Marie) ; Befotaka ! ; Tuléar (Lamy,
p. 300).

La réunion des *T. monile* et *T. straminea* ne nous paraît pas
acceptable : le *monile* a les tours plans et faiblement sillonnés
au-dessous d'un bourrelet subsutural saillant, garni de tubercules blanchâtres ; le *straminea* Gray a les tours légèrement
convexes traversés par des stries décurrentes nombreuses, son
bourrelet subsutural n'est pas saillant et présente, au lieu de
tubercules, des costulations obliques ; enfin la surface du *T. monile* est luisante alors que celle du *straminea* est mate.

Terebra muscaria Lamarck.

1822. *Terebra muscaria* LAMARCK, Anim. s. vert., VII, p. 285.
1885.   —   —   Lam. TRYON Manual, VII, p. 9, pl. 1,
fig. 12.

Localités. — Nosy Bé (de Man, p. 28) ; Tuléar (Lamy, p. 300) ;
Sarodrano !.

Terebra nassoides Hinds.

1843. *Terebra nassoides* HINDS, Proc. Zool. Soc. Lond., p. 158.
1885.   —   ——   Hinds TRYON, Manual, VII, p. 38,
pl. 12, fig. 23.

Localités. — Ambatoloaka ! ; îlot Sakatia ! ; Ankatsepé ! ;
Ankilibé ! ; Tamatave ! ; Fénérive ! ; Vatomandry, plage !.

Terebra nebulosa Sowerby.

1825. *Terebra nebulosa* SOWERBY, Catal. Tankerville, Append.,
p. XXV.
1885.   —   —   Sow. TRYON, Manual, VII, p. 23, pl. 6,
fig. 3.

Localités. — Baie de Tsimipaika ! ; Ankify !.

Terebra oculata Lamarck.

1822. *Terebra oculata* LAMARCK, Anim. s. vert., VII, p. 286.
1885. — — Lam. TRYON *(pars)*, Manual, **VII**, p. 10, pl. 2, fig. 20, *excl.* synon. *Loroisi* Deshayes, pl. 3, fig. 36.

Localité. — Nosy Bé (de Man, p. 28).

Il est impossible de comprendre l'assimilation, par Tryon, du *T. nebulosa* Lorois (non Sowerby) = *Loroisi* Deshayes, au *T. oculata*, ces deux espèces n'ayant entre elles aucune ressemblance.

Terebra polygonia Reeve.

1860. *Terebro polygonia* REEVE, Conch. Icon., pl. XXVII, fig. 154.
1885. — — Reeve TRYON, Manual, VII, p. 23, pl. 7, fig. 15.

Localité. — Tamatave, dragué (Odhner, p. 39, pl. 3, fig. 30).

Terebra serotina Adams et Reeve.

1850. *Terebra serotina* ADAMS et REEVE, « Samarang », Moll., p. 30, pl. X, fig. 20.
1885. — — Ad. et R. TRYON, Manual, VII, p. 29, pl. 8, fig. 53.

Localités. — Baie d'Ambaro ! ; baie de Tsimipaika ! ; Ankify !.

Terebra straminea Gray.

1834. *Terebra straminea* GRAY, Proc. Zool. Soc. Lond., p. 62.
1885. — — Gray TRYON *(pars)*, Manual, VII, p. 28, pl. 8, fig. 42, 43 *(excl.* synon.*)*

Localités. — Majunga ! ; Tamatave (Odhner, p. 39).

Terebra strigilata Linné.

1758. *Buccinum strigilatum* LINNÉ, Syst. Nat., édit. X, p. 741.

1885. *Terebra strigilata* Lin. TRYON *(pars.)*, Manual, VII,
p. 33, pl. 10, fig. 84, 88 *(tantum)*,
excl. synon. plur.

Localités. — Tamatave (Odhner, p. 38) ; Tamatave !.

Terebra subulata Linné.

1767. *Buccinum subulatum* LINNÉ, Syst. Nat., édit. XII,
p. 1205.
1885. *Terebra subulata* Lin. TRYON, Manual, VII, p. 10, pl. 1,
fig. 3 ; pl. 3 ; fig. 35.

Localité.— Madagascar, dans le sable (Sganzin, p. 28 ; v. Martens, p. 54).

Terebra tigrina Gmelin.

1790. *Buccinum tigrinum* GMELIN, Syst. Nat., édit. XIII,
p. 3502.
1885. *Terebra tigrina* Gmel. TRYON, Manual, VII, p. 10, pl. 1,
fig. 11.

Localité. — Tuléar !.

Terebra undulata Gray.

1834. *Terebra undulata* GRAY, Proc. Zool. Soc. Lond., p. 60.
1885.   —   —   Gray TRYON, Manual, VII, p. 22, pl. 6,
fig. 4 *(excl.* fig. 8).

Localité. — Tuléar !.

Tryon dit que le *T. undulata* n'est peut-être qu'une variété
du *T. cancellata* Q. et G., ce qui serait difficile à admettre et il
indique comme synonyme probable *T. picta* Hinds (fig. 8) ce
qui est aussi plus que douteux.

Genre CONUS, Linné 1758.

Les espèces du genre *Conus* décrites comme nouvelles dans
l'Encyclopédie Méthodique doivent être attribuées à Hwass.
Bruguière dit, en effet : « Le travail que je présente ici sur les

Cônes m'a été communiqué par M. Hwass. — Je dois prévenir le lecteur que la définition de ce genre et les phrases latines des espèces et des variétés lui appartiennent et que l'on ne doit regarder comme mon travail que le tableau français des différences spécifiques, les observations générales sur le genre Cône, le complément de la synonymie des espèces et enfin leur description. » Par description, Bruguière n'a donc visé que les descriptions en français dont Hwass avait rédigé les diagnoses latines.

Conus abbas Hwass.

1792. *Conus abbas* Hwass *in* Bruguière, Encycl. Méthod., I, p. 750.
1884. —   —   Hw. Tryon, Manual, VI, p. 92, pl. 30, fig. 12-14.

Localités. — Madagascar (Sowerby, Thes. Conch., III, pl. XXIII, fig. 575) ; Madagascar (Collect. M. Denis : leg. Lieut. Raoulx).

Conus arenatus Hwass.

1792. *Conus arenatus* Hwass *in* Bruguière, Encycl. Méthod., p. 621, pl. 320, fig. 1.
1884. —   —   Hw. Tryon, Manual, VI, p. 18, pl. 4, fig. 66, pl. 27, fig. 2.

Localités. — Madagascar (v. Martens, p. 43) ; Nosy Bé (de Man, p. 29 et collect. Ph. D., récolte E. Marie).

Conus betulinus Linné.

1758. *Conus betulinus* Linné, Syst. Nat., édit. X, p. 715.
1884. —   —   Lin. Tryon, Manual, VI, p. 16, pl. 4, fig. 54, 55.

Localités. — Madagascar (Sganzin, p. 30, v. Martens, p. 42, Reeve Conch. Icon., pl. XIII, fig. 67) ; îlot Sakatia ! ; Tuléar (Lamy, p. 301) ; Ambodifotatra (Dautzenberg, p. 27) ; Tamatave !.

Var. IMMACULATA Dautzenberg.

1906. *Conus betulinus* Lin. var. *immaculata* DAUTZENBERG,
Liste Coq. mar. d'Ambodifotatra,
Journ. de Conch., LIV, p. 27.

Localité. — Ambodifotatra (Dautzenberg, p. 27).

Conus capitaneus Linné.

1758. *Conus Capitaneus* LINNÉ, Syst. Nat., édit. X, p. 713.
1884. *Conus (Rhizoconus) capitaneus* Lin. TRYON *(pars)*, Manual, VI, p. 40, pl. 12, fig. 21, 22 *(tantum)*, excl. var.

Localités. — Madagascar, rare (Sganzin, p. 30, v. Martens, p. 46) ; Nosy Faly (de Man, p. 31) ; Nosy Bé (de Man, p. 31) ; Nosy Bé ! ; Tuléar (Lamy, p. 301).

Nous ne partageons pas la manière de voir de Tryon qui a considéré les *C. mvstelinus* Hwass et *Ceciliæ* Chenu comme des variétés du *capitaneus*.

Conus catus Hwass.

1792. *Conus catus* HWASS *in* BRUGUIÈRE, Encycl. Méth., p. 707.
1884. *Conus (Rhizoconus) catus* Hw. TRYON *(pars)*, Manual, VI, p. 63, pl. 20, fig. 6, 7 *(tantum)*.

Localité. — Tuléar (Lamy, p. 302).

Tryon a regardé le *Conus nigropunctatus* Sowerby, comme une variété du *C. catus* et comme synonyme douteux le *C. eques* Hwass représenté pl. 333, fig. 9, dans l'Encyclopédie ; le *C. eques* nous semble identique au *C. Duponti* Kiener (Icon., pl. 56, fig. 2, 2.) C'est une coquille courte, piriforme, très élargie au sommet et atténuée à la base.

Conus ceylanensis Hwass.

1792. *Conus ceylanensis* HWASS *in* BRUGUIÈRE, Encycl. Méthod., p. 636.

1884. *Conus (Mures) ceylonensis* Hw. TRYON, Manual, VI, p. 23, pl. 6, fig. 94.

Var. PUSILLA Chemnitz.

1795. *Conus pusillus* CHEMNITZ, Conch. Cab. XI, p. 65, pl. 183, fig. 1788, 1789.

1884. *Conus ceylonensis* Hw. var. *pusilla* Chemn. TRYON, Manual, VI, p. 23, pl. 6, fig. 97.

Localité. — Madagascar (Kiener, Icon., p. 63, pl. 55, fig. 7, 7ª ; v. Martens, p. 43 ; collect. Ph. D., ex collect. Lesourd).

? Conus classiarius Hwass.

1792. *Conus classiarius* HWASS, *in* Bruguière, Encycl. Méthod., p. 705.

Localité. — Madagascar (Sganzin, p. 30 ; v. Martens, p. 46).

Le *C. classiarius* est extrêmement critique et nous ne l'inscrivons ici que parce qu'il a été mentionné de Madagascar par Sganzin, la figure de Favanne (pl. XIV, fig. C⁵) indiquée comme référence douteuse par Bruguière, est indéchiffrable. Lamarck nous paraît avoir le mieux interprété l'espèce de Hwass en citant les figures de Chemnitz : Conch. Cab., XI, pl. 183, fig. 1786, 1787 et de l'Encyclopédie : pl. 335, fig. 7, car elles peuvent s'accorder avec la courte diagnose originale (spire obtuse,etc.).Mais alors on peut se demander en quoi le *C. classiarius* diffère du *C. vittatus* Hwass. Kiener (Icon. coq. viv., p. 87, pl. 63, fig. 3),a appliqué le nom *classiarius* à l'une des nombreuses variétés du *C. capitaneus.* Sowerby (Thesaurus, III, pl. 196, fig. 213) a représenté sous le nom de *classiarius* une coquille anguleuse au sommet qui ne peut convenir à l'espèce de Hwass. Tryon reproduit cette figuration de Sowerby pour le *classiarius* et lui adjoint comme synonymes des formes disparates : *splendidulus* Sowerby, *adustus* Sowerby, *Ruppellii* Reeve et *Pazi* Crosse.

Conus coronatus (Gmelin) Dillwyn.

1790. ? *Conus coronatus* GMELIN, Syst. Nat., édit. XIII, p. 3389.

1817. *Conus coronatus* (Gm.) DILLWYN, Descr. Catal., i, p. 403.
1884. *Conus miliaris* TRYON *(pars*, non Hwass*)*, Manual, VI,
p. 21, pl. 5, fig. 88 *(tantum)*.

Localités — Nosy Bé ! ; Nosy Fanihi ! ; Tuléar ! ; Lambétabé, plage ! ; Ambodifotatra (Dautzenberg, p. 27) ! ; Tamatave !

Le *C. coronatus* a été fondé par Gmelin sur des figurations
disparates dont celle de Valentyn (pl. 31, fig. 24) représente
seule, d'une manière satisfaisante, le petit Cône couronné qui a
été précisé par Dillwyn

Beaucoup d'auteurs ont employé pour le désigner le nom
minimus Linné, ce qui est incompatible avec la description
originale aussi bien qu'avec l'unique référence : d'Argenville
pl. 15, fig. A qui l'accompagne. Cette fausse interprétation
provient sans doute de ce que le nom *minimus* a été compris
comme caractérisant la petite taille de l'espèce. Mais il faut,
remarquer que Linné l'a orthographié *Minimus* (avec une
lettre initiale majuscule, ce que Linné ne faisait que lorsqu'il
attribuait à une espèce un nom substantif. Le nom *Minimus* a
donc été créé pour désigner un religieux de l'Ordre des Minimes
dont les vêtements sont d'une couleur brun marron. La figuration de d'Argenville qui représente un *Conus figulinus* L.,
comme l'a supposé Hanley (Ipsa Linn. Conch., p. 169) confirme
la signification qui doit être donnée au nom *minimus*, car le
C. figulinus représenté par d'Argenville est plus grand que le
C. coronatus et sa coloration est bien d'un brun marron.

Conus ebræus Linné.

1758. *Conus ebræus* LINNÉ, Syst. Nat., édit. X, p. 715.
1884. *Conus hebræus* Lin. TRYON, Manual, VI, p. 20, pl. 5,
fig. 75, pl. 27, fig. 13.

Localités. — Nosy Bé ! ; Nosy Bé (de Man, p. 30 ; collect.
Ph. D., récolte E. Marie) ; Nosy Fanihi ! ; île Mahakamby
(Odhner, p. 19) ; île Europa (Thiele, p. 563) ; île Europa ;
Tuléar (Lamy, p. 301) ; Tamatave ; Tamatave (Odhner,
p. 39).

Var. VERMICULATA Lamarck.

1822. *Conus vermiculatus* LAMARCK, Anim. s. vert., VII, p. 451.
1884. *Conus hebræus* Lin. var. *vermiculatus* Hw. TRYON, Manual, VII, p. 20, pl. 5, fig. 77.

Localités. — Nosy Bé ! ; île Europa ! ; Tamatave !.

Conus eburneus Hwass.

1792. *Conus eburneus* HWASS *in* BRUGUIÈRE, Encycl. Méthod., p. 640, pl. 324, fig. 1, 2.
1884. *Conus (Lithoconus) eburneus* Hw TRYON, Manual, VI, p. 11, pl. 2, fig. 24, 25.

Localité. — Madagascar, assez rare (Sganzin, p. 30).

Conus Elisæ Kiener.

1850. *Conus Elisæ* KIENER, Iconogr. Coq. viv., p. 341, pl. 64, fig. 1, 1ᵃ.
1884. — — Kien. TRYON, Manual, VI, p. 92, pl. 30, fig. 15.

Localité. — Madagascar (Tryon, Manual, p. 92).

Comme l'a fait remarquer Tryon, la coquille représentée par Reeve sous le nom de *C. Elisæ*, est un *pennaceus* Born.

Conus episcopus Hwass.

1792. *Conus episcopus* HWASS *in* BRUGUIÈRE, Encycl. Méthod., p. 748.
1884. *Conus omaria* TRYON (*pars*, non Hwass), Manual, VI, p. 93, pl. 31, fig. 24 *(tantum)*, excl. synon.

Localités. — Nosy Fanihi ! ; Ambodifotatra (Dautzenberg, p. 27).

Tryon a réuni sous le nom de *C. omaria* les *C. pennaceus* Born, *prælatus* Hwass, *episcopus* Hwass, *rubiginosus* Hwass, *magni-jicus* Reeve, *stellatus* Kiener, qui sont généralement considérés comme spécifiquement distincts, et il a encore ajouté comme variété le *C. colubrinus* Lamarck qui est bien différent.

Conus figulinus Linné.

1758. *Conus figulinus* Linné, Syst. Nat., édit. X, p. 715.
1884.   —   —   Lin. Tryon, Manual, VI, p. 16, pl. 4,
                        fig. 57.

Localités. — Madagascar (Sganzin, p. 30 ; v. Martens, p. 42) ; Nosy Bé (Collect. Ph. D. : récolte E. Marie) ; île Europa !.

Conus flavidus Lamarck.

1822. *Conus flavidus* Lamarck, Anim. s. vert., VII, p. 468.
1884. *Conus (Lithoconus) flavidus* Lam. Tryon, Manual, VI, p. 44, pl. 13, fig. 48.

Localités. — Nosy Bé (Collect. Ph. D., récolte E. Marie) ; île Europa ! ; Tuléar (Lamy, p. 302).

Var. Maltzanjana Weinkauff.

1873. *Conus Maltzanianus* Weinkauff, Conch. Cab., 2ᵉ édit.,
                        p. 204, pl. 32, fig. 3-6.
1884. *Conus (Lithoconus) flavidus* Lam. Tryon *(pars)*, Ma-
                        nual, VI, p. 44, pl. 13, fig. 49 *(tan-
                        tum)*.

Localité. — Ile Europa !

Conus Frauenfeldi Crosse.

1865. *Conus Frauenfeldi* Crosse, Journ. de Conch., XIII,
                        p. 307, pl. X, fig. 1.
1884. *Conus (Magi) magus* Linné, var. *Frauenfeldi* Crosse
                        Tryon, Manual, VI, p. 53, pl. 15,
                        fig. 9.

Localité. — Madagascar (Crosse, p. 53 ; v. Martens, p. 47).

Conus generalis Linné.

1767. *Conus Generalis* Linné, Syst. Nat., édit. XII, p. 1166.
1884. *Conus (Leptoconus) generalis* Lin. Tryon, Manual, VI,
　　　　　　　p. 34, pl. 9, fig. 74 ; pl. 27, fig. 4.

　Localité. — Madagascar (Sganzin, p. 30,; v. Martens, p. 45).

? Conus genuanus Linné.

1758. *Conus genuanus* Linné, Syst. Nat., édit. X, p. 714.
1884. 　　—　　　　—　　　Lin. Tryon, Manual, VI, p. 15, pl. 3,
　　　　　　　fig. 51.

　Localité. — Madagascar (Sganzin, p. 30).

Sganzin a dû commettre une erreur de détermination en citant cette espèce à Madagascar. Son habitat, paraît être limité
à la côte Occidentale de l'Afrique.

Conus Prometheus Hwass.

1792. *Conus prometheus* Hwass *in* Bruguière, Encycl. Mé-
　　　　　　　thod., p. 667.
1884. *Conus Prometheus* Hw. Tryon, Manual, VI, p. 15, pl. 3,
　　　　　　　fig. 52.

　Localité. — Madagascar (Tryon, Manual, p. 15).

L'existence de cette espèce à Madagascar nous paraît douteuse, car elle ne nous est connue authentiquement que de
l'Afrique Occidentale. Favanne, il est vrai, l'a citée des côtes
de Mozambique, de Zanguebar et de Java, mais les provenances
mentionnées par les auteurs du XVIIIe siècle sont bien sujettes à
caution.

Conus geographus Linné.

1758. *Conus geographus* Linné, Syst. Nat., édit. X, p. 718.
1884. *Conus (Nubecula) geographus* Linn. Tryon, Manual, VI,
　　　　　　　p. 88, pl. 28, fig. 84 (*excl.* var. *mappa*
　　　　　　　Cr., pl. 29, fig. 85).

Localités. — Ilot Sakatia (de Man, p. 35) ; Tuléar ! ; Tuléar (Odhner, p. 42) ; Ambodifotatra (Dautzenberg, p. 27) ; Tamatave !.

Nous considérons le *C. mappa* Crosse = *intermedius* Reeve (non Lamarck) comme spécifiquement distinct du *geographus*.

Conus glans Hwass.

1792. *Conus glans* HWASS *in* BRUGUIÈRE, Encycl. Méthod.,
p. 735.
1884. *Conus (Hermes) glans* Hw. TRYON, Manual, VI, p. 79,
pl. 25, fig. 26-28.

Localité. — Nosy Fanihi !

Conus gubernator Hwass.

1792. *Conus gubernator* HWASS *in* BRUGUIÈRE, Encycl. Méthod., p. 727.
1884. *Conus (Nubecula) gubernator* Hw. TRYON, Manual, VI,
p. 86, pl. 26, fig. 69 (*excl.* fig. 69 =
terminus).

Localités. — Nosy Faly ! ; Nosy Bé (de Man, p. 33) ; Amborovy (Odhner, p. 19).

Le *Conus terminus* Lamarck, que Tryon regarde comme n'étant même pas une variété du *gubernator* se distingue cependant avec facilité, par sa forme plus étroite, son dernier tour ne s'élargissant pas dans le haut et par sa taille toujours plus faible.

Conus imperialis Linné.

1758. *Conus imperialis* LINNÉ, Syst. Nat., édit. X, p. 712.
1884. *Conus (Marmorei) imperialis* Lin. TRYON, Manual, VI,
p. 9, pl. 1, fig. 1-13.

Localité. — Madagascar (Sganzin, p. 29 ; v. Martens, p. 41)

Conus inscriptus Reeve.

1843. *Conus inscriptus* REEVE, Proc. Zool. Soc. Lond., p. 171.
1843. — — REEVE, Conch. Icon., pl. XXIX, fig. 164.
1884. *Conus (Pionoconus) inscriptus* Reeve TRYON, Manual, VI, p. 61, pl. 19, fig. 84, 85.

Localités. — Baie de Tsimipaika ! Ankify !

Conus Kieneri Reeve.

1847. *Conus nisus* KIENER (non Chemnitz), Iconogr. coq. viv. ; p. 217, pl. 59, fig. 4.
1849. *Conus Kieneri* REEVE, Conch. Icon. Suppl., pl. IX, fig. 282^a, 282^b.
1884. *Conus (Asperi) Kieneri* Reeve TRYON, Manual, VI, p. 71, pl. 22, fig. 68, 69.

Localité. — Madagascar (Kiener, p. 217 ; v. Martens, p. 47 ; Collect. Ph. D., ex Sowerby).

Le *C. roseus* Kiener, que Tryon cite comme synonyme, est l'espèce inscrite par Kiener sous ce nom (Iconogr. coq. viv., pl. 107, fig. 4,4,) mais qui figure dans le texte sous le nom de *C. rosaceus*, et non le *C. roseus* de Kiener, pl. 9, fig. 3.

Conus lineatus (Chemnitz) Schröter.

1788. *Conus lineatus*, etc. CHEMNITZ, Conch. Cab. X, p. 27, pl. 138, fig. 1285.
1788. — — Chemn. SCHRÖTER, Namen Register, p. 24.
1884. — — (Chemn.) auct. TRYON, Manual, VI, p. 50, pl. 14, fig. 85.

Localités. — Baie de Tsimipaika ! ; Nosy Bé (de Man, p. 32 ; Collect. Ph. D., ex P. de Givenchy) ; Tuléar (Lamy, p. 302) ; Ambodifotatra (Dautzenberg, p. 27).

Gmelin a rattaché cette espèce, comme variété, au *Conus figulinus* avec lequel il n'a aucun rapport.

Conus madagascariensis Sowerby.

1858. *Conus madagascariensis* SOWERBY, Thes. Conch., III, p. 43, pl. 110, fig. 582.

1884. *Conus (Cylinder) textile* Lin. var. *archiepiscopus* Hwass TRYON *(pars)*, Manual, VI, p. 90, pl. 30, fig. 3 *(tantum)*.

Localité. — Madagascar (Sowerby, Thesaurus, p. 43 ; v. Martens, p. 48).

La valeur de cette espèce peut être contestée, mais ce n'est pas au *C. archiepiscopus* qu'elle pourrait être rattachée car elle est bien plus voisine du *C. omaria* et du *C. rubiginosus*.

Conus lividus Hwass.

1792. *Conus lividus* HWASS *in* BRUGUIÈRE, Encycl. Méthod., p. 630, pl. CCCXXI, fig. 5.

1884. *Conus (Virgines) lividus* Hw. TRYON, Manual, VI, p. 45, pl. 13, fig. 54, 55.

Localités. — Madagascar (Sganzin, p. 30 ; v. Martens, p. 44) ; Nosy Bé (de Man, p. 29) ; Nosy Bé ! ; Nosy Komba ! ; Ambatoloaka ! ; île Europa ! ; île Europa (Thiele, p. 563) ; Tuléar (Lamy, p. 302 ; collect. Ph. D. ex Pallary) ; Ambodifotatra (Dautzenberg, p. 28).

Sowerby a représenté (Thesaurus, Conch., III, pl. 190, fig. 70) sous le nom de *C. citrinus* Gmel., une coquille qui ne diffère du *C. lividus* Hw. que par l'absence de bande blanche au milieu du dernier tour et n'est qu'une variété très fréquente de cette espèce de Hwass. Le véritable *citrinus* a été établi par Gmelin sur la figure 681 de la pl. LXI du Conchylien Cabinet, qui est ornée, sur la partie inférieure du dernier tour, de lignes noires interrompues et dont la base est blanche. L'interprétation par

Sowerby, de l'espèce de Gmelin nous paraît donc fautive et il n'y a pas lieu de substituer le nom *citrinus* à *lividus* Hwass, comme étant plus ancien, puisqu'il ne s'agit pas de la même espèce.

Conus maldivus Hwass.

1792. *Conus maldivus* Hwass *in* Bruguière, Encycl. Méthod., p. 644.
1884. *Conus (Ammirales) malvidus* Hw. Tryon, Manual, VI, p. 34, pl. 9, fig. 75 ; pl. 10, fig. 76.

Localité. — Madagascar (Sganzin, p. 30 ; v. Martens, p. 45).

Conus marmoreus Linné.

1758. *Conus marmoreus* Linné, Syst. Nat., édit. X, p. 712.
1884. *Conus (Marmorei) marmoreus* Lin. Tryon *(pars)*, Manual, VI, p. 7, pl. 1, fig. 1 *(tantum)*.

Localité. — Madagascar, sur les récifs (Sganzin, p. 29 ; v. Martens, p. 41).

Nous ne partageons pas la manière de voir de Tryon qui a rattaché au *C. marmoreus*, comme variétés, les *C. bandanus* Hwass, *Crosseanus* Bernardi, *nigrescens* Sowerby et *pseudomarmoreus* Deshayes : on peut fort bien les admettre comme espèces.

Conus miles Linné.

1758. *Conus Miles* Linné, Syst. Nat., édit. X, p. 713.
1884. *Conus (Capitanei) miles* Lin. Tryon, Manual, VI, p. 40, pl. 11, fig. 16 ; pl. 27, fig. 11.

Localités. — Madagascar (Sganzin, p. 30 ; v. Martens, p. 46) ; île Europa ! ; Tuléar (Lamy, p. 301).

Conus miliaris Hwass.

1792. *Conus miliaris* Hwass *in* Bruguière, Encycl. Méthod., p. 629.

1884. *Conus (Mures) miliaris* Hw. Tryon *(pars)*, Manual, VI,
p. 21, pl. 5, fig. 84 *(tantum)*.

Localités. — Nosy Bé (de Man, p. 30) ; Nosy Fanihi ! ; île
Europa ! ; Tuléar ! ; Tamatave !.

L'affinité des *Conus coronatus* Dillw. et *miliaris* Hw., est incontestable, mais le *miliaris* a la spire plus aplatie et garnie de
tubercules plus saillants.

Var. FULGETRUM Sowerby.

1858. *Conus fulgetrum* Sowerby, Thes. Conch., III, p. 9,
pl. 190, fig. 69.
1884. *Conus (Mures) miliaris* Tryon *(pars)*, Manual, VI,
p. 22, pl. 5, fig. 86 *(tantum)*.

Localité. — Tuléar !

Conus litteratus Linné.

1758. *Conus litteratus* Linné, Syst. Nat., édit. X, p. 712.
1884. *Conus (Literati) litteratus* Lin. Tryon *(pars)*, Manual,
VI, p. 10, pl. 2, fig. 17 *(tantum)*.

Var. MILLEPUNCTATA Lamarck.

1822. *Conus millepunctatus* Lamarck, Anim. s. vert., VII,
p. 161.
1884. *Conus (Literati) literatus* (sic), var. *millepunctatus* Lam.
Tryon, Manual, VI, p. 10, pl. 2,
fig. 19.

Localités. — Madagascar (Sganzin, p. 30 ; v. Martens, p. 42) ;
île Europa ! ; Tuléar (Lamy, p. 301).

Les *C. litteratus* et *millepunctatus* ne peuvent être distingués
que par leur dessin. Chez le *litteratus* typique, il est composé
de taches noires assez grandes, disposées en séries transversales
espacées et le fond est orné de trois larges bandes décurrentes
orangées. Chez le *millepunctatus* typique, les taches sont plus

petites, plus nombreuses, disposées en séries plus rapprochées et qui confluent souvent dans le sens longitudinal ; les bandes orangées sont absentes. Mais ces deux dispositions sont reliées entre elles par tant d'intermédiaires qu'il est impossible de désigner certains spécimens par l'un plutôt que par l'autre des deux noms. Aussi admettons-nous l'opinion de Tryon qui fait du *millepunctatus* une variété du *litteratus*.

Les spécimens que nous avons vus de Madagascar, appartiennent tous à la variété *millepunctata*.

Le *C. Gruneri* Reeve, que Tryon cite comme synonyme de *litteratus* devra.t être maintenu, sinon comme espèce spéciale, du moins comme une variété assez constante : il est plus petit et sa base est teintée de noir.

Conus mitratus Hwass.

1792. *Conus mitratus* Hwass *in* Bruguière, Encycl. Méthod., p. 738.

1884. *Conus (Terebri) mitratus* Hw. Tryon *(pars)*, Manual, VI, p. 83, pl. 26, fig. 51 (*excl.* fig. 52 = *C. cylindraceus* Brod. et Sow.)

Localité. — Madagascar (Sganzin, p. 30 ; v. Martens, p. 48).

Le *C. cylindraceus* Broderif et Sowerby, que Tryon cite comme synonyme se rapproche du *C. mitratus*, mais il est plus étroitement allongé, sa surface est plus lisse, plus luisante et ses sutures sont moins accusées.

Conus mutabilis Chemnitz.

1795. *Conus mutabilis* Chemnitz, Conch. Cab., XI, p. 52, pl. 182, fig. 1758, 1759.

1877. —   —   Chemn., de Man, Rech. Faune Madag., p. 31, pl. V, fig. 26.

1884. *Conus (Capitanei) mutabilis* (Ch.) auct. Tryon, Manual, VI, p. 40, pl. 12, fig. 19, 20.

Localité. — Nosy Bé (de Man, p. 31).

Le Cône de Nosy Bé représenté par de Man, nous paraît bien être un *mutabilis* Chemn., de coloration claire.

Conus namocanus Hwass.

1792. *Conus namocanus* Hwass *in* Bruguière, Encycl. Méthod., p. 712, pl. 338, fig. 5.
1884. *Conus (Capitanei) Sumatrensis* Hw., var. *nemocanus* Hw. Tryon, Manual, VI, p. 39, pl. 11, fig. 12.

Localités. — Madagascar (Kiener, Icon., p. 82, pl. 35, fig. 3 ; v. Martens, p. 46) ; Nosy Bé (de Man, p. 31).

Le nom de cette espèce est *namocanus* dans l'Encyclopédie où il est dit qu'il se trouve à l'île de *Namoca* dans l'Océan Pacifique. C'est donc par erreur que Lamarck et tous les autres auteurs l'ont nommée *nemocanus*.

Le *C. namocanus* est bien différent du *C. sumatrensis* Hwass, auquel Tryon l'a rattaché comme variété.

Conus nocturnus Hwass.

1792. *Conus nocturnus* Hwass *in* Bruguière, Encycl. Méthod., p. 611.
1884. *Conus (Marmorei) nocturnus* Hw. Tryon *(pars)*, Manual, VI, p. 8, pl. 1, fig. 6 *(tantum)*.

Localité. — Madagascar (Sganzin, p. 29 ; v. Martens, p. 41).

Le *C. Deburghiæ* Sowerby (Thes., III, p. 2, pl. 187, fig. 6, 7) cité comme synonyme de *nocturnus* par Tryon peut être séparé comme variété à spire plus haute et garnie de tubercules plus saillants.

Conus nussatella Linné.

1758. *Conus Nussatella* Linné, Syst. Nat., édit. X, p. 716.
1884. *Conus (Terebri) nussatella* Lin. Tryon, Manual, VI, p 80, pl. 25, fig. 35.

Localités. — Madagascar (Sganzin, p. 30 ; v. Martens, p. 48) ; Tuléar (Lamy, p. 302).

Linné dit avoir nommé cette espèce d'après l'île Nussatella, d'Asie.

Conus omaria Hwass.

1792. *Conus omaria* HWASS *in* BRUGUIÈRE, Encycl. Méthod.,
p. 743 (pl. 344, fig. 3 .

1884. *Conus (Texti) omaria* Hw. TRYON *(pars)*, Manual, VI,
p. 92, pl. 31, fig. 19 *(tantum)*.

Localité. — Madagascar (Hwass, d'après Favanne).

Tryon a indiqué comme synonymes du *C. omaria* les espèces suivantes dont aucune ne paraît devoir lui être assimilée : *pennaceus* Born, *prælatus* Hwass, *episcopus* Hwass, *rubiginosus* Hwass, *magnificus* Reeve, *stellatus* Kiener. Il a ajouté comme variété le *C. colubrinus* Lamarck qui est aussi bien différent.

Conus planorbis Born.

1780. *Conus planorbis* BORN, Test. Mus. Cæs. Vindob., p. 164,
pl. 7, fig. 13 *(excl.* fig. 14).

1884. *Conus (Dauci) planorbis* Born TRYON, Manual, VI, p. 50,
pl. 14, fig. 81.

Localité. — Ankify 1.

Reeve et quelques autres auteurs ont assimilé cette espèce au *Conus senator* Linné dont Hanley n'a pas trouvé de spécimen dans la collection de Linné. Sa description est trop vague pour qu'il soit possible de l'identifier d'une manière certaine, aussi a-t-elle donné lieu à des interprétations diverses. Le nom *planorbis* Born peut être employé, car la première figure qu'il en donne concorde avec la description. Il y a toutefois lieu d'éliminer la figure 17 qui représente un *Conus cedonulli*.

Conus pyramidalis Lamarck.

1822. *Conus pyramidalis* LAMARCK, Anim. s. vert., VII, p. 525.

1884. *Conus (Textı) pyramidalis* Lam. Tryon *(pars)*, Manual, VI, p. 89, pl. 29, fig. 88,
excl. synon. *convolutus* Sow.

Localité. — Madagascar ? (v. Martens, p. 49).

Ce n'est qu'avec doute que von Martens a cité cette espèce
d'après un spécimen de la collection Hanley représenté par
Sowerby (Thes. Conch., III, pl. 110, fig. 579).

Le *C. convolutus* Sow., que Tryon a regardé comme synonyme
est une coquille plus courte, à spire moins haute et d'un dessin
fort différent.

Conus quercinus Hwass.

1792. *Conus quercinus* Hwass *in* Bruguière, Encycl. Méthod..
p. 681.

1884. *Conus (Figulini) quercinus* Hw. Tryon, Manual, VI,
p. 17, pl. 4, fig. 59.

Localité. — Nosy Bé (de Man, p. 32 ; Collect. Ph. D., récolte
E. Marie).

Conus rattus Hwass.

1792. *Conus rattus* Hwass *in* Bruguière, Encycl. Méthod.,
p. 700.

1884. *Conus (Capitanei) rattus* Hw. Tryon, Manual, VI, p. 41,
pl. 2, fig. 25.

Localité. — Nosy Fanihi !.

Le *C. taïtensis* Hwass (Encycl. Méth., p. 713), que Tryon
assimile comme variété de coloration au *rattus*, ne s'en distingue,
en effet, que par sa couleur plus brune, moins verdâtre et par
ses taches blanches moins nombreuses.

Conus rubiginosus (Hwass) Lamarck.

1792. *Conus rubiginosus* Hwass *in* Bruguière, Encycl. Méthod., p. 744.

1884. *Conus (Texti) omaria* Tryon *(pars*, non Hwass), Manual, VI, p. 92, pl. 31, fig. 25 *(tantum)*.

Localité. — Madagascar (Sganzin, p. 30 ; v. Martens, p. 48).

Hwass a fondé son *C. rubiginosus* sur les figures 595 (594 par erreur typographique) et 596 du Conchylien Cabinet, qui sont fort dissemblables, mais Lamarck a écarté la figure 596 et n'a conservé comme représentant le *C. rubiginosus* que la fig. 595. Pfefffer (Krit. Register). Weinkauff, Kiener et Sowerby ont tous accepté l'interprétation de Lamarck.

Conus spectrum Linné.

1758. *Conus Spectrum* Linné, Syst. Nat., édit. X, p. 717.
1884. *Conus (Magi) spectrum* Lin. Tryon *(pars)*, Manual, VI, p. 57, pl. 17, fig. 44 *(tantum)*.

Localité. — Madagascar (Sganzin, p. 30).

Tryon a considéré comme synonymes : *C. pica* Adams et Reeve, *collisus* Reeve, *subulatus* Sowerby et comme variétés : *lacteus* Lamarck et *lictor* Boivin.

Conus striatus Linné.

1758. *Conus striatus* Linné, Syst. Nat., édit. X, p. 716.
1884. *Conus (Tulipæ) striatus* Lin. Tryon, Manual, VI, p. 85, pl. 26, fig. 67.

Localités. — Nosy Bé (de Man, p. 33 ; Collect. Ph. D., récolte E. Marie) ; Nosy Fanihi ! ; Majunga (Odhner, p. 19) ; île Europa (Thiele, p. 563) ; Tuléar (Lamy, p. 303).

Conus terebra Born.

1780. *Conus terebra* Born, Test. Mus. Cæs. Vindob., p. 162 et Vignette, p. 145, fig. C.
1884. *Conus (Terebri) terebra* Born Tryon *(pars)*, Manual, VI, p. 80, pl. 25, fig. 31 *(tantum)*.

Localités. — Tuléar ! ; Tamatave !.

Tryon a cité comme synonymes du *C. terebra* les *C. coelebs* Hinds et *Thomasi* Sowerby, mais ces assimilations demanderaient à être vérifiées sur des spécimens.

Conus terminus Lamarck.

1822. *Conus terminus* LAMARCK, Anim. s. vert., VII, p. 505.
1884. *Conus (Tulipæ) gubernator* Hw. TRYON *(pars,* non
              Hwass), Manual, VI, p. 86, pl. 26,
              fig. 69 *(tantum).*

Localités. — Baie de Tsimipaika! ; Nosy Bé (de Man, p. 33, pl. V, fig. 27 ; Collect. Ph. D., ex P. de Givenchy) ; Ambodifotatra (Dautzenberg, p. 28).

Plusieurs auteurs ont considéré le *C. terminus* soit comme un synonyme, soit comme une variété du *C. gubernator,* mais sa taille constamment plus faible et son dernier tour non renflé au sommet, permettent de le séparer facilement.

Conus tessellatus Born (emend. Hwass).

1870. *Conus tessulatus* BORN, Test. Mus. Cœs. Vindob., p. 151.
1792. *Conus tessellatus* Born HWASS *in* BRUGUIÈRE, Encycl.
              Méthod., p. 641.
1884. *Conus (Literati) tessellatus* Born TRYON, Manual, VI,
              p. 11, pl. 2, fig. 26.

Localités. — Madagascar (Sganzin, p. 30 ; v. Martens, p. 42) ; Ankify ! Nosy Bé (de Man, p. 30 ; Collect. Ph. D., récolte E. Marie) ; Tuléar ! ; Ambodifotatra (Dautzenberg, p. 28).

Conus textile Linné.

1758. *Conus Textile* LINNÉ, Syst. Nat., édit. X, p. 717.
1884. *Conus (Texti) textile* Lin. TRYON *(pars),* Manual, VI,
              p. 89, pl. 29, fig. 94 *(tantum).*

Localités. — Madagascar, très commun (Sganzin, p. 30 ; v. Martens, p. 48) ; Diego-Suarez (Collect. Ph. D., récolte Em.

Dorr) ; Nosy Bé (de Man, p. 34) ; Nosy Fanihi ! ; Majunga
Odhner, p. 19) ; Tuléar ! ; Tuléar (Lamy, p. 303) ; Ambodifotatra (Dautzenberg, p. 28) ; Tamatave !.

Var. VERRICULUM Reeve.

1843. *Conus verriculum* REEVE, Conch. icon., pl. XXXVIII,
fig. 208ᵃ, 208ᵇ.
1884. *Conus (Texti) textile* Lin. var. *verriculum* Reeve TRYON,
Manual, p. 90, pl. 29, fig. 99.

Localités. — Nosy Faly ! ; Nosy Faly (de Man, p. 34, pl. **V**,
fig. 29) ; Sarodrano !.

Var. TIGRINA Sowerby.

1858. *Conus tigrinus* SOWERBY, Thes. Conch., III, p. 41, pl. 209,
fig. 569.

Localité. — Madagascar (v. Martens, p. 48).

Tryon a réuni sous le nom de *textile*, soit comme synonymes,
soit comme variétés, de nombreux noms. Quelques uns peuvent
être admis comme tels, mais d'autres tels que *legatus* Lamarck,
Victoriæ Reeve constituent incontestablement des espèces spéciales.

Conus tulipa Linné.

1758. *Conus Tulipa* LINNÉ, Syst. Nat., édit. X, p. 717.
1884. *Conus (Tulipæ) tulipa* Lin. TRYON, Manual, VI, p. 87,
pl. 28, fig. 80.

Localités. — Ile Europa ! ; Tamatave (Odhner, p. 39).

Conus vexillum Gmelin.

1790. *Conus Vexillum* GMELIN, Syst. Nat., édit. XIII, p. 3397.
1884. *Conus (Capitanei) vexillum* Gm. TRYON *(pars)*, Manual, VI, p. 39, pl. 11, fig. 12ᵃ
(tartum).

Localités. — Tuléar (Lamy, p. 301) ; Ambodifotatra (Dautzenberg, p. 28) ; Tamatave (Odhner. p. 39).

Conus virgo Linné.

1758. *Conus Virgo* LINNÉ, Syst. Nat., édit. X, p. 713.
1884. *Conus (Virgines) virgo* Lin. TRYON *(pars)*, Manual, VI,
              p. 43,pl. 13, fig. 45 *(excl.* var. *Cœlinæ*
              Crosse, fig. 46).

Localité. — Nosy Bé (de Man, p. 32).

Conus vitulinus Hwass.

1792. *Conus vitulinus* HWASS *in* BRUGUIÈRE, Encycl. Méthod.,
              p. 648 (pl. 326, fig. 3).
1884. *Conus (Dauci) vitulinus* Hw. TRYON, Manual, VI, p. 51,
              pl. 14, fig. 86, 87.

Localité. — Madagascar (v. Martens, p. 45).

Tryon, tout en citant séparément cette espèce, dit qu'elle n'est peut être qu'une variété du *C. lineatus* (Chemn.) auct. Il lui adjoint le *C. Carpenteri* Crosse, comme variété.

Genre SURCULA, H. et A. Adams 1853.

Surcula bijubata Reeve.

1843. *Pleurotoma bijubata* REEVE, Proc. Zool. Soc. Lond.,
              p. 182.
1843.   —   —   REEVE, Conch. Icon., pl. X, fig. 87.
1884. *Surcula bijubata* Reeve TRYON, Manual, VI, p. 241, pl. δ,
              fig. 87.

Var. NODULOSA Bouge et Dautzenberg.

1914. *Surcula bijubata* Reeve, var. *nodulosa* BOUGE et DAUT
              ZENBERG, Pleurotomidés Nouv. Ca-
              léd., etc., Journ. de Conch., LXI,
              p. 145.

Localité. — Madagascar (Collect. Ph. D., ex Collect. Bavay).

Surcula cincta Lamarck.

1822. *Pleurotoma cincta* LAMARCK, Anim. s. vert., VII, p. 92.
1884. *Surcula cincta* Lam. TRYON, Manual, VI, p. 241, pl. 6,
fig. 86.

Localité. — Madagascar (Sganzin, p. 24 ; v. Martens, p. 51).

Genre PLEUROTOMA, Lamarck 1799.

Pleurotoma cingulifera Lamarck.

1822. *Pleurotoma cingulifera* LAMARCK, Anim. s. vert., VII,
p. 94.
1884. — — Lam. TRYON, Manual, VI, p. 166,
pl. 3, fig. 23.

Localité. — Madagascar (Kiener, Icon. coq. viv., p. 17, pl. 17,
fig. 1, 1 ; v. Martens, p. 50).

Pleurotoma tigrina Lamarck.

1822. *Pleurotoma tigrina* LAMARCK, Anim. s. vert., VII, p. 95.
1884. — — Lam. TRYON, Manual, VI, p. 164, pl.2,
fig. 10.

Localités. — Madagascar (Kiener, Icon., p. 10, pl. 8, fig. 1, 1 ;
v. Martens, p. 50) ; Baie de Tsimipaika ! ; Tuléar (Thiele,
p. 562 ; Tuléar ! ; Lambétabé, plage ! ; (Lamy, p. 303) ; Tamatave !.

Genre DRILLIA, Gray 1838.

Drillia Griffithi Reeve.

1843. *Pleurotoma Griffithii* REEVE, Conch. Icon., pl. VII,
fig. 57.
1884. *Drillia crenularis* TRYON (*pars*, non Lamarck), Manual,
VI, p. 178, pl. 10, fig. 66 *(tantum)*.

Localité. — Majunga (Odhner, p. 19).

Tryon a réuni à tort au *Pl. crenularis* Lam. plusieurs formes très différentes, parmi lesquelles le *Griffithi* Gray, qui est bien spécial.

Drillia pusilla Garrett.

1873. *Drillia pusilla* GARRETT, Proc. Acad. Nat. Sc. Philad., p. 219, pl. II, fig. 31.
1884. *Drillia exilis* TRYON (*pars*, non Pease), Manual, VI, p. 206, pl. 12, fig. 32 *(tantum)*.

Localité. — Sarodrano (Lamy, p. 303).

Tryon a regardé le *D. pusilla* comme synonyme d'*exilis* Pease, ce qui ne peut être accepté car sa sculpture est très différente.

Genre EUCITHARA, P. Fischer 1883.

Eucithara pellucida Reeve.

1846. *Mangelia pellucida* REEVE, Proc. Zool. Soc. Lond., p. 64.
1846.   —   —   REEVE, Conch. Icon., pl. VIII, fig. 61.
1884. *Mangilia pellucida* Reeve TRYON, Manual, VI, p. 226, pl. 24, fig. 31.

Localité. — Madagascar (Collect. Ph. D., ex collect. Mac Andrew).

Tryon dit que le *Mang. trivittata* Adams et Reeve (Samarang Moll., p. 40, pl. X, fig. 9) paraît être une variété à bandes du *pellucida* ; sa forme est, en effet, bien semblable.

Genre GLYPHOSTOMA, Gabb 1872.

Glyphostoma purpurascens Dunker.

1871. *Clathurella purpurascens* DUNKER, Malakoz. Blätter, p. 160.

1884. *Clathurella purpurascens* Dunk. TRYON, Manual, VI, p. 298,
pl. 20, fig. 90.

Localités. — Nosy Bé ! ; Morombé ! ; baie de Lamboharana !.

Glyphostoma rugosum Mighels.

1845. *Pleurotoma rugosa* MIGHELS, Proc. Boston, Soc. N. H.,
p. 23.

1871. *Clathurella rugosa* Migh. von MARTENS et LANGKAVEL,
Donum Bismarckianum, p. 2, pl. I,
fig. 5.

1884.   —   —   Migh. TRYON, Manual, VI, p. 297,
pl. 19, fig. 57.

1895. *Mangilia (Glyphostoma) rugosa* Migh. MELVILL et
STANDEN, Shells from Lifu, p. 97.

1914. *Glyphostoma rugosum* Migh. BOUGE et DAUTZENBERG,
Pleurot. Nouv. Cal. et dép., Journ.
de Conch., LXI, p. 188.

Var. CURCULIO G. et H. Nevill.

1875. *Clathurella rugosa* Migh., var. *curculio* G. et H. NEVILL,
Journ. Asiat. Soc. of Bengal, p. 86.

1914. *Glyphostoma rugosum* Migh., var. *curculio* G. et H. Nev.
BOUGE et DAUTZENBERG, *ibid.*,
p. 188.

Localité. — Ilot Prune !.

Le *Gl. rugosum* n'est représenté dans les récoltes de M. G. Petit que par un exemplaire de la variété *curculio*.

Glyphostoma scalarinum Deshayes.

1863. *Pleurotoma scalarina* DESHAYES, Mollusques île Réunion,
p. 109, pl. XII, fig. 12 à 14.

1884. *Clathurella scalarina* Desh. TRYON, Manual, VI, p. 296,
pl. 19, fig. 52.

Localité. — Sarodrano (Lamy, p. 303).

Glyphostoma strombillum Hervier.

1896. (Juin) *Glyphostoma strombillum* HERVIER, Journ. de
              Conch., XLIII, p. 151.
1897. (Janvier) *Glyphostoma strombillum* HERVIER, *ibid.*, XLIV,
              p. 83, pl. III, fig. 22.
1897. (Juillet) *Glyphostoma strombilla* Herv. MELVILL et STAN-
              DEN, Shells from Lifu, p. 401.
1914. *Glyphostoma strombillum* Herv. BOUGE ET DAUTZENBERG
              Pleurot. Nouv. Cal. et dép., Journ.
              de Conch., LXI, p. 189.

Localité. — Plage d'Anakao ! — un exemplaire identique à
ceux de Lifou récoltés par le R. P. Goubin.

Genre **PLEUROTOMOIDES**, Dall.

Pleurotomoides tessellata Hinds.

1843. *Clavatula tessellata* HINDS, Proc. Zool. Soc. Lond., p. 44.
1844.   —   — HINDS, Voyage « Sulphur », p. 23,
              pl. VII, fig. 17.
1884. *Clathurella tessellata* Hinds TRYON, Manual, VI, p. 297,
              pl. 15, fig. 24.

Localité. — Fénérive, plage !.

Pleurotomoides thespesia Melvill. et Standen.

1896. (Octobre) *Daphnella thespesia* MELVILL et STANDEN,
              Shells from Lifu. p. 297, pl. X,
              fig. 44).
1897. (1er avril) *Clathurella subfelina* HERVIER, Journ. de
              Conch., XLIV, p. 144.
1898. *Clathurella subfelina* HERVIER, *ibid.*, XLV, p. 105, pl. II,
              fig. 7.

Localité. — Fénérive, plage !.

Genre **DAPHNELLA**, Hinds 1844.

Daphnella dentata Souverbie.

1870. *Pleurotoma dentatum* SOUVERBIE, Journ. de Conch.,
XVII, p. 418 ; XVIII, p. 431,
pl. XIV, fig. 5.
1884. *Daphnella dentata* Souv. TRYON, Manual, VI, p. 305,
pl. 25, fig. 41.

Localité. — Nosy Bé (Collect. Ph. D., ex collect. Mac Andrew.).

Genre **CANCELLARIA**, Lamarck 1799.

Cancellaria asperella Lamarck.

1822. *Cancellaria asperella* LAMARCK, Anim. s. vert., VII,
p. 112.
1885.   —   — Lam. TRYON *(pars)*, Manual, VII,
p. 74, *(excl.* fig. omn.).

Localité. — Madagascar (Sganzin, p. 24 ; v. Martens, p. 55).

Aucune des figures rapportées par Tryon au *C. asperella* ne concorde d'une manière satisfaisante avec celle de l'Encyclopédie Méthodique, pl. 374, fig. 3[a], 3[b], sur laquelle Lamarck a fondé cette espèce.

Cancellaria costifera Sowerby.

1832. *Cancellaria costifera* SOWERBY, Conchol. Illustr., fig. 31.
1885.   —   — Sow. TRYON *(pars)*, Manual, VII,
p. 82, pl. 7, fig. 12 *(tantum)*.

Localité. — Tamatave (Odhner, p. 38).

Tryon a cité le *C. Souverbiei* Crosse (Journ. de Conch., XVI, p. 272, pl. IX, fig. 5) comme synonyme de *costifera*, mais celui-ci est à peine perforé, tandis que le *Souverbiei* est assez largement ombiliqué.

Cancellaria Lamberti, Souverbie.

1870. *Cancellaria Lamberti* SOUVERBIE, Journ. de Conch., XVIII, p. 428, pl. XIV, fig. 2, 2.

1885.   —   — Souv. TRYON, Manual, VII, p. 82, pl. 7, fig. 41.

Localités. — Ambatoloaka ! ; baie de Lamboharana !.

(Rhachiglossa.)

Genre **OLIVA**, Bruguière 1789.

Oliva bulbosa Röding.

1798. *Porphyria Bulbosa* (Bolten mss.) RÖDING, Museum Boltenianum, p. 37.

1810. *Oliva undata* LAMARCK, Ann. du Muséum, XVI, p. 318-(Encycl. Méth., pl. 364, fig. 7ᵃ, 7ᵇ.

1822.   —   — LAMARCK, Anim. s. vert., VII, p. 428

1883. *Oliva inflata* (Lam.) TRYON *(pars)*, Manual, V, p. 75, pl. 20, fig. 71, 74 *(tantum)*.

Localités. — Madagascar (Tryon, p. 75) ; Majunga (Collect. Ph. D., récolte Em. Dorr, juillet 1896) ; Tuléar !.

Var. INFLATA Lamarck.

1810. *Oliva inflata* LAMARCK, Ann. du Muséum, XVI, p. 319 (Encycl. Méth., pl. 364, fig. 5ᵃ, 5ᵇ).

1822.   —   — LAMARCK, Anim. s. vert., VII, p. 429.

1883.   —   — (Lam.) TRYON *(pars)*, Manual, V. p. 75, p. 20, fig. 73 *(tantum)*.

Localités. — Nosy Bé (v. Martens, p. 85 : récolte Hildebrandt) ; Majunga (Odhner, p. 19) ; Tuléar !

Var. TUBEROSA Röding.

1798. *Porphyria tuberosa* (Bolten mss.) Röding, Mus. Boltenianum, p. 37.
1810. *Oliva bicingulata* Lamarck, Ann. du Museum, XVI,
p. 318 (Encycl. Méthod., pl. 364,
fig. 1ᵃ, 1ᵇ.)
1822. *Oliva bicincta* Lamarck, Anim. s. vert., VII, p. 429.
1883. *Oliva inflata* (Lam.) Tryon *(pars.)*, Manual, V, p. 75,
pl. 19, fig. 68 *(tantum)*.

Localités. — Madagascar (Collect. Ph. D. ex Roüast) ; Tuléar !.

Var. FABAGINA Lamarck.

1810. *Oliva fabagina* Lamarck, Ann. du Muséum, XVI, p. 319
(Encycl. Méth., pl. 363, fig. 5ᵃ, 5ᵇ)·
1822.   —   —   Lamarck, Anim. s. vert., VII, p. 437.
1883. *Oliva inflata* (Lam.) Tryon *(pars)*, Manual, V, p. 75,
pl. 19, fig. 70 ; pl. 20, fig. 72 *(tan-
tum)*.

Localités. — Madagascar (Collect. Ph. D., ex Roüast) ; Tuléar !.

Le nom *bulbosa* Röding (1798) doit être adopté pour cette
espèce de préférence à *undata* Lamarck qui est tout à fait synonyme puisque les mêmes références : Lister (pl. 740, fig. 29),
et Martini (pl. XLVII, fig. 507, 508) ont été indiquées par Röding pour l'*O. bulbosa* et par Lamarck pour l'*O. undata*.

L'*O. bulbosa* est très variable sous le rapport du dessin et de
la forme qui est plus ou moins obèse, mais elle est toujours facile
à identifier à cause d'un pli transversal court, très saillant, situé
sur le bas du bord columellaire, à l'endroit où prend naissance
la fasciole.

Le type de l'*O. bulbosa* = *undata* Lam., est orné de flammules longitudinales noirâtres, disposées en zigzags et plus ou
moins enchevêtrées.

La variété *inflata* Lamarck est parsemée de nombreuses ponctuations foncées.

La variété *tuberosa* dont le dernier tour porte deux bandes transversales noires, a été fondée par Röding sur des figures de Kämmerer (Conch. im Cab. von Schwarzburg-Rudolstadt pl. III, fig. 7, 8) qui sont identiques aux figures 1ª, 1ᵇ de la planche 364 de l'Encyclopédie, d'après lesquelles Lamarck a créé son *Oliva bicingulata*, devenu *bicincta* en 1822.

La variété *jabagina* Lamarck est très irrégulièrement marbrée de brun et de blanc.

Oliva elegans Lamarck.

1810. *Oliva elegans*   LAMARCK, Ann. du Mus., XVI, p. 312.
                            (Encycl. Méth., pl. 367, fig. 3ª, 3ᵇ).
1822. —   —   LAMARCK, Anim. s. vert., VII, p. 422.
1883. —   —   Lam. TRYON *(pars)*, Manual, V, p. 76,
                    pl. 20, fig. 82 *(tantum ; excl.* var.
                    tricolor).

Localités. — Nosy Bé (de Man, p. 42 ; Collect. Ph. D. : récolte E. Marie) ; îlot Sakatia (de Man, p. 42).

Oliva episcopalis Lamarck.

1810. *Oliva episcopalis* LAMARCK, Ann. du Mus., XVI, p. 313.
1822. —   —   LAMARCK, Anim. s. vert., VII, p. 422.
1883. —   —   Lam. TRYON *(pars)*, Manual, V, p. 74,
                    pl. 18, fig. 61 *(tantum)*.

Localités. — Madagascar (v. Martens, p. 84) ; Ankify ! ; Tuléar !.

Nous avons expliqué longuement et en donnant une synonymie étendue (Olividés de la Nouvelle-Calédonie, Journ. de Conch., LXXI, p. 25-29) pourquoi nous préférons conserver à cette espèce le nom *episcopalis* Lam., sous lequel elle est généralement connue, plutôt que de reprendre dans Röding celui de *cærulea* qui est extrêmement confus.

Oliva crythrostoma Meuschen.

1787. *Cylinder erythrostomus* MEUSCHEN, Museum Geversianum, p. 376.
1883. *Oliva irisans* Lam. var. *erythrostoma* Lam. TRYON, Manual, V, p. 80, pl. 26, fig. 53.

Localité. — Madagascar (Sganzin, p. 29 ; v. Martens, p. 83).

Oliva ispidula Linné.

1758. *Voluta ispidula* LINNÉ *(pars)*, Syst. Nat., édit. X, p. 730,
1883. *Oliva ispidula* Lin. TRYON, Manual, V, p. 86, pl. 33. fig. 37, 39.

Localités. — Tamatave ! ; Fénérive !.

Oliva Lecoquiana Ducros.

1857. *Oliva Lecoquiana* DUCROS de SAINT-GERMAIN, Revue Crit. G. *Oliva*, p. 45, pl. II, fig. 20ᵃ, 20ᵇ, 20ᶜ.
1883. — — Ducros TRYON, Manual, V, p. 77, pl. 21, fig. 92, 93 ; pl. 33, fig. 30.

Localité. — Ankilibé !.

Oliva mustclina Lamarck.

1810. *Oliva mustelina* LAMARCK, Ann. du Muséum, XVI, p. 316.
1822. — — LAMARCK, Anim. s. vert., VII, p. 426.
1883. *Oliva mustellina* (sic) TRYON, Manual, V, p. 78, pl. 22, fig. 6 à 14.

Localité. — Majunga, plage (Odhner, p. 19).

Oliva panniculata Duclos.

1835. *Oliva Panniculata* DUCLOS, Monogr. G. *Oliva*, pl. 5, fig. 15 à 18.

1883. *Oliva panniculata* Ducl. TRYON, Manual, V, p. 86, pl. 32,
fig. 24, 25.

Localité. — Madagascar (Duclos ; v. Martens, p. 85).

Oliva sanguinolenta Lamarck.

1810. *Oliva sanguinolenta* LAMARCK, Ann. du Muséum, XVI,
p. 316.
1822. — — LAMARCK, Anim. s. vert., VII, p. 426.
1883. — — Lam. TRYON *(pars)*, Manual, V, p. 79,
pl. 23, fig. 28 *(tantum)*.

Localité. — Madagascar (v. Martens, d'après Cox).

Nous avons expliqué (Olividés de Nouv.-Calédonie, Journ.
de Conch., LXXI, p. 108) pourquoi le nom *variegata* Röding,
ne peut être substitué à *sanguinolenta* Lamarck.

Oliva tigrina Lamarck.

1810. *Oliva tigrina* LAMARCK, Ann. du Mus., XVI, p. 322.
1822. — — LAMARCK, Anim. s. vert., VII, p. 432.
1883. — — Lam. TRYON *(pars)*, Manual, V, p. 75,
pl. 20, fig. 77 *(tantum)*.

Localités. — Madagascar (v. Martens, ex de Robillard ;
collect. Ph. D., ex collect. D. Dupuy) ; Nosy Bé (de Man, p. 42) ;
îlot Ambariobé ! ; Majunga (Odhner, p. 19) ; île Europa (Thiele,
p. 563) ; Morombé ! ; Tuléar ! ; Tuléar (Thiele, p. 562, Larry,
p. 303) ; Sarodrano ! ; Foulpointe ! ; Tamatave (Odhner, p. 19).

Var. FALLAX Johnson.

1883. *Oliva tigrina* TRYON *(pars)*, Manual, V, p. 75, pl. 20,
fig. 78 *(tantum)*.
1910. — — Lam. var. *fallax* JOHNSON, Nautilus, XXIV,
p. 65.

Localités. — Tuléar ! ; Sarodrano !.

Oliva tremulina Lamarck.

1810. *Oliva tremulina* LAMARCK, Ann. du Muséum, XVI,
p. 310.
1822. — — LAMARCK, Anim. s. vert., VII, p. 420.
1883. *Oliva irisans* Lamarck, var. *tremulina* Lam. TRYON,
Manual, V, p. 80, pl. 25, fig. 47, 48.

Localités. — Nosy Bé (de Man, p. 41, pl. VI, fig. 33, sub nom.
irisans Lam.) ; Sarodrano !.

Genre **OLIVANCILLARIA**, d'Orbigny 1839.

Olivancillaria nana Lamarck.

1810. *Oliva nana* LAMARCK, Ann. du Muséum, XVI, p. 311
(Encycl. pl. 363, fig. 3^a, 3^b).
1822. — — LAMARCK, Anim. s. vert., VII, p. 438.
1850. — — Lam. REEVE, Conch. Icon.. pl. XXIII,
fig. 66.

Var. ZENOPIRA Duclos.

1822. *Oliva nana* var. *b.* LAMARCK, Anim. s. vert., VII, p. 438.
1844. *Oliva zenopira* DUCLOS, Illustr. Conch., p. 8, pl. 3, fig. 11,
12.
1883. *Oliva nana* Lam. TRYON *(pars)*, Manual, V, p. 91, pl. 36,
fig. 97 *(tantum)*.

Localité. — Madagascar (Reeve : Conch. Icon., pl. XXIV,
fig. 69^a-69^d ; Marrat, Thes. Conch., IV, p. 24, pl. XVIII, fig. 291
à 293 ; Weinkauff, Conch. Cab., 2e édit., p. 114, pl. 30, fig. 5
à 8).

L'*O. nana* typique a la spire très courte, le dernier tour très
élargi vers le haut ; la callosité columellaire, très épaisse et saillante au sommet, recouvre plus ou moins les tours précédents.
Il en est de même chez la variété *millepunctata* qui ne diffère du
type que par sa forme plus étroite et ses ponctuations. La va-

riété *zenopira* est ovale, ne s'élargit pas dans le haut, sa columelle est moins calleuse et la callosité ne remonte pas sur les tours précédents. Les formes intermédiaires que l'on rencontre fréquemment prouvent que Lamarck a eu raison de n'attribuer à celle nommée *zenopira* par Duclos que la valeur d'une variété.

Bien que la variété *zenopira* ait été indiquée par Reeve, Marrat et Weinkauff comme vivant à Madagascar, cet habitat demande à être confirmé car elle n'a pas été rencontrée par M. G. Petit et elle n'y a pas été signalée par les auteurs qui se sont occupés spécialement de la faune marine malgache. Son origine incontestable est la côte Occidentale d'Afrique, du Gabon à l'Angola. M. le Prof. Gruvel l'a draguée vivante dans la baie de Mossamédès, en compagnie de l'*O. nana* typique et de la variété *millepunctata*.

Les coquilles de l'*O. nana* et de ses variétés servent de monnaie dans le Congo français et on les transporte pour le même usage dans le Congo belge, jusqu'au Kassaï où les indigènes les nomment « Timbo » (Liebrechts).

Genre **ANCILLA**, Lamarck 1799.

Ancilla lineolata A. Adams.

1851. *Ancillaria lineolata* A. ADAMS, Proc. Zool. Soc. Lond., p. 271.

1859.   —   — A. Ad. SOWERBY, Thes. Conch., III, p. 60, pl. 212, fig. 22, 23.

1884. *Ancillaria carminata* (Sow) TRYON (*pars*, non Sowerby), Manual, V, p. 93, pl. 37, fig. 19 (*tantum*).

Localités. — Nosy Bé ! ; Nory Komba ! ; Sarodrano (Lamy, p. 303) ; Nosy Nasatrana !.

Nous ne croyons pas que la réunion de cette espèce et de l'*A. acuminata* Sow. puisse être approuvée car, en plus de sa taille plus petite, l'*A. lineolata* ne présente, à la base de la columelle, qu'un bourrelet faible et lisse, tandis que celui de l'*acuminata* est plus saillant et strié obliquement. Le sillon, qui limite, en haut, la fasciole de l'*acuminata*, est accompagné d'une ligne blanche bien nette, alors que la limite de la fasciole est à peine visible chez l'*A. lineolata*.

Ancilla (Anolacia) torosa Meuschen.

1787. *Cylindrus Torosus* MEUSCHEN, Museum Geversianum,
         p. 380, n° 1201.

1830. *Ancillaria mauritiana* SOWERBY, Species Conch., p. 3,
         fig. 1, 2.

1883. *Ancillaria (Anolacia) mauritiana* Sow. TRYON *(pars)*,
         Manual, V, p. 96, pl. 39, fig. 51
         (tantum).

Localité. — Madagascar (Reeve, Conch. Icon., pl. V, fig. 14ᵃ, 14ᵇ, 14ᶜ ; v. Martens, p. 86).

Le *Cylindrus torosus* a été fondé par Meuschen sur la figuration de Lister (pl. 746, fig. 40) qui est bien l'espèce nommée *A. mauritiana* par Sowerby en 1830. Mais Sowerby lui-même a repris le nom *torosa* en 1859 (Thes. Conch., III, p. 58, pl. 212, fig. 30, 31, 32).

Les *A. scaphella* Sow. et *aperta* Sow. ont été regardés comme synonymes par Tryon, mais semblent pouvoir être admis comme spécifiquement distincts.

Genre HARPA, Lamarck 1799.

Harpa costata Linné.

1758. *Buccinum costatum* LINNÉ, Syst. Nat., édit. X, p. 738.

1788. *Harpa imperialis* CHEMNITZ, Conch. Cab., X, p. 184,
         pl. 152, fig. 1452.

1883. *Harpa costata* Lin. TRYON, Manual, V, p. 97, pl. 40,
         fig. 58.

Localité. — Madagascar (Sganzin, p. 27 ; v. Martens, p. 86).

Kiener et quelques autres naturalistes ont considéré le *H. costata* comme une variété à côtes nombreuses du *H. ventricosa* mais il s'en écarte en outre par sa coloration très claire, l'absence de dessins sur les espaces intercostaux, les taches columellaires brunes bien moins étendues, etc.

Harpa harpa Linné.

1758. *Buccinum Harpa* LINNÉ, Syst. Nat., édit. X, p. 738.
1822. *Harpa ventricosa* LAMARCK, Anim. s. vert., VII, p. 255.
1883.   —   —   Lam. TRYON, Manual, V, p. 98, pl. 40, fig. 59, 60.

Localités. — Madagascar (Sganzin, p. 27 ; v. Martens, p. 86) ; Nosy Bé (de Man, p. 26) ; îlot Sakatia (de Man, p. 26) ; Tuléar (Lamy, p. 304) ; Tuléar ! ; Sarodrano !.

Il n'y a aucune raison pour ne pas restituer à cette espèce le nom qui lui a été attribué par Linné, Lamarck n'ayant créé celui de *ventricosa* que pour éviter la répétition du même mot pour le genre et pour l'espèce.

Harpa minor Lamarck.

1822. *Harpa minor* LAMARCK, Anim. s. vert., VII, p. 257.
1883.   —   —   Lam. TRYON, Manual, V, p. 99, pl. 41, fig. 69 à 72, 78.

Localités. — Nosy Bé (de Man, p. 26 ; Collect. Ph. D. : récolte E. Marie) ; Tuléar (Lamy, p. 304) ; Ambodifotatra (Dautzenberg, p. 28).

Harpa nobilis Lamarck.

1822. *Harpa nobilis* LAMARCK, Anim. s. vert., VII, p. 256.
1883.   —   —   Lam. TRYON, Manual, V, p. 99, pl. 41, fig. 68.

Localité. — Nosy Bé (de Man, p. 26).

La citation par Sganzin du *H. rosea* Lamarck, à l'île Maurice,

provient certainement d'une erreur de détermination, car c'est
une espèce de la côte Occidentale d'Afrique et de l'Archipel du
Cap Vert ; il s'agit probablement du *H. nobilis* qui possède
aussi des taches roses.

Harpa nablium (Martini) Sutor.

1777. *Dolium Nablium* etc. MARTINI, Conch. Cab., III, p. 417,
pl. CXIX, fig. 1092.
1877. *Harpa nablium* SUTOR, Das Genus *Harpa*, Jahrb. d.
deutsch. Malak. Ges., IV, p. 105,
pl. 5, fig. 1.
1883. *Harpa conoidalis* TRYON (*pars*, non Lamarck), Manual,
V, p. 98, pl. 40, fig. 61 *(tantum)*.

Localités. — Madagascar, très commun sur les récifs (Sganzin, p. 27, sub. nom. : *Harpa striata* Lam.) ; Nosy Bé (collect.
Ph. D., ex collect. P. Joly).

Sutor a préconisé la validité de cette forme représentée par
Martini. Il est certain qu'elle est très étroitement apparentée
au *H. conoidalis* et qu'on peut à la rigueur la considérer comme
une variété de cette espèce. C'est un exemplaire jeune de *H. nablium* que Sganzin a cité sous le nom de *H. striata* Lam.

Genre MARGINELLA, Lamarck 1801.

Marginella (Volvaria?) amydrozona Melvill.

1906. *Marginella (Volvaria) amydrozona* MELVILL, Moll. Persian Gulf, etc., Proc. Malac. Soc.
Lond., VII, p. 76, pl. VIII, fig. 18.

Localité. — Sud de Madagascar (Bavay : Sables littor. de
Madagascar, Journ. de Conch., LXV, p. 164).

Marginella Burnupi Sowerby.

1897. *Marginella Burnupi* SOWERBY, Mar. Sh. of S. Africa,
Appendix, p. 10, pl. 6, fig. 35.

Localité. — Pointe à la Fièvre ! (détermination Bavay).

Marginella Cherubini Bavay.

1922. *Marginella Cherubini* BAVAY, Marginelles Archip. Calé-
donien, Journ. de Conch., LXVII,
p. 64, pl. I, fig. 8.

Localités. — Nosy Bé ! ; Nosy Komba ! ; pointe à la Fièvre :
dragage 20 à 22 m. ! (détermination Bavay).

Marginella Decaryi Bavay.

1920. *Marginella Decaryi* BAVAY, Sables littor. de Madagascar,
Journ. de Conch., LXV, p. 164 et
p. 165, fig.

Localité. — Sud de Madagascar (Bavay, p. 164).

Marginella delphinica Bavay.

1920. *Marginella delphinica* BAVAY, Sables littor. de Madagascar, Journ. de Conch., LXV, p. 165
et 166, fig.

Localité. — Parages de Fort-Dauphin (Bavay, p. 166).

Marginella extra Jousseaume.

1894. *Extra extra* JOUSSEAUME, Diagn. Coq. nouv., Bull. Soc.
Philomat., Paris, 8ᵉ série, VI, p. 101.
1920. *Marginella extra* Jouss. BAVAY, Sables littor. de Madagascar, Journ. de Conch., LXV,
p. 167, fig.

Localité. — Parages de Fort-Dauphin (Bavay, p. 167).

Marginella Gennesi H. Fischer.

1901. *Marginella Gennesi* H. FISCHER, Coq. rec. par de Gennes
à Djibouti, Journ. de Conch., LXIX,
p. 99, pl. IV, fig. 10.

Localité. — Sarodrano (Lamy, p. 304).

? Marginella granum Philippi (non Kiener).

1849. *Marginella granum* PHILIPPI, Zeitschr. f. Malakoz., p. 27,
(non figuré).
1883.   —   —   TRYON, Manual, V, p. 43 (non figuré).

Localité. — Pointe d'Ampasipohé ! (déterminé avec doute
par Bavay).

Marginella Lantzi Jousseaume.

1875. *Marginella Lantzi* JOUSSEAUME, Coq. de la Famille des
Marginelles, Revue et Magazin de
Zoologie, p. 15, pl. 7, fig. 5.

Var. ROSEA Bavay.

1920 *Marginella Lantzii*, var. *rosea* BAVAY, Sables littor. de
Madagascar, Journ. de Conch., LXV,
p. 163.

Localité. — Région de Fort-Dauphin (Bavay, p. 163).

Marginella obscura Reeve.

1865. *Marginella obscura* REEVE, Conch. Icon., pl. XXIV,
fig. 132 hab. ?
1883.   —   —   Reeve TRYON, Manual, V, p. 52, pl. 13,
fig. 22, hab. ?

Localité. — Ilot Prune ! (détermination Bavay).

L'habitat de cette espèce n'était pas connu.

Marginella picturata G. et H. Nevill.

1874. *Marginella (Glabella) picturata* G. et H. Nevill, Journ.
Asiat. Soc. of Bengal,
p. 23.

1875. — — — G. et H. Nevill, *ibid.*, p.96,
pl. 8, fig. 8, 9.

1879. — — — Nev. Weinkauff, Conch.
Cab., 2e édit., p. 119, pl.
22, fig. 14, 15.

1883. — — — Tryon, Manual, V, p. 25,
pl. 7, fig. 17.

Localité. — Anse du Cratère, près Hellville !

Marginella pulchella Kiener.

1834. *Marginella pulchella* Kiener, Icon. Coq. viv., p. 27, pl. 9,
fig. 41, 41, 41.

Var. minor Bavay.

1920. *Marginella pulchella* Kiener, var. *minor* Bavay, Sables
littor. de Madagascar, Journ. de
Conch. LXV, p. 163.

Localité. — Sud de Madagascar (Bavay, p. 163).

Marginella pumila Redfield.

1867. *Volvaria (Volvarina) pusilla* H. Adams (non Edwards)
Proc. Zool. Soc. Lond., p. 303, pl. 19,
fig. 1.

1870. *Marginella pumila* Redfield, Catal. Marginella, Amer.
Journ. of Conch. VI, p. 252.

1875. *Marginella Borbonica* Jousseaume, Coq. fam. des Mar
ginelles, Revue et Mag. de Zool.,
p. 13.

1883. *Marginella pumila* Redf. Tryon, Manual, V, p. 20, pl. 7,
fig. 28.

Localités. — Tuléar ! ; Sainte-Marie, entre l'île aux Nattes et Ilampy ! ; îlot Prune !.

Var. ROSEA Bavay.

1920. *Marginella pumila* Redf. var. *rosea* BAVAY, Sables littor. de Madagascar, Journ. de Conch., LXV, p. 164.

Localité. — Région de Fort-Dauphin (Bavay, p. 164).

Marginella ringicula Sowerby.

1900. *Marginella ringicula* SOWERBY, Proc. Malac. Soc. Lond.. p. 126, pl. XI, fig. 3.

Localité. — Ampangorinana ! (détermination Bavay).

Marginella sandwicensis Pease.

1860. *Marginella sandwicensis* PEASE, Proc. Zool. Soc. Lond.. p. 147.

1883. *Marginella Sandwicensis* Pease TRYON, Manual, V, p. 45 pl. 12, fig. 69.

Localité. — Ilot Prune ! (détermination Bavay).

Tryon, ayant reçu de Garrett des spécimens du *M. pygmæa* Garrett, n'hésite pas à les considérer comme identiques au *sandwicensis*.

Marginella virgula (Jousseaume) Bavay.

1922. *Marginella virgula* (Jousseaume mss.) Bavay, Marginelles nouvelles de la collection Jousseaume, Bull. Mus. Hist. Nat. n° 1, p. 3, fig. 2.

Localités. — Nosy Nasatrana, plage ! ; îlot Prune ! (détermination Bavay).

Genre **CYMBIUM**, Klein 1753.

Cymbium æthiopicum Linné.

1758. *Voluta æthiopica* Linné, Syst. Nat., édit. X, p. 733.
1882. *Melo Æthiopica* Lin. Tryon *(pars)*, Manual, IV, p. 81,
pl. 23, fig. 17 *(tantum)*.

Localité. — Madagascar (Perry, Conch. pl. 37, fig. 3 ; v. Martens, *fide* Perry, p. 83).

Cymbium indicum Gmelin.

1790. *Voluta indica* Gmelin, Syst. Nat., édit. XIII, p. 3467.
1882. *Melo Indica* Gm. Tryon, Manual, IV, p. 80, pl. 23, fig. 14.

Localité. — Madagascar (Sganzin, p. 28 ; v. Martens, p. 80, sub. nom. *Voluta melo* Lamarck).

Genre **MITRA**, Lamarck 1799.

Mitra cardinalis Gmelin.

1790. *Mitra Cardinalis* Gmelin, Syst. Nat., édit. XIII, p. 3458.
1882. *Mitra cardinalis* Gm. Tryon, Manual, IV, p. 111, pl. 32,
fig. 4.

Localité. — Madagascar rare (Sganzin, p. 28 ; v. Martens. p. 73).

Mitra episcopalis Linné.

1758. *Voluta Mitra-episcopalis* Linné, Syst. Nat., édit. X,
p. 732.
1882. *Mitra episcopalis* Lin. Tryon, Manual, IV, p. 111, pl. 32,
fig. 1.

Localités. — Madagascar, assez rare (Sganzin, p. 28 ; v. Martens, p. 73) ; Diego-Suarez (collect. Ph. D. récolte Ch. Alluaud) ; île Europa ! ; Tuléar ! ; Tuléar (Lamy, p. 304) ; Sarodrano !.

Mitra papalis Linné.

1758. *Voluta Mitra-papalis* Linné, Syst. Nat., édit. X, p. 732.
1882. *Mitra papalis* Lin. Tryon, Manual, IV, p. 111, pl. 32,
fig. 2.

Localités. — Madagascar, rare (Sganzin, p. 28 ; v. Martens.
p. 73) ; Tuléar !.

Mitra puncticulata Lamarck.

822. *Mitra puncticulata* Lamarck, Anim. s. vert., VII, p. 300.
1882. —   —   Lam. Tryon, Manual, IV, p. 115,
pl. 33, fig. 25.

Localité. — Madagascar, rare (Sganzin, p. 28 ; v. Martens,
p. 74).

Mitra variabilis Reeve.

1844. *Mitra variabilis* Reeve, Conch. Icon., pl. XIII, fig. 95,
1844. *Mitra cylindracea* Reeve, *ibid.*, pl. XIII, fig. 97.
1882. *Mitra variabilis* Reeve Tryon, Manual, IV, p. 119,
pl. 35, fig. 47 et fig. 56 *(cylindracea)*.

Localité. — Majunga (Odhner, p. 17).

Nous croyons que Tryon a eu raison de ne considérer le
M. cylindracea que comme une forme un peu allongée du *variabilis* : la sculpture et le dessin sont tout à fait semblables.

Mitra versicolor Martyn.

1784. *Mitra versicolor* Martyn, Universal Conchologist, I, pl.
23.
1882. —   —   Martyn Tryon, Manual, IV, p. 112,
pl. 32, fig. 6, 7, 8.

Localité. — Madagascar (Reeve, Conch. Icon., pl. I, fig. 3,
sub. nom. *nebulosa* ; v. Martens, p. 73).

En réunissant, avec raison, les *M. versicolor* Martyn et *M. versicolor* Kiener, Tryon a mis fin aux discussions qui s'étaient pro-

duites au sujet des figurations de ces deux auteurs. La coquille représentée par Kiener ne diffère, en effet, de celle de Martyn que par sa forme un peu plus allongée et les spécimens que nous possédons prouvent qu'il s'agit bien d'une seule et même espèce.

En 1844, Reeve a nommé *M. nebulosa* Swains. une Mitre concordant avec le *M. versicolor* de Kiener, mais Dohrn, s'appuyant sur le témoignage de Cuming, qui a récolté le *nebulosa*, affirme que l'espèce de Swainson est tout autre chose et = *M. infecta* Reeve.

Le *M. versicolor* de Kiener a été nommé en 1851 *M. propinqua* par Adams et, en 1861 *M. erronea* par Dohrn. Ces deux noms tombent donc en synonymie de *versicolor* Martyn.

Sous-genre **SWAINSONIA**, H. et A. Adams, 1853.

Mitra (Swainsonia) filum Wood.

1828. *Mitra Filum* WOOD, Index testac., Suppl., p. 11, pl. 3, fig. 30.

1882. *Mitra (Swainsonia) filum* Wood TRYON. Manual, IV, p. 130, pl. 38, fig. 127.

Localité. — Ile Europa !.

Sous-Genre **SCABRICOLA**, Swainson, 1840.

Mitra (Scabricola) pretiosa Reeve.

1844. *Mitra pretiosa* REEVE, Conch. Icon., pl. XVI, fig. 116.

1882. *Mitra (Scabricola) crenifera* Lam., *juvenis* TRYON, Manual, IV, p. 135, pl. 39, fig. 164.

Localité. — Baie d'Ambatozavavy !

Tryon a cité les *M. pretiosa* Reeve et *M. Antoniæ* H. Adams comme étant de jeunes *M. crenifera* Lamarck, mais nous ne sommes pas convaincu du bien fondé de cette opinion.

Mitra (Scabricola) scabricula Linné.

1767. *Voluta Scabricula* LINNÉ, Syst. Nat., édit. XII, p. 1192.
1882. *Mitra scabriuscula* (Lin.) TRYON, Manual, IV, 'p. 135,
         pl. 39, fig. 158.

Localité. — Baie de Tsimipaika !.

Mitra (Scabricola) sphærulata Martyn.

1784. *Mitra Sphærulata* MARTYN, Universal Conchologist, I,
         pl. 21.
1882. *Mitra (Scabricola) sphærulata* Martyn TRYON, Manual,
         IV, p. 134, pl. 39, fig. 149.

Localité. — Nosy Bé (collect. Ph. D. : récolte E. Marie).

Sous-Genre **CANCILLA**, Swainson, 1840.

Mitra (Cancilla) circula Kiener.

1838. *Mitra circula* KIENER, Icon. coq. viv., p. 21, pl. 5, fig. 13,
         13.
1882. *Mitra (Cancilla) filaris* Lin., var. *circulata* (sic) Kien
         TRYON, Manual, IV, p. 138, pl. 40,
         fig. 176.

Localité. — Baie de Tsimipaika ! — Gisement quaternaire
d'Antaboka (Perrier de la Bathie).

Bien que voisin du *M. filaris* Lin., le *M. circula* en diffère
par sa sculpture plus irrégulière et surtout par ses cordons décurrents qui sont blancs et non pas bruns comme ceux du *filaris*.

Mitra (Cancilla) flammea Quoy et Gaimard.

1833. *Mitra flammea* QUOY et GAIMARD, Voyage « Astrolabe »,
         II, p. 659, pl. 45 *bis*, fig. 23 à 25.
1882.   —   —   Q. et G. TRYON *(pars)*, Manual, IV,
         p. 140, pl. 41, fig. 190, 191 *(tantum)*,
         excl. synon. plur.

Localités. — Baie de Tsimipaika ! ; Tamatave dragué (Odhner, p. 37).

M. flammigera Reeve est synonyme, mais il n'en est pas de même de certains autres noms cités par Tryon comme étant dans ce cas, notamment du *M. hystrix* Montrouzier qui en est fort éloigné.

Mitra (Cancilla) insculpta A. Adams.

1851. *Mitra insculpta* A. ADAMS, Proc. Zool. Soc. Lond., p. 133.
1874. — — SOWERBY, Thes. Conch., IV, p. 10, pl. 376, fig. 568.
1882. *Mitra (Cancilla) annulata* Reeve TRYON *(pars)*, Manual, IV, p. 140, pl. 41, fig. 205 *(tantum)*.

Localité. — Baie d'Ambatozavavy !.

Tryon a considéré le *M. insculpta* comme synonyme d'*annulata* ce qui pourrait être accepté, mais il en est autrement de certains autres noms et notamment du *M. Fischeri* dont le type, conservé dans la collection du Journal de Conchyliologie, a une sculpture très différente, composée de cordons décurrents plus nombreux et qui est dépourvu de costules axiales sur les intervalles de ces cordons.

Sous-Genre CHRYSAME, H. et A. Adams, 1853.

Mitra (Chrysame) chrysalis Reeve.

1844. *Mitra chrysalis* REEVE, Conch. Icon., pl. XXV, fig. 200.
1882. *Mitra (Chrysame) chrysalis* Reeve TRYON, Manual, IV, p. 144, pl. 42, fig. 233.

Localité. — Nosy Bé ! ; Tuléar ! ; Beheloka !.

Mitra (Chrysame) cucumerina Lamarck.

1822. *Mitra cucumerina* LAMARCK, Anim. s. vert., VII, p. 317 ; Encycl. Méthod. pl. 375, fig. 1.

1882. *Mitra (Chrysame) cucumerina* Lam. Tryon *(pars)*, Manual, IV, p. 143, pl. 42, fig. 227, 228
(*excl.* fig. 229 : *M. fraga* Quoy et
Gaimard).

Localité. — Tamatave !

Mitra (Chrysame) fulva Swainson.

1831. *Mitra fulva* Swainson, Zool. Illustr., 2ᵈ ser., pl. 30,
fig. 1, 1.
1851. *Mitra ambigua* Swainson, *ibid.*, pl. 30, fig. 2.
1882. *Mitra (Chrysame) ambigua* Sw. Tryon, Manual, IV,
p. 147, pl. 43, fig. 266, 268.

Localités. — Nosy Faly ! ; Nosy Bé ! ; Tuléar !.

Les *Mitra fulva* et *ambigua* appartiennent certainement à
une même espèce : le *fulva* est d'une coloration fauve uniforme
et l'*ambigua* présente, sur le dernier tour une bande transversale plus claire, mais souvent à peine apparente. Le nom *fulva*
précédant *ambigua* dans les Zool. Illustrations doit être conservé.
Le *M. attenuata* Reeve ! (Conch. Icon., pl. VI, fig. 45), n'est
qu'une forme, un peu rétrécie à la base, du *M. fulva.* Reeve a
d'ailleurs remplacé lui-même, dans un errata, *attenuata* par
fulva Sw. var. Il existe, plus loin, dans le Conchologia Iconica,
un autre *Mitra attenuata* (pl. XVI, fig. 124), qui est un *Cancilla,*
voisin du *M. annulata.*

Mitra (Chrysame) tabanula Lamarck.

1822. *Mitra tabanula* Lamarck, Anim. s. vert. VII,, p. 323.
1822. *Mitra (Chrysame) tabanula* Lam. Tryon *(pars)*, Manual, IV, p. 146, pl. 42, fig. 243
(*excl.* fig. 244 à 247).

Localités. — Nosy Fanihi ! ; Tuléar (Lamy, p. 304).

Les *Mitra* cités par Tryon comme synonymes de *tabanula* :
pediculus Lamarck (fig. 244), *minor* Sowerby (fig. 244), *rotun-*

dilirata Reeve (fig. 246) et *caledonica* Petit de la Saussaye
(fig. 247), sont assez éloignés pour pouvoir en être séparés.

Mitra (Chrysame) turgida Reeve.

1845. *Mitra turgida* REEVE, Conch. Icon., pl. XXXIII, fig. 273.
1882. *Mitra (Chrysame) turgida* Reeve TRYON, Manual, IV,
p. 144, pl. 42, fig. 234, 235.

Localité. — Tuléar !.

Nous partageons l'avis de Tryon qui a regardé le *M. indentata*
comme synonyme de *turgida*, mais il s'est trompé en disant que
la figure du *turgida*, dans le Conchologia Iconica représente un
exemplaire exceptionnellement grand. Il n'a sans doute pas
remarqué que Reeve a inscrit en tête de sa planche XXXIII :
« figures moderately magnified ».

Sous-Genre STRIGATELLA, Swainson, 1840.

Mitra (Strigatella) columbellæformis Kiener.

1838. *Mitra columbellæformis* KIENER, Icon. coq. viv., p. 47.
pl. 15, fig. 46, 46.
1882. *Mitra (Strigatella) limbifera* TRYON (*pars*, non Lamarck),
Manual, IV, p. 154, pl. 45, fig. 23,
24 (tantum).

Localité. — Madagascar (Kiener, p. 47 ; Sowerby, Thes.
Conch., p. 18, pl. 366, fig. 255, 256 ; v. Martens, p. 80).

Pour Tryon, le *M. columbellæformis* ne serait que l'état bien
adulte du *M. limbifera* Lamarck, mais cette opinion ne nous
satisfait pas, car chez les spécimns jeeunes du *columbellaeformis*,
nous constatons déjà un épaississement du milieu de la paroi
interne du labre, dont il n'y a aucune trace chez les exemplaires
adultes du *limbifera*. Il existe constamment, à tous les âges,
six plis columellaires chez le *columbellæformis* et cinq seulement
chez le *limbifera*. Enfin, la forme de la coquille est très diffé-

rente : le *limbifera* a la spire plus haute, les tours plus étagés, séparés par une suture plus accusée, etc.

Mitra (Strigatella) paupercula Linné.

1758. *Voluta paupercula* LINNÉ, Syst. Nat., édit. X, p. 731.
1882. *Mitra (Strigatella) paupercula* Lin. TRYON, Manual, IV,
　　　　　　　　p. 156, pl. 46, fig. 340.

Localité. — Baie de Lamboharana !.

Mitra (Strigatella) retusa Lamarck.

1822. *Mitra retusa* LAMARCK, Anim. s. vert., VII, p. 319.
1882. *Mitra (Strigatella) retusa* Lam. TRYON, Manual, IV,
　　　　　　　　p. 156, pl. 46, fig. 342.

Localité. — Nosy Bé !.

Sous-Genre **THALA**, H. et A. Adams, 1853.

Mitra (Thala) adumbrata Souverbie.

1876. *Mitra adumbrata* SOUVERBIE, Journ. de Conch., XXIV,
　　　　　　　　p. 379, pl. XIII, fig. 6.
1882. *Mitra (Thala) adumbrata* Souv. TRYON, Manual, IV,
　　　　　　　　p. 161, pl. 47, fig. 371.

Localité. — Tuléar !

Mitra (Thala) cernica Sowerby.

1874. *Mitra cernica* SOWERBY, Thes. Conch., IV, p. 16, pl. 379,
　　　　　　　　fig. 670.
1882. *Mitra (Thala) cernica* Sow. TRYON, Manual, IV, p. 161,
　　　　　　　　pl. 47, fig. 365.

Localité. — Tuléar (Lamy, p. 304).

Sous-Genre **TURRICULA**, Klein, 1753.

Mitra (Turricula) intermedia Kiener.

1838. *Mitra intermedia* KIENER, Icon. coq. viv., p. 73, pl. 22,
fig. 70.
1882. *Turricula intermedia* Kien. TRYON, Manual, IV, p. 168.
pl. 50, fig. 430.

Localités. — Madagascar (Kiener, *loc. cit.*, p. 73 ; v. Martens.
p. 77) ; Ankify ! ; Tuléar (Thiele; p. 168 ; Lamy, p. 305).

Mitra (Turricula) interpunctafa Odhner.

1919. *Mitra (Turricula) interpunctata* ODHNER, Faune malac.
Madag., p. 37, pl. 3, fig. 29.

Localité. — Tamatave (Odhner, *loc. cit.*)

C'est par erreur que Sganzin a cité de Madagascar le *Mitra
granulosa* Lamarck, car ce nom a été créé pour une espèce des
Antilles.

Mitra (Turricula) Perrieri nov. sp.
Pl. IV, fig. 1, 2.

Testa cylindracco-subfusiformis, parum nitens, in imo debi-
liter emarginata. Spira acuminata ; anfr. 9 convexiusculi :
primus lævis, ceteri costis longitudinalibus compressis, rectis,
prope testæ basin antrorsum modo leviter arcuatis (15 in anfr.
ultimo) et striis transversis incisis (14 in anfr. ultimo), sculpti.
Apertura angusta, inferne haud contracta ; labrum arcuatum
et intus lævis ; columella quadriplicata : plicæ inferæ debi lis
simæ.

Color sordide lutescens ; anfr. ultimus in medio cinereo late
tæniatus.

Altit. 18, latit. 6 millim.; apertura 8 millim. alta, 2 ½ millim.
lata.

Coquille cylindrique-subfusiforme, peu luisante. Echancrure
basale peu profonde, entourée d'un bourrelet externe très peu

développé. Spire acuminée au sommet, composée de 9 tours
à peine convexes, faiblement étagés : le premier lisse, les autres
garnis de côtes axiales (15 sur le dernier tour), aplaties, perpen-
diculaires, mais légèrement arquées sur la base de la face antérieure de la coquille ; Ces côtes et leurs intervalles sont coupés
par des stries décurrentes espacées (14 sur le dernier tour).
Ouverture étroite, non contractée dans le bas. Labre arqué,
lisse du côté interne. Columelle pourvue de quatre plis dont les
deux inférieurs sont très peu développés.

Coloration gris-jaunâtre clair avec une large bande gris-cen-
dré entourant le milieu du dernier tour et dont la partie supérieure est prolongée sur la base des tours précédents.

Localité. — Nosy Bé !.

Cette espèce ressemble un peu, à première vue, au *M. in-
tertæniata* Sowerby (Thesaurus Conch., IV, p. 35, pl. 351, fig. 154)
mais elle en diffère par son dernier tour non rétréci à la base,
par le bourrelet, entourant l'échancrure, bien plus faible, par ses
côtes plus aplaties et par ses stries décurrentes beaucoup moins
nombreuses, mais plus espacées et plus apparentes.

Nous prions M. Perrier de la Bathie, à qui l'on doit tant de
précieux renseignements sur la faune de Madagascar, d'accepter
la dédicace de cette espèce.

Mitra (Turricula) regina Sowerby.

1830. *Mitra Regina* SOWERBY, Genera of Shells, I, G. Mitra
　　　　　　　　fig. 4.
1882. *Turricula regina* Sow. TRYON, Manual, IV, p. 164, pl. 48
　　　　　　　　fig. 382.

Localités. — Madagascar (v. Martens, p. 77) ; baie de Tsi
mipaika ! ; Nosy Bé (v. Martens ex de Robillard ; collect. Ph
D., récolte E. Marie).

? Mitra (Turricula) tæniata Lamarck.

1822. *Mitra tæniata* LAMARCK, Anim. s. vert., VII, p. 307
　　　　　　　　Encyclop. Méth., pl. 373, fig. 7ª, 7q.

1882. *Turricula tæniata* Lam. Tryon *(pars)*, Manual, IV,
p. 164, pl. 48, fig. 383 *(tantum)*.

Localité. — Madagascar, rare (Sganzin, p. 28).

Bien que Lamarck ait indiqué comme références pour le
M. tær iata : 1º les figures de Chemnitz (Conch. Cab., X, pl. 151,
fig. 1444, 1445) qui représentent très exactement l'espèce nommée plus tard *M. regina* par Sowerby et 2º les figures de l'Encyclopédie (pl. 373, fig. 7ª, 7ᵇ), Kiener, Küster, Reeve et Sowerby ont eu raison de réserver le nom *tæniata* à l'espèce de
l'Encyclopédie, car c'est à celle-là que s'applique incontestablement la description de Lamarck. Mais il est impossible de savoir
laquelle des deux espèces Sganzin a désignée sous le nom de
M. tæniata. L'existence à Madagascar du *M. regina* ayant seule
été confirmée, nous n'inscrivons ici le *M. tæniata* qu'avec doute.

Tryon a réuni au *M. tæniata* les *M. vittata* Swainson (fig. 384-
386), *compressa* Sowerby (fig. 387), *coccinea* Reeve (fig. 390),
crocea Reeve et *Tayloriana* Sowerby (fig. 388, 389) qui peuvent
être séparés, sinon comme espèces spéciales, du moins comme
variétés.

Mitra (Turricula) vulpecula Linné.

1758. *Voluta Vulpecula* Linné, Syst. Nat., édit. X, p. 732.
1882. *Turricula vulpecula* Lin. Tryon, Manual, IV, p. 167.
pl. 49, fig. 410 à 413.

Localités. — Nosy Faly ! Nosy Bé ! .

Sous-Genre COSTELLARIA, Swainson, 1840.

Mitra (Costellaria) acupicta Reeve.

1844. *Mitra acupicta* Reeve, Conch. Icon., pl. XI, fig. 76.
1882. *Turricula (Costellaria) acupicta* Reeve Tryon, Manual,
IV, p. 179, pl. 53, fig. 532, 533.

Localité. — Ankify !

Mitra (Costellaria) Deshayesi Reeve.

1844. *Mitra Deshayesi* REEVE, Conch. Icon., pl. XXII, fig. 170.
1882. *Turricula (Costellaria) Deshayesi* Reeve TRYON *(pars)*.
           Manual, IV, p. 176, pl. 52, fig. 502,
           503 *(tantum)*.

Localités. — Baie de Tsimipaika ! ; Baie de Befotaka ! ; Tuléar !.

Mitra (Costellaria) exasperata Gmelin.

1790. *Voluta exasperata* GMELIN, Syst. Nat., édit. XIII, p. 3453.
1882. *Turricula (Costellaria) exasperata* Gmel. TRYON *(pars)*,
           Manual, IV, p. 180, pl. 53, fig. 541
           (tantum).

Localités. — Madagascar (Kiener, Icon., p. 90, pl. 25, fig. 77, 77 ;) baie de Tsimipaika ! ; Ambatoloaka ! ; îlot Sakatia ! ; baie de Befotaka ! ; baie de Lamboharana ! ; Tuléar ! ; Tamatave ! ; Tamatave (Odhner, p. 38).

Mitra (Costellaria) obeliscus Reeve.

1844. *Mitra obeliscus* REEVE, Conch. Icon., pl. XV, fig. 107.
1882. *Turricula (Costellaria) obeliscus* Reeve TRYON, Manual, IV, p. 179, pl. 53, fig. 535.

Localité. — Diego-Suarez (collect. Ph. D. : récolte de M. Ch. Alluaud).

Sous-Genre **PUSIA**, Swainson, 1840.

Mitra (Pusia) amabilis Reeve.

1845. *Mitra amabilis* REEVE, Conch. Icon., pl. XXXIII,
           fig. 274.
1882. *Turricula (Pusia) amabilis* Reeve TRYON, Manual IV,
           p. 189, pl. 56, fig. 611.

Localité. — Baie de Befotaka !.

Mitra (Pusia) aureolata (Swainson mss.) Reeve.

1844. *Mitra aureolata* (Swainson mss.) REEVE, Conch. Icon., pl. XXVI, fig. 210.

1882. *Turricula (Pusia) aureolata* (Swains.) TRYON, Manual, IV, p. 188, pl. 55, fig. 600 *(tantum)*.

Localité. — Tuléar (Lamy, p. 305).

Genre FUSUS (Klein, 1753), Lamarck 1801.

Fusus colus Linné.

1758. *Murex Colus* LINNÉ, Syst. Nat., édit. X, p. 753.

1881. *Fusus colus* Lin. TRYON, Manual, III, p. 52, pl. 32, fig. 89 à 92, excl. var. *torcuma* Martyn, fig. 95.

Localité. — Madagascar (Sganzin, p. 24 ; v. Martens, p. 68).

Fusus toreuma (Martyn.).

1784. *(Embossed Crane) Toreuma* MARTYN, Universal Concho logist, pl. 56.

1843. *Fusus toreuma* Martyn DESHAYES *in* LAMARCK, Anim. s. vert., 2e édit., IX, p. 467.

1881. *Fusus colus* Lin. var. *toreuma* Martyn TRYON, Manual, III, p. 52, pl. 32, fig. 95.

Localité. — Nosy Bé (de Man, p. 20, pl. IV, fig. 22).

Le *F. toreuma* diffère assez du *F. colus* pour être maintenu comme espèce spéciale : son canal est plus court, les tubercules de sa carène sont plus saillants et persistent sur le dernier tour. Sa coloration est aussi bien différente : il est flammulé et tacheté de brun entre les tubercules tandis que le *F. colus* est blanc et n'est teinté de brun que sur la moitié inférieure du canal.

Fusus tuberculatus Lamarck.

1822. *Fusus tuberculatus* LAMARCK, Anim. s. vert., VII, p. 123 (Encycl. pl. 424, fig. 4).

1881. — — Lam. TRYON (pars), Manual, III, p. 54, pl. 33, fig. 100 (excl. var. *nodosoplicata* Dunker., pl. 34, fig. 110, 111).

Localité. — Madagascar, récifs (Sganzin, p. 24 ; v. Martens, p. 68).

Il est impossible de savoir à quelle coquille Sganzin a appliqué le nom *Fusus sulcatus* Lk. Le *Fusus sulcatus* de Lamarck (Anim. s. vert., VII, p. 125) est basé sur la figure 3 de la planche 424 de l'Encyclopédie qui représente le *Pricne oregonensis* de la côte occidentale de l'Amérique du Nord.

Genre FASCIOLARIA, Lamarck 1801.

Fasciolaria filamentosa Lamarck.

1822. *Fasciolaria filamentosa* LAMARCK, Anim. s. vert., VII, p. 120.

1881. — — Lam. TRYON, Manual, III, p. 75, pl. 59, fig. 8 à 11.

Localités. — Madagascar (Sganzin, p. 24 ; v. Martens, p. 69) ; Nosy Bé (collect. Ph. D., ex récolte E. Marie) ; Tuléar ! ; Sarodrano !.

VAR. FERRUGINEA Lamarck.

1822. *Fasciolaria ferruginea* LAMARCK, Anim. s. vert., VII, p. 120.

1881. *Fasciolaria filamentosa* var. *ferruginea* Lam. TRYON, Manual, III, p. 75, pl. 60, fig. 12).

Localité. — Ile Sakatia (de Man, p. 21).

Fasciolaria trapezium Linné.

1758. *Murex Trapezium* Linné, Syst. Nat., édit. X, p. 755
(excl. synon. d'Argenville, fig. H).
1881. *Fasciolaria trapezium* Lin. Tryon, Manual, III, p. **77**,
pl. 61, fig. 26 (typique) ; fig. 24, 25 ;
pl. 62, fig. 26, 27 (variétés).

Localités. — Madagascar, commun sur les récifs (Sganzin,
p. 24 ; v. Martens, p. 69) ; Nosy Faly (de Man, p. 21) ; baie de
Tsimipaika ! ; Nosy Bé (de Man, p. 21 ; collect. Ph. D. : récolte
E. Marie) ; Nosy Fanihi ! ; île Mahakamby (Odhner, p. 17) ;
Nosy Andrano, îles Barren ! ; île Europa (Thiele, p. 563) ;
île Europa ! ; Tuléar (Odhner, p. 42 ; Lamy, p. 305) ; Sarodra-
no ! ; Nosy Vé (Thiele, p. 562) ; Nosy Vé ! ; Ambodifotatra
(Dautzenberg, p. 28).

La synonymie du *Murex trapezium*, dans le « Systema Naturæ », est satisfaisante : les figures citées de Bonanni, Rumph,
Gualtieri et d'Argenville, fig. F, sont concordantes ; seule la
fig. H de d'Argenville est à éliminer, car elle représente un *F. filamentosa*. Hanley ayant trouvé un exemplaire étiqueté du
Murex Trapezium dans la collection de Linné confirme l'interprétation de cette espèce.

Le *F. trapez'um* est également commun à La Réunion où,
d'après Quoy et Gaimard, il se vend au marché et sert à la
nourriture des noirs.

Genre **LATIRUS**, Montfort 1810.

Latirus polygonus Gmelin.

1790. *Murex polygonus* Gmelin, Syst. Nat., édit. XIII, p. 3555.
1881. *Latirus polygonus* Gm. Tryon, Manual, III, p. 88, pl. 66,
fig. 106 à 108 (*excl. var.*).

Localités. — Madagascar (Sganzin, p. 24 ; v. Martens, p. 69) ;
Nosy Fanihi ! ; Tuléar ! ; Nosy Manitsa ! ; Tamatave !.

Genre **PERISTERNIA**, Mörch 1852.

Peristernia chlorostoma Sowerby.

1825. *Turbinella chlorostoma* Sowerby, Catal. Tankerville, Appendix, p. xv.
1881. *Peristernia chlorostoma* Sow. Tryon, Manual, III, p. 83, pl. 65, fig. 75.

Localité. — Majunga (Odhner, p. 17).

Tryon a réuni au *P. chlorostoma* une dizaine de noms différents, donnés par divers auteurs à des formes dont le degré de parenté avec cette espèce serait difficile à établir. M. Odhner n'ayant donné ni référence, ni explication, on peut supposer que son exemplaire de Majunga appartient à celle qui est généralement admise comme typique.

Peristernia nassatula Lamarck.

1822. *Turbinella nassatula* Lamarck, Anim. s. vert., VII, p. 110.
1881. *Peristernia nassatula* Lam. Tryon, Manual, III, p. 80, pl. 64, fig. 44, 45, 46.

Localités. — Nosy Bé (v. Martens, p. 70 : Hildebrandt) ; Tuléar (Lamy, p. 305).

Var. Forskæli Tapparone-Canefri.

1875. *Latirus Forskälii* Tapparone-Canefri, Muricidi del Mar Rosso, p. 616, pl. XIX, fig. 4, 4ª.

Localités. — Androvy (P. Lemoine) ; Nosy Bé ! ; Nosy Fanihi ! ; Ankatsépé ! ; Nosy Andrano ! ; île Europa ! ; baie de Lamboharana ! ; Tuléar ! ; Ankilibé ! ; Tamatave ! ; Fort-Dauphin (collect. Ph. D. ex Dongé).

La variété *Forskäli* diffère du *nassatula* typique par sa forme plus allongée.

Genre **LEUCOZONIA**, Gray 1847.

Leucozonia smaragdula Linné.

1758. *Buccinum Smaragdulus* LINNÉ, Syst. Nat., édit. X,
p. 739.
1881. *Leucozonia (Lagena) smaragdula* Lin. TRYON, Manual,
III, p. 96, pl. 70, fig. 185, 186.

Localité. — Très commun sur les récifs et les pierres qui entourent l'îlot Louquet, à Sainte-Marie de Madagascar (Sganzin, p. 24).

Genre **TURBINELLA**, Lamarck 1799.

Turbinella scolymus Gmelin.

1790. *Murex Scolymus* GMELIN, Syst. Nat., édit. XIII, p. 3553.
1882. *Turbinella scolymus* Gm. TRYON, Manual, IV, p. 70,
pl. 20, fig. 8.

Localité. — Commun sur les récifs à Madagascar (Sganzin, p. 24).

Genre **VASUM** (Röding 1798), Mörch 1852.

Vasum ceramicum Linné.

1758. *Murex Ceramicus* LINNÉ, Syst. Nat., édit. X, p. 751.
1882. *Vasum ceramicum* Lin. TRYON *(pars)*, Manual, IV, p. 72,
pl. 21, fig. 18 *(tantum)* : excl. pl. 20,
fig. 10 et pl. 21, fig. 15.

Localités. — Ile Europa (Thiele, p. 563) ; Tuléar (Lamy, p. 306) ; Tuléar !.

Le *Vasum armatum* Broderip, que Tryon a regardé comme un *ceramicum* jeune est bien plus trapu et les exemplaires parfaitement adultes que nous en possédons présentent sur le dernier tour deux rangs de tubercules coniques au lieu d'un seul.

Vasum turbinellus Linné.

1758. *Murex Turbinellus* Linné, Syst. Nat., édit. X, p. 750.
1822. *Turbinella cornigera* Lamarck, Anim. s. vert., VII,
p. 105.
1882. *Vasum turbinellum* Lin. Tryon, Manual, IV, p. 72, pl. 21,
fig. 20 à 22.

Localités. — Nosy Faly (de Man, p. 21) ; Nosy Bé (de Man, p. 21 et collect. Ph. D. : récolte E. Marie) ; Nosy Bé ! ; Mahakamby (Odhner, p. 16) ; île Europa (Thiele, p. 563) ; île Europa ! ; Tuléar (Lamy, p. 305); Tuléar ! ; Nosy Vé (Thiele, p. 562) ; Tamatave !.

Le nom *cornigera* n'a été créé par Lamarck, lorsqu'il a publié le genre *Turbinella*, que pour éviter la répétition du même mot pour le genre et pour l'espèce. Il est donc strictement synonyme de *turbinellus*.

Genre MELONGENA, Schumacher 1817.

Sous-Genre PUGILINA, Schumacher, 1817.

Melongena (Pugilina) pirum Gmelin (emend.).

1790. *Buccinum Pyrum* Gmelin, Syst. Nat., édit. XIII, p. 3484.
1882. *Melongena paradisiaca* Reeve Tryon *(pars)*, Manual, III,
p. 110, pl. 43, fig. 224 *(tantum)*.

Localités. — Nosy Faly (de Man, p. 21) ; Nosy Bé (de Man, p. 21) ; Nosy Bé ! ; Majunga (Odhner, p. 17) ; île Europa (Thiele, p. 563) ; — Gisement quaternaire du Bras d'Antsoa (Perrier de la Bathie).

Var. NODOSA Lamarck.

1822. *Pyrula nodosa* Lamarck, Anim. s. vert., p. 145.
1882. *Melongena paradisiaca* Reeve Tryon *(pars)*, Manual, III,
p. 110, pl. 43, fig. 223.

Localités. — Madagascar (collect. Ph. D. ex de Givenchy) ;
Nosy Bé (collect. Ph. D., récolte E. Marie) ; Tuléar !.

Var. CANDIDA Dautzenberg.

1923. *Melongena (Pugilina) pyrum* Gmel., var. *candida* DAUT-
ZENBERG, Liste prélim., p. 34.

Localité. — Nosy Iranja (collect. Ph. D., ex P. de Givenchy).

Var. UNDATA (Martini) Dautzenberg.

1777. *Pyrum undatum* MARTINI, Conch. Cab., III, p. 203,
pl. XCIV, fig. 911.
1923. *Melongena (Pugilina) pyrum* Gm., var. *undata* (Martini)
DAUTZENBERG, Liste prélim., p. 34.

Localité. — Nosy Bé (collect. Ph. D., ex P. de Givenchy).

Le type du *M. pirum*, basé sur les figures 909 et 910 de Martini
est d'un jaune uniforme à l'extérieur et a le péristome rouge.
Lamarck a donné pour son *Pyrula citrina* les mêmes figures
de Martini, comme référence, ainsi que celle de Gmelin. Le
P. citrina est donc tout à fait synonyme de *pirum*.

Le *Pyrula nodosa* Lamarck est garni, au sommet des tours,
de gros tubercules arrondis, mais on rencontre de nombreuses
formes qui le relient au type.

La variété *candida* Dautz., est blanche, aussi bien à l'extérieur qu'à l'intérieur.

La variété *undata*, basée sur la figure 911 de Martini, est
ornée de bandes transversales brunes plus ou moins nombreuses
et plus ou moins larges ou étroites.

Genre **PISANIA**, Bivona 1832.

Pisania ignea Gmelin.

1790. *Buccinum igneum* GMELIN, Syst. Nat., édit. XIII, p. 3494.
1881. *Pisania ignea* Gm. TRYON *(pars)*, Manual, III, p. 145,
pl. 71, fig. 190 *(tantum)*, *excl. var.*

Localité. — Tuléar ! exemplaire identique à ceux reçus de l'île Maurice récoltés par de Robillard.

Genre **TRITONIDEA**, Swainson 1840.

Tritonidea fumosa Dillwyn.

1817. *Buccinum fumosum* DILLWYN, Descr. Catal., II, p. 629 (*excl.* réf. Martini).
1882. *Cantharus fumosus* TRYON *(pars)*, Manual, III, p. 155, pl. 73, fig. 247, 248, 249, 250 *(tantum)*.

Localités. — Androvy (P. Lemoine) ; Ankify ! Nosy Bé (v. Martens, p. 63, ex Hildebrandt) ; Tuléar ! ; Tamatave ! ; Fort-Dauphin (collect. Ph. D. réc. Dongé) —Gisement quaternaire d'Antaboka (Perrier de la Bathie).

Le *T. fumosa* est très variable ; il a pour synonyme *Buccinum proteus* Reeve. Le *B. rubiginosum* Reeve en est une variété allongée.

Tritonidea undosa Linné.

1758. *Buccinum undosum* LINNÉ, Syst. Nat., édit. X, p. 740' excl. réf. Klein, pl. 3, fig. 61.
1881. *Cantharus undosus* Lin. TRYON, Manual, III, p. 162, pl. 74, fig. 280-282.

Localités. — Nosy Bé (de Man, p. 27).

Les deux premières références du Systema Naturae se rapportent à la forme pourvue de très gros plis espacés et, d'après Hanley, le spécimen de la collection linnéenne concorde avec les figures 41, 41 de Kiener (Icon., pl. 12). La 3e référence du Syst. Nat. représente un *Cymatium clandestinum* et doit être éliminée.

Var. AFFINIS Gmelin.

1790. *Buccinum affine* GMELIN, Syst. Nat., édit. XIII, p. 3490.

1834. *Buccinum undosum* Lin. var. B. KIENER, Icon. coq. viv.,
p. 41, pl. 12, fig. 41ª, 41ᵇ.
1881. *Cantharus undosus* Lin. TRYON, Manual, III, pl. 74,
fig. 281.

Localités. — Tuléar ! ; Tamatave !.

Le *B. affine* de Gmelin, basé sur la figure du Conch. Cabinet :
pl. CXXIII, fig. 1135, est la forme, dépourvue de plis axiaux,
du *T. undosa.*

Genre **ENGINA**, Gray 1839.

Engina histrio Reeve.

1846. *Ricinula histrio* REEVE, Conch. Icon., pl. V, fig. 36.
1883. *Engina alveolata* TRYON (*pars*, non Kiener), Manual, V,
p. 189, pl. 61, fig 19 *(tantum).*

Localité. — Tuléar (Lamy, p. 308).

Tryon a réuni sous le nom d'*E. alveolata*, non seulement l'*E.
histrio*, mais encore : *lauta* Reeve et *trifasciata* Reeve.

Engina mendicaria Linné.

1758. *Voluta mendicaria* LINNÉ, Syst. Nat., édit. X, p. 731.
1883. *Engina (Pusiostoma) mendicaria* Lin. TRYON, Manual,
V, p. 196, pl. 63, fig. 62.

Localités. — Madagascar (Sganzin, p. 28 ; v. Martens, p. 59) ;
baie de Lamboharana ! ; Tuléar (Lamy, p. 308).

Var. UNILINEATA Dautzenberg.

1923. *Engina mendicaria* Lin. var. *unilineata* DAUTZENBERG,
Liste prélim., p. 34.

Localités. — Baie de Lamboharana ! ; île Europa !.

Cette variété n'a qu'une seule bande transversale blanche
située au milieu du dernier tour.

Engina Reevei Tryon.

1846. *Ricinula alveolata* REEVE (non Kiener) Conch. Icon., pl. IV, fig. 23.

1883. *Engina Reevei* TRYON, Manual, V, p. 191, pl. 62, fig. 29.

1923. *Engina mundula* DAUTZENBERG (non Melvill et Standen), Liste prélim., p. 34.

Localité. — Tuléar, récifs !.

Engina zepa Duclos.

1848. *Columbella Zepa* DUCLOS, Illustr. Conch., pl. 19, fig. 9, 10.

1883. *Engina zepa* Ducl. TRYON, Manual, V, p. 189, pl. 61, fig. 21.

Localité. — Nosy Fanihi !

Genre **NASSARIA** (Link 1807), H. et A. Adams, 1853.

Nassaria acuminata Reeve.

1844. *Triton acuminatus* REEVE, Conch. Icon., pl. XIV, fig. 53[a], 53[b].

1881. *Nassaria acuminata* Reeve TRYON *(pars)*, Manual, III, p. 221, pl. 84, fig. 539, 540 *(tantum)*.

Localité. — Tamatave, dragué (Odhner, p. 38).

Les spécimens du genre *Nassaria* n'étant pas abondants dans les collections, il est difficile d'apprécier la valeur des espèces qui ont été admises comme distinctes et de juger les assimilations faites par Tryon des *N. bitubercularis* A. Adams, *suturalis* A. Adams, *recurva* Sowerby, *varicifera* A. Adams, *nodicostata* A. Adams, *sinensis* Sowerby et *turrita* Sowerby, au *Nassaria acuminata*.

Nassaria gracilis Sowerby.

1902. *Nassaria gracilis* SOWERBY, Moll. of South Africa, Marine
Invest. in S. Afr., p. 94, pl. II,
fig. 10.

Localité. — Baie d'Ambatozavavy !.

L'exemplaire rapporté par M. G. Petit s'accorde parfaitement
avec la figuration de Sowerby, ainsi qu'avec un co-type que je
possède de la localité originale (Embouchure de la Tugela, dragage 40 brasses) et qui provient de la collection Mac Andrew).

Genre NASSA, Lamarck 1799.

Nassa arcularia Linné.

1758. *Buccinum Arcularia* LINNÉ, Syst. Nat., édit. X, p. 737.
1882. *Nassa arcularia* Lin. TRYON, Manual, IV, p. 24, pl. 7,
fig. 9, 10.

Localités. — Madagascar, très commun sur les pierres (Sgan-
zin, p. 27 ; v. Martens, p. 66) ; Majunga (Odhner, p. 16) ; île
Europa (Thiele, p. 563) ; Tuléar (Thiele, p. 562 ; Lamy, p. 306) ;
Tamatave (Odhner, p. 36).

Nassa coronata Bruguière.

1789. *Buccinum coronatum* BRUGUIÈRE, Encycl. Méthod., p. 277
1882. *Nassa coronata* Brug. TRYON, Manual, IV, p. 23, pl. 7,
fig. 7 et 8 : var. *Bronni* Philippi.

Localités. — Madagascar (Sganzin, p. 27 ; v. Martens, p. 66...
Diego-Suarez (collect. Ph. D. récolte Em. Dorr) ; Nosy Bé ! ;
Ambatoloaka ! ; baie de Befotaka ! ; Ampasipohé ! ; Majunga
(Odhner, p. 16) ; Majunga ! ; île Europa (Thiele, p. 563) ; Tu-
léar (Thiele, p. 562) ; Tuléar ! ; Sarodrano ! ; Tamatave (Odh-
ner, p. 36) ; Tamatave !; Foulpointe (Bruguière, Encycl., p. 277) ;
Foulpointe, récif ! ; gisement quaternaire d'Antaboka, (Perrier
de la Bathie).

Var. MINOR Dautzenberg.

1923. *Nassa coronata* Brug. var. *minor* DAUTZENBERG, Liste
prélim., p. 35.

Localité. — Baie d'Ambaro ! exemplaire adulte n'ayant que
15 millimètres de hauteur, dragage 1 à 3 m., sable vasard.

Nassa crenulata Lamarck.

1816. *Nassa crenulata* LAMARCK (non *Buccinum crenulatum*
Brug.), Tableau Encyclopédique et
Méthod. des trois règnes de la Na-
ture, p. 1, pl. 394, fig. 6.
1835. *Buccinum crenulatum* KIENER (non Brug.\), Icon. coq.
viv., p. 62, pl. 23, fig. 90, 90 (excl.
pl. 14, fig. 49, 49).
1853. *Nassa crenulata* REEVE (non Brug.), Conch. Icon., pl. 1
fig. 2ª, 2ᵇ.

Localités. — Nosy Bé (collect. Ph. D. ; récolte E. Marie) ;
Nosy Bé ! ; anse du cratère près Hellville, champ d'algues à
basse mer ! ; Ambatoloaka ! ; îlot Sakatia ! ; Ampasipohé ! ;
Tuléar !.

Le *Nassa crenulata* de Lamarck n'est certainement pas la
même espèce que le *Buccinum crenulatum* de Bruguière (Encyclop. Méthod., p. 271). D'après sa description, le *Buccinum
crenulatum* est treillisse et ressemble beaucoup, comme il le dit
lui-même, au *Nassa reticulata* Lin. Lamarck ayant classé, en
1816, son espèce dans le genre *Nassa* son maintien ne nous
semble pas incompatible avec les règles de la Nomenclature,
bien qu'en 1822, il ait fait passer les *Nassa* dans le genre *Buccinum*.

Nassa optima Sowerby.

1903. *Nassa optima* SOWERBY, Descr. new spec. of *Nassa*, etc.,
Journ. of Malac., X, p. 73, pl. V,
fig. 1, 2.

Localités. — Nosy Bé ! ; baie d'Ambatozavavy !.

Exemplaires concordant tout à fait avec le type du N. W. de l'Australie.

Nassa pullus Linné.

1758. *Buccinum Pullus* LINNÉ, Syst. Nat., édit. X, p. 737.
1882. *Nassa pulla* TRYON *(pars)*, Manual, IV, p. 24, pl. 7,
fig. 12 *(tantum)*.

Localités. — Madagascar (collect. Ph. D. ; récolte E. Marie) ; Nosy Bé (collect. Ph. D. récolte Capit Duchauffour) ; Ambato-loaka ! ; baie de Befotaka ! ; Morombé ! ! Tuléar ! ; Ankilibé ! ; Lambétabé ! ; Foulpointe, récif ! ; Tamatave ! ; Fort-Dauphin (collect. Ph. D., ex Dongé).

Sous-Genre **ALECTRYON**, Montfort, 1810.

Nassa (Alectryon) monile Kiener.

1834. *Buccinum monile* KIENER, Iconogr. coq. viv., p. 68, pl. 11,
fig. 40, 40.
1882. *Nassa (Alectrion) monile* Kien. TRYON *(pars)*, Manual,
IV, p. 28, pl. 9, fig. 60 *(tantum)*.

Localités. — Tuléar, plage !

Le *N. natalensis* Smith est bien voisin, sinon même identique.

Nassa (Alectryon) papillosa Linné.

1758. *Buccinum papillosum* LINNÉ, Syst. Nat., édit. X, p. 737.
1882. *Nassa (Alectrion) papillosa* Lin. TRYON, Manual, IV,
p. 30, pl. 9, fig. 74 et fig. 71 (var.
seminuda).

Localités. — Madagascar (Sganzin, p. 27 ; v. Martens, p. 65) ; Nosy Bé (collect. Ph. D. : récolte Capit. Duchauffour, 1867).

Sous-Genre **ZEUXIS**, H. et A. Adams, 1853.

Nassa (Zeuxis) gaudiosa Hinds.

1844. *Nassa (Zeuxis) gaudiosa* Hinds, Voyage « Sulphur »,
           p. 36, pl. 9, fig. 17.
1882. *Nassa (Zeuxis) gaudiosa* Hds. Tryon *(pars)*, Manual,
           IV, p. 34, pl. 10, fig. 114, 115 *(tantum)*.

Localité. — Tuléar !.

Tryon a réuni au *N. gaudiosa* une vingtaine de noms proposés
par Adams, Dunker, Gould et Marrat, qui ne sont en effet, que
des formes de cette espèce éminemment variable.

Nassa (Zeuxis) tænia Gmelin.

1790. *Buccinum Tænia* Gmelin, Syst. Nat., édit. XIII, p. 3493.
1882. *Nassa (Zeuxis) tænia* Gm. Tryon, Manual, IV, p. 30,
           pl. 9, fig. 76, 77.

Localités. — Baie de Befotaka ! ; Tuléar (Lamy, p. 306) ;
Ankilibé !.

Var. BADIA A. Adams.

1851. *Nassa badia* A. Adams, Proc. Zool. Soc. Lond., p. 107.
1853. —   —   A. Ad. Reeve, Conch. Icon., pl. XIX.
           fig. 124.
1882. *Nassa tænia* Tryon *(pars)*, Manual, IV, p. 30, pl. 9,
           fig. 81 *(tantum)*.

Localité. — Majunga, vivant sous les pierres, à basse mer
(collect. Ph. D. : récolte Em. Dorr).

Le *N. badia* est une forme étroite, de très petite taille, qui
ne possède des côtes axiales que sur les premiers tours.

Sous-Genre **PHRONTIS**, H. et A. Adams, 1853.

Nassa (Phrontis) coronula A. Adams.

1851. *Nassa coronula* A. ADAMS, Proc. Zool. Soc. Lond., p. 96.
1853.   —   —   A. Ad. REEVE, Conch. Icon., pl. XV, fig. 99^a, 99^b.
1882. *Nassa (Phrontis) tiarula* TRYON (*pars*, non Kiener), Manual, IV, p. 41, pl. 12, fig. 176 *(tantum)*.

Localités. — Nosy Bé (v. Martens : récolte Hildebrandt) ; baie de Lamboharana ! ; Tuléar ! ; plage d'Anosy ! ; Sarodrano !.

La réunion du *N. coronula* au *tiarula* Kiener, ne nous paraît pas justifiée car le *tiarula* est plus petit et ses côtes longitudinales s'effacent sur la seconde moitié du dernier tour, où il ne subsiste qu'une rangée de tubercules, un peu au-dessous de la suture. Les exemplaires que nous avons examinés correspondent bien comme taille, sculpture et coloration, aux figures du Conchologia Iconica.

Nassa (Phrontis) tiarula Kiener.

1841. *Buccinum tiarula* KIENER, Icon. coq. viv., p. 111, pl. 30, fig. 4, 4.
1882. *Nassa (Phrontis) tiarula* Kien. TRYON (*pars*), Manual, IV, p. 41, pl. 12, fig. 174 *(tantum)*.

Localités. — Madagascar (Kiener, *loc. cit.*, p. 111 ; Reeve ! Conch. Icon., pl. XIV, fig. 92^a, 92^b ; v. Martens, p. 66).

Sous-Genre **HEBRA**, H. et A. Adams, 1853.

Nassa (Hebra) horrida Dunker.

1847. *Buccinum horridum* DUNKER, Zeitschr. f. Malakoz, p. 59.

1882. *Nassa (Hebra) muricata* Quoy et G. TRYON *(pars)*,
      Manual,IV, p. 44, pl. 14, fig. 216
      (tantum).

Localité. — Tuléar !.

Il est bien difficile de séparer les *N. muricata, horrida, Gru-*
neri Reeve (non Dunker) et *curta* Gould et il nous semble que
Tryon a eu raison de les réunir, car on rencontre beaucoup de
formes intermédiaires.

Nassa (Hebra) muricata Quoy et Gaimard.

1833. *Buccinum muricatum* QUOY et GAIMARD, Voyage de
      l' « Astrolabe », II, p. 450, pl. 32,
      fig. 32, 33.
1882. *Nassa (Hebra) muricata* Q. et G. TRYON *(pars)*, Ma-
      nual, IV, p. 44, pl. 14, fig. 214, 215
      (tantum).

Localité. — Baie d'Ambaro !

Comme nous l'avons dit à propos du *N. horrida*, nous serions
disposés à admettre la réunion de cette espèce au *N. muricata*.

Sous-Genre HIMA, H. et A. Adams, 1853.

Nassa (Hima) balteata Pease.

1869. *Nassa balteata* PEASE, American Journ. of Conch., V,
      p. 71, pl. 8, fig. 5.
1882. *Nassa (Hima)paupera* (Gould) TRYON *(pars)*, Manual,
      IV, p. 47, pl. 15, fig. 248 *(tantum)*.

Localité. — Fénérive ! un exemplaire jeune.

Tryon a réuni au *N. paupercula* Gould, non seulement le
N. balteata, mais encore : *N. plebecula* Gould, *N. microstoma*
Pease, *N. unifasciata* Pease, *N. turricula* Pease, *N. dermestina*
Gould, *N. samoensis* Dunker, *N. luteola* Smith et, avec doute,
N. fraterculus Dunker.

Nassa (Hima) erythræa (Issel), Pallary.

1869. *Nassa costulata* var. *Erythræa* ISSEL, Malac. del Mar
Rosso, p. 126, 268, 349.
1926. *Nassa erythræa* Issel PALLARY, Explic. des planches de
Savigny, Mém. Instit. d'Egypte,
p. 88, pl. 6, fig. 4.

Localités. — Ilot Ambariobé ! ; île Europa !.

Nassa (Hima) sinusigera A. Adams.

1851. *Nassa sinusigera* A. ADAMS, Proc. Zool. Soc. Lond.,
p. 100.
1882. *Nassa (Hima) sinusigera* A. Ad. TRYON *(pars)*, Manual, IV, p. 51, pl. 15, fig. 274
(tantum).

Localité. — Majunga, dragué (Odhner, p. 16).

Sous-Genre **NIOTHA**, H. et A. Adams, 1853.

Nassa (Niotha) albescens Dunker.

1846. *Buccinum albescens* DUNKER, Zeitschr. f. Malakoz.,p. 170.
1849.   —   — Dunk. PHILIPPI, Abbildungen, p. 68,
pl. II, fig. 15.
1882. *Nassa (Niotha) albescens* Dunk. TRYON *(pars)*, Manual,
IV, p. 51, pl. 16, fig. 279, 280 *(tan-
tum)*.

Localités. — Nosy Bé (v. Martens, p. 67, récolte Hildebrandt) ;
Tuléar (Lamy, p. 306) ; Ambodifotatra (Dautzenberg, p. 28).

L'assimilation, par Tryon, du *N. bicolor* Hombron et Jacquinot (Voyage au Pôle Sud, p. 84, pl. 21, fig. 41, 42) nous paraît
acceptable, mais il n'en est pas de même du *N. fenestrata* Marrat = *Isabellei* Reeve, non d'Orbigny, dont la sculpture est
plus grossière et dont les premiers tours sont blancs et non
d'un bleu foncé comme ceux du *N. albescens*.

Nassa (Niotha) fenestrata Marrat.

1877. *Nassa fenestrata* MARRAT, New forms of *Nassa*, p. 10.
1882. *Nassa (Niotha) albescens* TRYON (*pars*, non Dunker),
         Manual, IV, p. 51, pl. 16, fig. 281
         (tantum).

Localités. — Pointe des Sables, Diego-Suarez (collect. Ph.
D., ex collect. Bavay) ; Ampasindava ! ; Nosy Bé ! ; Ambatozavavy ! ; Nosy Andrano (îles Barren) ! ; baie de Lamboharana ! ; Tuléar ! ; Anakao, plage ! ; pointe à Larrée ! ; Ambodifotatra (collect. Ph. D. ex Tissier-Solier) ; Tamatave ! ; Foulpointe, grand récif ! ; Fort-Dauphin (collect. Ph. D. : récolte
Dongé).

Nassa (Niotha) Kieneri Deshayes.

1863. *Nassa Kieneri* DESHAYES, Moll. Ile Réunion, p. 129.
1882. *Nassa (Niotha) Kieneri* Desh. TRYON (*pars*), Manual,
         IV, p. 53, pl. 16, fig. 301 (*excl.* sy-
         non.).

Localité. — Tamatave (Odhner, p. 36).

Il ne faut pas confondre cette espèce avec le *Buccinum Kieneri*
Anton (1839), Verzeichniss, p. 92, qui est un *Nassa* non identifié.

Nassa (Niotha) livescens Philippi.

1848. *Buccinum livescens* PHILIPPI, Zeitschr. f. Malakoz., p. 135.
1882. *Nassa (Niotha) livescens* Phil. TRYON, Manual, IV, p. 54,
         pl. 16, fig. 304.

Localité. — Nosy Vé (Thiele, p. 562).

Genre DORSANUM, Gray 1847.

Dorsanum Belangeri Kiener (emend.).

1834. *Buccinum Bellangeri* (sic) KIENER, Icon. coq. viv., p. 34,
         pl. 14, fig. 48, 48.

1882. *Bullia (Pseudostrombus) Belangeri* Kien. TRYON, Manual, IV, p. 16, pl. 6, fig. 94, 95.

Localités. — Tuléar ! ; Fénérive (Odhner, p. 36).

Le nom de cette espèce doit être orthographié *Belangeri* et non *Bellangeri*, comme l'a fait Kiener, car elle est dédiée à Charles Bélanger auteur du « Voyage aux Indes Orientales par le Nord de l'Europe ».

Dorsanum mauritianum Gray.

1839. *Bullia Mauritiana* GRAY, Voyage Beechey, p. 126.
1882. — — Gray TRYON, Manual, IV, p. 12, pl. 5, fig. 64, 65.

Localités. — Madagascar (Reeve : Conch. Icon., pl. II, fig. 12^a, 12^b ; (v. Martens, p. 68).

Genre COLUMBELLA, Lamarck, 1799.

Columbella fulgurans Lamarck.

1822. *Columbella fulgurans* LAMARCK, Anim. s. vert., VII, p. 296.
1883. — — Lam. TRYON, Manual, V, p. 109, pl. 45, fig. 76, 77.

Localité. — Madagascar, commun (Sganzin, p. 28 ; v. Martens, p. 71).

Le *C. punctata* Lamarck (Anim. s. vert., VII, p. 297), est une variété chez laquelle les flammules longitudinales blanches sont remplacées par des points.

Columbella pardalina Lamarck.

1822. *Columbella pardalina* LAMARCK, Anim. s. vert., VII, p. 293.

1883. *Columbella pardalina* Lam. TRYON *(pars)*, Manual,
V, p. 108, pl. 44, fig. 59, 60 *(tantum)*.

Localités. — Nosy Bé ! ; Fénérive !.

Le *C. pardalina* est très variable. Tryon a cité comme synonymes : *vulpecula* Sowerby, *quintilla* Duclos, *fabula* Sowerby, *japonica* Reeve, *zopilla* Duclos et, comme variété *Tyleri* Gray = *sagena* Reeve = *obscura* Sowerby = *palmerina* Duclos = *lactescens* Souverbie = *padonosta* Duclos = *anilis* Duclos.

Columbella turturina Lamarck.

1822. *Columbella turturina* LAMARCK, Anim. s. vert., VII,
p. 296.
1883.   —   — Lam. TRYON, Manual, V, p. 109,
pl. 45, fig. 80, 81.

Localité. — Ankify !.

Columbella varians Sowerby.

1832. *Columbella varians* SOWERBY, Proc. Zool. Soc. Lond.,
p. 118.
1883.   —   — Sow. TRYON *(pars)*, Manual, V, p. 110,
pl. 45, fig. 97, 98 *(tantum)*.

Localités. — Tuléar, récif ! ; Beheloka ! ; Nosy Manitsa ! : Tamatave (Thiele, p. 562).

Columbella versicolor Sowerby.

1832. *Columbella versicolor* SOWERBY, Proc. Zool. Soc. Lond.,
p. 119.
1883.   —   — Sow. TRYON *(pars)*, Manual, V, p. 110,
pl. 45, fig. 84, 86 *(tantum)*.

Localité. — Tuléar, récif !

Tryon a réuni au *C. versicolor* : *bidentata* Menke, *araneosa* Kiener, *coronata* Duclos, *athadona* Duclos, *tigrina* Duclos, *as-*

persa Sowerby et deux formes décrites comme provenant du Guatemala : *C. nivosa* Reeve et *pertusa* Reeve.

Sous-Genre **MITRELLA**, Risso, 1826.

Columbella (Mitrella) albina Kiener.

1840. *Columbella albina* KIENER, icon. Coq. viv., p. 32, pl. 13,
            fig. 4, 4.
1883. *Columbella (Mitrella) albina* Kien. TRYON, Manual, V,
            p. 121, pl. 48, fig. 70, 71.

Nous n'avons pas constaté l'existence, à Madagascar, du *C. aibina* typique ; tous les exemplaires recueillis par M. C. Petit, appartiennent à la variété *albaria*.

Var. ALBARIA Hervier.

1899. *Columbella albina* Kiener, var. *albaria* HERVIER, Journ.
            de Conch., XLVII, p. 305.

Localités. — Ambatoloaka ! ; Nosy Fanihi !.

Columbella (Mitrella) azora Duclos.

1846. *Columbella azora* DUCLOS, Illustr. Conchyl., pl. 12, fig. 3, 4.
1883. *Columbella (Mitrella), azora* Ducl. TRYON, Manual, V,
            p. 136, pl. 50, fig. 48.

Localité. — Tuléar (Lamy, p. 306).

La réunion du *C. albinodulosa* Gaskoin au *C. azora*, proposée par Tryon, a été acceptée par M. Lamy.

Columbella (Mitrella) moleculina Duclos.

1846. *Columbella moleculina* DUCLOS, Illustr. Conch., pl. 9,
            fig. 1, 2.
1883. *Columbella (Mitrella) moleculina* Ducl. TRYON, Manual,
            V, p. 117, pl. 47, fig. 48 et ? fig. 49
            (*Col. denticulata* Duclos).

Localités. — Andraikarékabé ! ; îlot Prune !.

Sous-Genre **ATILIA**, H. et A. Adams, 1853.

Columbella (**Atilia**) alabastrum (Reeve ?) von Martens.

1859. ? *Columbella alabastrum* REEVE, Conch. Icon., pl. XXXVI,
fig. 232ᵃ, 232ᵇ.

1880. — — (Reeve) von MARTENS, Moll. Maskar.
u. Seychellen, p. 71, pl. XX, fig. 13.

1883. *Columbella (Atilia) alabastrum* (Reeve ?) von Martens
TRYON, Manual, V, p. 146, pl. 51,
fig. 14.

Localité. — Majunga (Odhner, p. 16).

Le *C. alabastrum* de Reeve est fort douteux et la figure que
von Martens a publiée sous ce nom diffère beaucoup de celle
du Conchologia Iconica.

Columbella (**Atilia**) plutonida Duclos.

1846. *Columbella plutonida* DUCLOS, Illustr. Conch., pl. 16,
fig. 1, 2.

1883. *Columbella (Atilia) plutonida* Ducl. TRYON, Manual, V,
p. 144, pl. 52, fig. 75.

Localités. — Baie de Lamboharana ! ; Sarodrano (Lamy,
p. 307).

D'après M. Lamy, les spécimens des Iles Gambier, récoltés
par M. Seurat sont bien semblables à ceux de Sarodrano rapportés par M. Geay.

Columbella (**Atilia**) pumila Dunker.

1859. *Columbella pumila* DUNKER, Malakoz, Blätter, VI, p. 224.

1861. — — DUNKER, Moll. Japonica, p. 6, pl. I,
fig. 4.

1883. *Columbella (Atilia) pumila* Dunk. TRYON, Manual, V,
p. 150.

Localités. — Nosy Bé ! ; Tuléar !.

Tryon a commis une erreur en disant que cette espèce n'avait pas été figurée, car elle a été représentée par Dunker en 1861.

Sous-Genre **SEMINELLA**, Pease, 1867.

Columbella (Seminella) **Gowllandi** Brazier.

1874. *Columbella (Anachis) Gowllandi* BRAZIER, New Austral. Shells, Proc. Zool. Soc. Lond., p. 671, pl. LXXXIII, fig. 15, 16.

1883. *Columbella (Seminella) Gowllandi* Braz. TRYON, Manual, V, p. 170, pl. 57, fig. 21.

Localité. — Sarodrano (Lamy, p. 308).

Columbella (Seminella) **regulus** Souverbie.

1863. *Columbella pumilla* SOUVERBIE (non Dunker), Journ. de Conch., XI, p. 281, pl. XII, fig. 4.

1864. *Columbella regulus* SOUVERBIE, Journ. de Conch., XII, p. 41.

1883. *Columbella (Seminella) atrata* Gld. TRYON (*pars*, non Gould), Manual, V, p. 169, pl. 57, fig. 12 *(tantum)*.

Localité. — Sarodrano (Lamy, p. 307).

Cette espèce nous paraît différer suffisamment du *C. atrata* Gould, pour être maintenue comme distincte.

Columbella (Seminella) **troglodytes** Souverbie.

1866. *Columbella troglodytes* SOUVERBIE, Journ. de Conch., XIV p. 145, pl. VI, fig. 4, 4.

1883.   —   — Souv. TRYON, Manual, V, p. 165, pl. 56, fig. 89.

Localité. — Sarodrano (Lamy, p. 307).

Sous-Genre **CONIDEA**, Swainson, 1840.

Columbella (Conidea) flava, Bruguière.

1789. *Buccinum flavum* BRUGUIÈRE, Encycl. Méthod., p. 281.
1883. *Columbella (Conidea) flava* Brug. TRYON *(pars)*, Manual, V, p. 182, pl. 59, fig. 67, 68 *(tantum)*.

Localités. — Nosy Fanihi ! ; Majunga (Odhner, p. 16) ; Ankatsepé ! ; plage de Lamboharana ! ; Sarodrano !

Tryon a regardé les *C. punctata* Sowerby, *lugubris* Kiener, *funiculata* Souverbie et, peut-être, *rubricundula* Quoy et Gaimard, comme synonymes de cette espèce.

Genre **MUREX**, Linné 1758.

Murex haustellum Linné.

1758. *Murex Haustellum* LINNÉ, Syst. Nat., édit. X, p. 746.
1880. *Murex haustellum* Lin. TRYON, Manual, II, p. 83, pl. 13, fig. 137.

Localités. — Madagascar (Sganzin, p. 25 ; v. Martens, p. 55. Nosy Bé (collect. Ph. D., récolte E. Marie).

? Murex rarispina Lamarck.

1822. *Murex rarispina* LAMARCK, Anim. s. vert., VII, p. 158.
Localité. — Madagascar (de Man, p. 22).

Il est impossible de savoir à quel *Murex* M. de Man a attribué ce nom. Le *M. rarispina* de Lamarck, basé sur une figure très médiocre du Conchylien Cabinet (pl. CXIII, fig. 1056), a été interprété de différentes manières par Kiener, Sowerby et Reeve. D'après Deshayes (Anim. sans vert., 2e édit., p. 567), la figuration de Kiener représente seule le vrai *rarispina*. Mais, en ce cas, le nom *rarispina* ayant été employé par Lamarck et par Kiener pour un Mollusque de Saint-Domingue, ne peut convenir à aucun *Murex* de Madagascar.

Murex ternispina Lamarck.

1822. *Murex ternispina* LAMARCK, Anim. s. vert., VII, p. 158.
1880.   —   —   Lam. TRYON *(pars)*, Manual, II, p. 78, pl. 9, fig. 110 *(tantum)*.

Localités. — Majunga, plage (Odhner, p. 18) ; Tuléar ! ; Sarodrano !.

Var. ADUNCOSPINOSA (Beck) Reeve.

1841. *Murex ternispina* Lam. var. *aduncospinosa* (Beck) SOWER-BY, Conchol. Illustr., Catal., p. 1, fig. 68.
1845. *Murex aduncospinosus* (Beck) REEVE, Conch. Icon., pl. XXIII, fig. 93.
1880. *Murex ternispina* TRYON *(pars)*, Manual, II, p. 77, pl. 10, fig. 114 *(tantum)*.

Localités. — Baie d'Ambaro ! ; Nosy Bé (Collect. Ph. D. : récolte E. Marie) ; Nosy Bé ! ; Morombé ! ; Tuléar !.

Murex tribulus Linné.

1758. *Murex Tribulus* LINNÉ *(pars)* Syst. Nat., édit. X, p. 746.
1880. *Murex tribulus* Lin. TRYON *(pars)*, Manual, II, p. 77, pl. 9, fig. 107 *(tantum)*.

Localités. — Madagascar, rare sur les récifs (Sganzin, p. 25 ; sub nom. *crassispina* Lam., p. 55) — Gisement quaternaire du Bras d'Antsoa (Perrier de la Bathie).

Sowerby et Reeve ont cité le nom *crassispina* Lam. comme synonyme de *tribulus* Linné et il est probable que Sganzin l'a interprété dans le même sens. Quant au véritable *crassispina* de Lamarck, il est incontestablement synonyme de *scolopax* Dillwyn, dont il existe deux exemplaires étiquetés *crassispina* dans la partie de la collection de Lamarck appartenant au Musée de Genève.

Sous-Genre **PTERONOTUS**, Swainson, 1840.

Murex (Pteronotus) triqueter Born.

1780. *Murex triqueter* Born, Test. Mus. Cæs. Vindob., p. 291,
           pl. 11, fig. 1, 2.
1880. *Murex (Pteronotus) triqueter* Born Tryon, Manual, II,
           p. 85, pl. 40, fig. 506.

Localités. — Madagascar, rare sur les récifs (Sganzin, p. 25 ;
v. Martens, p. 56) ; Tuléar !.

Après avoir nommé cette espèce *Murex trigonulus* en 1816,
Lamarck a remplacé, avec raison, ce nom, en 1822, par *triqueter* Born, mais il a décrit en même temps sous le nom de
trigonulus un *Murex* fort différent, pour lequel nous proposons
celui de *Murex substitutus* (= *trigonulus* Lk 1822, non Lamarck 1816).

Sous-Genre **CHICOREUS**, Montfort, 1810.

Murex (Chicoreus) adustus Lamarck.

1822. *Murex adustus* Lamarck, Anim. s. vert., VII, p. 162.
1880. *Murex (Chicoreus) adustus* Lam. Tryon *(pars)*, Ma-
           nual of Conch., II, p. 90, pl. 15,
           fig. 149 *(tantum)*.

Localités. — Madagascar, pas rare sur les récifs (Sganzin,
p. 25 ; v. Martens, p. 56) ; Nosy Faly (de Man, p. 22) ; Ankify ! ;
Nosy Bé ! ; Tuléar (Lamy, p. 309).

Il est impossible d'accepter l'opinion de Tryon qui a regardé
le *M. rufus* comme l'état jeune du *M. adustus*. Ces deux espèces
diffèrent essentiellement par les frondaisons des varices qui
sont bien plus développées, plus denses, aplaties en avant et
formant une frange continue chez le *rufus* dont la coloration
est d'un brun roux tandis que celle de l'*adustus* est d'un noir
intense.

Murex (Chicoreus) inflatus Lamarck.

1758 . ? *Murex ramosus* Linné, Syst. Nat., édit. X, p. 747.
1822 . *Murex inflatus* Lamarck, Anim. s. vert., VII, p. 160.

Localités. — Madagascar, commun sur les récifs (Sganzin, p. 25 ; v. Martens 55) ; baie de Tsimipaika ! ; Nosy Faly (de Man, p. 22) ; Nosy Bé (de Man, p. 22) ; Mahakamby (Odhner, p. 18) ; Tuléar ! ; Sarodrano ! ; Ambodifotatra (Dautzenberg, p. 28).

Hanley, après avoir examiné avec soin les descriptions et les références du *Murex ramosus* dans les deux éditions du « Systema Naturæ » et dans le « Museum Ludovicæ Ulricæ », conclut que Linné a compris sous ce nom tous les *Murex* pourvus de trois varices foliacées et qu'il est impossible de l'attribuer à une espèce plutôt qu'à une autre. Les spécimens, étiquetés *ramosus* dans la collection de Linné ont été décrits l'un comme *Murex pomum* Gmelin, l'autre comme *Murex adustus* Lamarck. En présence d'une confusion aussi inextricable, il vaut mieux rejeter le nom *ramosus* et adopter *inflatus* Lamarck, qui est bien défini.

Murex (Chicoreus) microphyllus Lamarck.

1816 . *Murex microphyllus* Lamarck, Tabl. Encycl., p. 4, pl. 415 fig. 5.
1822 .   —   —   Lamarck, Anim. s. vert., VII, p. 163.
1880 . *Murex (Chicoreus) microphyllus* Lam. Tryon, Manual, II, p. 89, pl. 14, fig. 144.

Localités. — Nosy Faly (de Man, p. 22) ; Tuléar ! ; Tamatave !

Murex (Chicoreus) torrefactus Sowerby.

1840 . *Murex torrefactus* Sowerby, Conchol. Illustr., fig. 120.
1880 . *Murex (Chicoreus) torrefactus* Sow. Tryon (pars), Manual, II, p. 89, pl. 14, fig. 145 (tantum).

Localité. — Majunga (Odhner, p. 18).

Genre **OCINEBRA** (Leach), Gray 1847.

Ocinebra contracta Reeve.

1846. *Buccinum contractum* REEVE, Conch. Icon., pl. VIII,
fig. 53.
1880. *Murex (Ocinebra) contractus* Reeve TRYON *(pars)*, Manual, II, p. 131, pl. 38, fig. 471
(tantum).

Localité. — Diego Suarez (collect. Ph. D. : récolte Em.
Dorr).

Genrs **RAPANA**, Schumacher 1817.

Rapana bulbosa (Solander mss.) Dillwyn.

1817. *Buccinum bulbosum* (Solander mss.) DILLWYN, Descr.
Catal., II, p. 631.
1847. *Pyrula bulbosa* (Soland.) Dillw. REEVE, Conch. Icon.,
pl. IV, fig. 14.
1880. *Rapana bulbosa* (Soland.) Dillw. TRYON, Manual, II,
p. 203, pl. 63, fig. 336.

Localité. — Tuléar !.

Il ne nous paraît pas opportun de remplacer pour cette espèce
nom le *bulbosa*, consacré par un long usage, par *rapiformis*
Born, cité par Dillwyn et d'autres, comme synonyme, car les
références citées par Born : Lister (pl. 894, fig. 14) et Martini
(III, p. 34, pl. LXVIII, fig. 750) sont très mauvaises et peuvent
être interprétées comme s'appliquant à la variété du *R. bezoar*
Linné, désignée par Valenciennes sous le nom de *venosa*. Seule,
la figure de Knorr (V. p. 34, pl. XXI, fig. 2) s'accorde bien
avec la description de Dillwyn.

Genre **PURPURA**, Bruguière 1789.

Purpura bufo Lamarck.

1822. *Purpura bufo* LAMARCK, Anim. s. vert., VII, p. 239.
1880.   —   —   Lam. TRYON, Manual, II, p. 165,
pl. 48, fig. 66, 67, 70, 71.

Localités. — Madagascar (Sganzin, p. 27) ; Majunga (Odhner,
p. 18 ; collect. Ph. D. : récolte Em. Dorr) ; Ambila, plage ! ;
Fort-Dauphin (collect. Ph. D. : récolte Dongé).

Var. CALLOSA Lamarck.

1822. *Purpura callosa* LAMARCK, Anim. s. vert., VII, p. 239.
1836. *Purpura bufo* KIENER *(pars)*, Icon. Coq. viv., p. 81,
pl. 20, fig. 60, 60 (s. nom. *P. callosa*
Lam.).

Localité. — Ile Europa !

Cette forme à callosité columellaire extrêmement développée,
mérite d'être séparée du *P. bufo*, à titre de variété.

Purpura persica Linné.

1758. *Buccinum persicum* LINNÉ, Syst. Nat., édit. X, p. 738.
1880. *Purpura persica* Lin. TRYON, Manual, II, p. 160, pl. 43,
fig. 24.

Localités. — Madagascar (Sganzin, p. 27 ; v. Martens, p. 60)
Nosy Bé (collect. Ph. D. ex E. Marie) ; Tuléar !.

Purpura Rudolphi (Chemnitz) Schröter.

1788. *Buccinum Rudolphi*, seu *Persicum* CHEMNITZ, Conch.
Cab., X, p. 196, pl. 154, fig. 1467,
1468.
1788. *Buccinum rudolphi* SCHRÖTER, Namen Reg., p. 16.
1880. *Purpura Rudolphi* Chemn. TRYON, Manual, II, p. 160,
pl. 14, fig. 26.

Localités. — Madagascar, rare (Sganzin, p. 27) ; Tuléar (Lamy, p. 309) ; Tuléar !.

Sous-Genre **THALESSA**, H. et A. Adams, 1853.

Purpura (Thalessa) mancinella Linné.

1758. *Murex Mancinella* Linné, Syst. Nat., édit. X, p. 751.
1764.   —   —   Linné, Mus. Ludovicæ Ulricæ, p. 636.
1880. *Purpura (Thalessa) mancinella* Lin. Tryon *(pars)*, Manual, II, p. 164, pl. 47, fig. 61 *(tantum)*.

Localité. — Madagascar (Sganzin, p. 27 ; v. Martens, p. 59 ; collect. Ph. D., ex collect. Bavay).

Le *Murex Mancinella* de la 10e édition du « Systema Naturæ » a pour seule référence : Rumphius, pl. XXIV, fig 5, qui représente une coquille vue de dos et sa description est insuffisante. Dans la 12e édition, la référence ajoutée de d'Argenville : pl. 20, fig. H, ne nous apprend rien de plus, car c'est aussi une coquille vue du côté dorsal ; mais dans le « Museum Ludovicæ Ulricæ » Linné dit que l'intérieur de son ouverture est jaune et striée transversalement, ce qui a permis de reconnaître l'espèce à laquelle Lamarck et les auteurs modernes ont attribué le nom *mancinella*.

Le *P. echinata* de Blainville paraît bien être, comme l'a compris Tryon, une variété albine du *mancinella*.

Purpura (Thalessa) pica de Blainville.

1832. *Purpura pica* de Blainville, Nouv. Annales du Muséum, I, p. 213, pl. 9, fig. 9.
1880. *Purpura (Thalessa) pica* de Bl. Tryon, Manual, II, p. 163, pl. 46, fig. 46, 47, 52, 53.

Localités. — Nosy Bé (collect. Ph. D. : récolte E. Marie) ; Tuléar (Lamy, p. 309) ; Tuléar ! ; Tamatave !.

Purpura (Thalessa) pseudohippocastanum, nom. nov.

1836. *Purpura Hippocastanum* KIENER (non Linné, nec Lamarck), Icon. coq. viv., p. 52, pl. 12, fig. 33, 33.
1880. *Purpura (Thalessa) hippocastaneum* TRYON (*pars*, non Lin. nec Lam.), Manual, II, p. 162, pl. 45, fig. 42, 43 *(tantum)*.

Localités. — Diego-Suarez (collect. Ph. D. : récolte Em. Dorr) ; Nosy Faly (de Man, p. 26) ; île Europa ! ; Tuléar (Thiele, p. 562).

D'après les recherches de Hanley que nous avons contrôlées, il est impossible d'accepter le sens qui a été donné, par Kiener et la plupart des auteurs modernes, au nom *hippocastanum* Linné car il conviendrait plutôt au *Purpura pica* de Blainville, mais avec si peu de certitude, qu'il est préférable de rayer ce nom de la nomenclature.

Le *Purpura hippocastanum* de Lamarck doit subir le même sort, toutes les figures citées par cet auteur se rapportant au *Purpura* pour lequel Deshayes a emprunté à Regenfuss le nom *aculeata*.

Nous proposons de remplacer le nom *hippocastanum* Kiener et auct. (non Linné, nec Lamarck) par *pseudohippocastanum*.

Purpura (Thalessa) Savignyi Deshayes.

1844. *Purpura Savignyi* DESHAYES *in* LAMARCK, Anim. s. vert., 2e édit., X, p. 112.
1880. *Purpura hippocastaneum* TRYON (*pars*, non Linné, nec Lamarck), Manual, II, p. 162, pl. 46, fig. 45 *(tantum)*.

Localités — Ilot Ambariobé ! ; Tamatave !

Cette espèce que Tryon considère comme une forme de la mer Rouge similaire à l'*hippocastanum* Lamarck, s'en distingue cependant à première vue par sa columelle entièrement blanche.

Genre **IOPAS**, H. et A. Adams, 1853.

Iopas francolinus Bruguière.

1789. *Buccinum francolinus* BRUGUIÈRE, Encycl. Méthod.,
p. 261.
1880. *Jopas sertum* Brug. TRYON *(pars)*, Manual, II, p. 181,
pl. 55, fig. 190 *(tantum)*.

Localité. — Nosy Bé (de Man, p. 27).

L'*I. francolinus* diffère de l'*I. sertum* par sa sculpture décurrente, plus fine, sa forme plus allongée, son dernier tour rétréci dans le haut ainsi que par sa coloration.

Iopas sertum Bruguière.

1789. *Buccinum sertum* BRUGUIÈRE, Encycl. Méthod., p. 262.
1880. *Jopas sertum* Brug. TRYON *(pars)*, Manual, II, p. 180,
pl. 55, fig. 181 *(tantum)*.

L'*Iopas sertum* typique est traversé par des cordons décurrents nombreux et saillants, et tous les spécimens que nous possédons de l'Extrême-Orient : îles Wallis, Nouvelle-Calédonie, Amboine, Japon, îles Loo-Choo appartiennent à cette forme. Au contraire tous les *Iopas sertum* que nous avons reçus de l'île Maurice, des Séchelles, des Comores, des îles Glorieuses et de Madagascar doivent être rapportés à la variété *situla* dont la surface est finement striée.

Var. SITULA Reeve.

1846. *Buccinum situla* REEVE, Conch. Icon., pl. VI, fig. 40.
1880. *Jopas sertum* (Brug.) TRYON *(pars)*, Manual, II, p. 181,
pl. 55, fig. 188 *(tantum)*.

Localités. — Ile Europa ! ; Tuléar !.

Genre VEXILLA, Swainson 1840.

Vexilla vexillum (Chemnitz) Schröter.

1788. *Strombus Vexillum*, etc. CHEMNITZ, Conch. Cab., X,
p. 122, pl. 157, fig. 1504, 1505.
1880. *Vexilla vexillum* Chemn. TRYON, Manual, II, p. 181,
pl. 55, fig. 186.

Localité. — Tuléar, récif, parasite sur la membrane péris-
tomale d'un Oursin !.

Genre PINAXIA, H. et A. Adams 1850.

Pinaxia coronata A. Adams.

1853. *Pinaxia coronata* A. ADAMS, Proc. Zool. Soc. Lond., p. 185
1853.   —   — A. Ad. H. et A. ADAMS, Genera of
rec. Moll., I, p. 132 ; III, pl. 14,
fig. 1.
1880.   —   — A. Ad. TRYON, Manual, II, p. 198,
pl. 61, fig. 313.

Localités. — Baie de Tsimipaika ! ; Nosy Bé (collect. Ph. D. ;
récolte E. Marie) ; Ambatoloaka !.

Genre RICINULA, Lamarck 1812.

Ricinula clathrata Lamarck.

1822. *Ricinula clathrata* LAMARCK, Anim. s. vert., VII, p. 231.
1880. *Ricinula hystrix* Lin. var. *clathrata* Lam. TRYON, Manual, II, p. 184, pl. 56, fig. 197, 198.

Localité. — Madagascar (Sganzin, p. 27 ; v. Martens, p. 58).
Le *R. clathrata* nous paraît trop différent du *R. hystrix* Lam.
pour être regardé comme une variété de cette espèce.

Ricinula digitata Lamarck.

1816. *Ricinula digitata* LAMARCK, Tabl. Encycl. Méth., p. 2, pl. 395, fig. 4ª, 4ᵇ.
1822. — — LAMARCK, Anim. s. vert., VII, p. 232.
1880. — — Lam. TRYON, Manual, II, p. 185, pl. 57, fig. 203.

Localités. — Madagascar (Sganzin, p. 27 ; v. Martens, p. 58) ; Tamatave (Thiele, p. 562).

Ricinula horrida Lamarck.

1816. *Ricinula horrida* LAMARCK, Tabl. Encycl. Méth., p. 1, pl. 395, fig. 1ª, 1ᵇ.
1822. — — LAMARCK, Anim. s. vert., VII, p. 231.
1880. — —. Lam. TRYON, Manual, II, p. 184, pl. 56, fig. 201, 202.

Localité. — Madagascar, assez rare (Sganzin, p. 26).

Ricinula hystrix Lamarck (non *Murex hystrix* Lin.).

1822. *Purpura hystrix* LAMARCK (non *Murex hystrix* Lin.), Anim. s. vert., VII, p. 247.
1880. *Ricinula hystrix* TRYON (*pars*, non Linné), Manual, II, p. 183, pl. 56, fig. 195 *(tantum)*.

Localité. — Nosy Vé (Thiele, p. 562).

Hanley n'est pas parvenu à identifier le *Murex hystrix* de Linné, qui est, dans tous les cas, bien différent du *Purpura hystrix* de Lamarck.

Ricinula ricinus Linné.

1758. *Murex Ricinus* LINNÉ, Syst. Nat., édit. X, p. 750.
1880. *Ricinula ricinus* Lin. TRYON *(pars)*, Manual, II, p. 184, pl. 57, fig. 204, 206, 212 *(tantum)*.

Localités. — Nosy Bé (Collect. Ph. D., ex collect. Dr Lesourd) ; Tuléar (Thiele, p. 562).

Var. ARACHNOIDES Lamarck.

1822. *Ricinula arachnoides* LAMARCK, Anim. s. vert., VII, p.
232.
1880.   —   — Lam. TRYON *(pars)*, Manual, II, p.
184, pl. 56, fig. 200 *(tantum)*.

Localités. — Madagascar, assez rare (Sganzin, p. 27 ; v. Martens, p. 58) ; île Europa ! ; Tamatave !.

Sous-Genre **SISTRUM**, Montfort, 1810.

Ricinula (Sistrum) anaxeres (Duclos) Kiener.

1836. *Purpura anaxeres* DUCLOS *in* KIENER, Icon. coq. viv.,
p. 26, pl. 7, fig. 17.
1880. *Ricinula (Sistrum) anaxeres* Ducl. TRYON, Manual, II,
p. 186, pl. 57, fig. 219.

Localité. — Tuléar (Lamy, p. 308) ; Tuléar !.

Ricinula (Sistrum) aspera Lamarck.

1822. *Ricinula aspera* LAMARCK, Anim. s. vert., VII, p. 232.
1880. *Ricinula (Sistrum) aspera* Lam. TRYON, Manual, II,
p. 185, pl. 57, fig. 215, 216.

Localités. — Nosy Fanihi ! ; Tuléar !.

Ricinula (Sistrum) biconica de Blainville.

1832. *Purpura biconica* DE BLAINVILLE, Nouv. Ann. du Mus. 1,
pl. 9, fig. 1.
1880. *Riccinula (Sistrum) biconica* de Bl. TRYON *(pars)*, Manual, II, p. 185, pl. 57, fig. 208,
211 *(tantum)*.

Localités. — Nosy Fanihi ! ; Tuléar !.

Le *R. chrysostoma* Reeve (non Deshayes) est synonyme de *biconica*, mais le *R. bicatenata* Reeve (Tryon, fig. 109), nous paraît assez différent pour être considéré au moins comme une variété.

Ricinula (Sistrum) cancellata Quoy et Gaimard.

1832. *Purpura cancellata* Quoy et Gaimard, Voyage « Astrolabe », II, p. 563, pl. 37, fig. 15, 16.
1880. *Ricinula (Sistrum) cancellata* Q. et G. Tryon, Manual, II, p. 188, pl. 58, fig. 242; 250 (s. nom. *elongata* de Blainv.).

Localité. — Ile Europa !.

Le *Purpura elongata*, de Blainville (Nouv. Arch. du Mus., pl. 10, fig. 9, est synonyme).

Ricinula (Sistrum) chrysostoma Deshayes.

1844. *Purpura chrysostoma* Deshayes, Magasin de Zoologie, pl. 86.
1880. *Ricinula (Sistrum) chrysostoma* Desh. Tryon *(pars)*, Manual, II, p. 191, pl. 59, fig. 283 *(tantum)*.

Localité. — Majunga (collect. Ph. D. : récolte Em. Dorr).

Ricinula (Sistrum) concatenata Lamarck.

1822. *Murex concatenatus* Lamarck, Anim. s. vert., VII, p. 176.
1880. *Ricinula (Sistrum) concatenata* Lam. Tryon, Manual, II, p. 189, pl. 59, fig. 269.

Localités. — Tuléar (Lamy, p. 308) ; Tamatave !.

Ricinula (Sistrum) fiscellum Chemnitz.

1788. *Murex Fiscellum* Chemnitz, Conch. Cab., X, p. 242, pl. 160, fig. 1524, 1525.
1880. *Ricinula (Sistrum) fiscellum* Chemn. Tryon *(pars)*, Manual, II, p. 188, pl. 58, fig. 252 *(tantum)*.

1923. *Ricinula decussata* DAUTZENBERG (non Reeve), Liste
préliminaire, p. 38.

Localité. — Tamatave !

Ricinula (Sistrum) morum Lamarck (emend. v. Martens).

1822. *Ricinula morus* LAMARCK, Anim. s. vert., VII, p. 233.
1880. *Ricinula (Sistrum) morus* Lam. TRYON *(pars)*, Manual,
II, p. 185, pl. 57, fig. 213, 214
(tantum, excl. var. *aspera* Lam.).

Localités — Madagascar, commun (Sganzin, p. 27 ; v. Martens, p. 57) ; Tamatave !.

Cette espèce a certainement été nommée par Lamarck à cause de sa ressemblance à une mûre (fruit du mûrier), dont le nom latin est *morum*, tandis que *morus* est le nom de l'arbre mûrier). Von Martens a donc eu raison de le corriger (p. 57).

Ricinula (Sistrum) mutica Lamarck.

1822. *Ricinula mutica* LAMARCK, Anim. s. vert., VII, p. 233.
1880. *Ricinula (Sistrum) mutica* Lam. TRYON, Manual, II,
p. 188, pl. 58, fig. 246.

Localité. — Tamatave !.

Ricinula (Sistrum) ochrostoma de Blainville.

1832. *Purpura ochrostoma* DE BLAINVILLE, Nouv. Ann. du
Mus., I, p. 205.
1880. *Purpura (Sistrum) ochrostoma* de Bl. TRYON *(pars)*, Manual, II, p. 187, pl. 57, fig. 230
(tantum).

La forme typique de cette espèce n'a pas été citée de Madagascar.

Var. CAVERNOSA Reeve.

1846. *Ricinula cavernosa* REEVE. Conch. Icon., pl. V, fig. 38.

1880. *Ricinula (Sistrum) cavernosa* Reeve TRYON *(pars)*,
Manual, II, p. 226, pl. 58, fig. 234
(tantum).

Localité. — Nosy Fanihi !.

Var. HEPTAGONALIS Reeve.

1846. *Ricinula heptagonalis* REEVE, Conch. Icon., pl. III,
fig. 17.
1880. *Ricinula (Sistrum) ochrostoma* de Blainv., var. *hepta-*
gonalis Reeve TRYON Manual, II,
p. 187, pl. 58, fig. 235, 236.
Localité. — Majunga, (Odhner p. 19).

Ricinula (Sistrum) spectrum Reeve.

1846. *Ricinula spectrum* REEVE, Conch. Icon., pl. III, fig. 19.
1880. *Ricinula (Sistrum) ochrostoma* (de Bl.) TRYON *(pars)*,
Manual, II, p. 255, pl. 57, fig. 224
(tantum).

Localité — Tamatave !

Tryon a considéré le *R. spectrum* comme synonyme d'*ochrostoma*, ce qui est difficile à admettre, malgré la variabilité des
espèces de ce groupe. Le *spectrum* est, en effet, beaucoup plus
grand, son ouverture est blanche à l'intérieur, tandis que l'*o-
chrostoma* a l'ouverture jaune orangé et que sa sculpture décurrente consiste en cordons plus nombreux et moins épineux.

Ricinula (Sistrum) tuberculata de Blainville.

1832. *Purpura tuberculata* DE BLAINVILLE, Nouv. Ann. du
Mus., I, pl. 9, fig. 3.
1880. *Ricinula (Sistrum) tuberculata* de Bl. TRYON, Manual,
II, p. 186, pl. 57, fig. 218. 220.

Localités — Madagascar (de Blainville : récolte Goudot ;
v. Martens, p. 57) ; Majunga (Odhner, p. 18) ; Tuléar (Thiele,

p, 562) ; Tuléar ! ; Ambodifotatra (Dautzenberg, p. 28) ; Tamatave !.

Ricinula (Sistrum) undata Chemnitz.

1795. *Murex undatus* CHEMNITZ, Conch. Cab., XI, p. 124,
pl. 192, fig. 1851, 1852.

1880. *Ricinula (Sistrum) undata* Chemn. TRYON, Manual, II,
p. 189, pl. 59, fig. 262.

Localités. — Madagascar (de Blainville : récolte Goudot ;
v. Martens, p. 57) ; Ambatoloaka ! ; Majunga (Odhner, p. 18) ;
Fénérive, rochers (Odhner, p. 18).

Var. ALBOVARIA Küster.

1862. *Ricinula albovaria* KÜSTER, Conch. Cab., 2e édit., p. 31,
pl. 5, fig. 14, 15.

1880. *Ricinula undata* Chemn., var. *albovaria* Küst. TRYON,
Manual, II, p. 189, pl. 59, fig. 271.

Localités. — Nosy Fanihi ! ; Tuléar !.

Var. KIENERI Dautzenberg et H. Fischer.

1835. *Purpura fiscella* Lam., var. KIENER, Icon. coq. viv.,
p. 30, pl. 6, fig. 12^b.

1906. *Sistrum undatum* Chemn., var. *Kieneri* DAUTZENBERG et
H. FISCHER, Journ. de Conch., LIII,
p. 395.

Localités. — Ambodifotatra (Dautzenberg, p. 28) ; Tamatave !.

Genre CORALLIOPHILA, H. et A. Adams 1853.

Corralliophila costularis Lamarck.

1816. *Murex costularis* LAMARCK, Tabl. Encycl. Méthod., p. 5,
pl. 419, fig. 8^a, 8^b.

1822. —   —   LAMARCK, Anim. s. vert., VII, p. 173.

1880. *Coralliophila costularis* Lam. TRYON, Manual, II, p. 308,
pl. 65, fig. 365.

Localité. — Tamatave !.

Coralliophila madreporarum Sowerby.

1832. *Purpura Madreporarum* SOWERBY, Genera of Shells, I,
pl. XIV, fig. 12.
1880. *Rhizochilus (Galeropsis) madreporarum* Sow. TRYON,
Manual, II, p. 212, pl. 67, fig. 389-
391, 394.

Localité. — Tamatave (Odhner, p. 38).

Coralliophila Orbignyana Petit de la Saussaye.

1851. *Trichotropis Dorbignyanum* PETIT DE LA SAUSSAYE,
Journ. de Conch., II, p. 261, pl. 7,
fig. 2.
1880. *Rhizochilus (Coralliophila) neritoidea* TRYON (*pars*, non
Chemnitz), Manual, II, p. 206, pl. 65,
fig. 355 *(tantum)*.

Localité. — Tamatave !.

Cette espèce dont le type est conservé dans la collection du
« Journal de Conchyliologie » est très différente du *C. neritoidea*.

Coralliophila violacea Kiener.

1788. *Murex Neritoideus*, etc. CHEMNITZ (non Linné), Conch.
Cab., X, p. 280, pl. 165, fig. 1577,
1578.
1836. *Purpura violacea* KIENER, Icon. coq. viv., p. 79, pl. 19,
fig. 57, 57.
1880. *Rhizochilus (Coralliophila) neritoidea* Chemn. TRYON,
Manual, II, p. 206, pl. 65, fig. 353 ;
pl. 66, fig. 375.

Localités. — Madagascar, rare sur les récifs (Sganzin, p. 25,

s. nom *Pyrula neritoidea* Lam. ; v. Martens, p. 61) ; Nosy Bé
(collect. Ph. D., récolte E. Marie) ; île Europa (Thiele, p. 563) ;
île Europa ! ; Tuléar (Lamy, p. 309) ; Tuléar ! ; Tamatave !.

Le nom *neritoidea* ne peut être conservé pour cette espèce,
non seulement parce qu'il n'a pas été publié binominalement
par Chemnitz, mais encore parce qu'il existait déjà un *Murex
neritoideus* Linné (1758), tout à fait différent et appartenant
au sous-genre *Thalessa* du genre *Purpura*.

Genre LEPTOCONCHUS, Rüppell, 1834.

Leptoconchus fimbriatus A. Adams.

1852. *Concholepas (Coralliobia) fimbriata* A. ADAMS, Proc.
         Zool. Soc. Lond., p. 93.
1880. *Magilus fimbriatus* A. Ads. TRYON *(pars)*, Manual, II,
         p. 217, pl. 69, fig. 419, 420 *(tan-
         tum)*.

Localité. — Madagascar (collect. Ph. D., ex collect. L. Mor-
let).

Il est probable qu'on découvrira plusieurs autres espèces de
Leptoconchus à Madagascar, car ce genre est abondamment
représenté à l'île Maurice, mais leur récolte est peu facile car
ils vivent encastrés dans les coraux *(Meandrina)*.

Nous nous abstenons d'inscrire ici le *Magilus antiquus* que
nous avons mentionné, d'après Sganzin, dans notre « Liste
préliminaire ». Il nous paraît, en effet, bien douteux, après avoir
relu les explications fournies par cet auteur, que les Mollusques
qu'il a cités comme étant probablement de très jeunes *Magilus*,
appartiennent réellement à ce genre.

Genre RAPA, Klein 1753.

Rapa papyracea Lamarck.

1822. *Pyrula papyracea* LAMARCK, Anim. s. vert., VII, p. 144

1880. *Rapa papyracea* Tryon *(pars)*, Manual, II, p. 214,
pl. 67, fig. 393 *(tantum)*.

Localités. — Tuléar (Odhner, p. 42) ; Tamatave, sur le récif
de coraux (Odhner, p. 38 ; Thiele, p. 562).

Genre **EUTRITONIUM**, Cossmann 1904.

Eutritonium Tritonis Linné.

1758. *Murex Tritonis* Linné, Syst. Nat., édit. X, p. 754.
1822. *Triton variegatum* Lamarck, Anim. s. vert., VII, p. 178.
1880. *Tritonium variegatum* Lam. Tryon, Manual, III, p. 9,
pl. 1, fig. 1 ; pl. 3, fig. 16 *(excl.* var.
nobilis Conrad).

Localités. — Madagascar, sur les récifs (Sganzin, p. 25 ;
v. Martens, p. 89) ; Nosy Faly (de Man, p. 23) ; Nosy Vé,
exemplaire de grande taille : hauteur 45 centimètres !.

(Tænioglossa.)

Genre **CYMATIUM**, Röding 1798.

Section **LAMPUSIA**, Schumacher, 1817.

Cymatium (Lampusia) pileare Linné.

1758. *Murex Pileare* Linné, Syst. Nat., édit. X, p. 749.
1881. *Triton (Simpulum) pilearis* Lin. Tryon *(pars)*, Manual, III, p. 12, pl. 6, fig. 31 *(tan-
tum)*.

Localités. — Madagascar, plus rare, sur les récifs, que le
T. variegatum (Sganzin, p. 26 ; v. Martens, p. 89) ; Nosy Faly
(de Man, p. 23) ; Nosy Bé (de Man, p. 23) ; Tuléar (Thiele,
p. 562) ; Tuléar ! ; Nosy Vé (Thiele, p. 562).

Tryon a réuni au *C. pileare* les *C. aquatile* Reeve, *Martinia-
num* d'Orbigny, *intermedium* Pease et *vestitum* Hinds. Nous re-

gardons *aquatile* comme une variété bien caractérisée et *vestitum* Hinds (voyage Sulphur, p. 11, pl. 4, fig. 1, 2) comme une espèce spéciale.

Section **TRITONOCAUDA**, Dall, 1904.

Cymatium (**Tritonocauda**) moritinctum Reeve.

1844. *Triton moritinctus* REEVE, Conch. Icon., pl. XIII, fig. 49.
1881. *Triton (Gutturnium) cynocephalus* Lam. TRYON *(pars)*, Manual, III, p. 19, pl. 11, fig. 81 *(tantum)*.

Localité. — Tuléar (Thiele, p. 562).

Les *C. cynocephalum* et *moritinctum* sont si voisins que l'opinion de Tryon, qui les a réunis pourrait être approuvée, le *moritinctum* ne se distinguant guère que par sa spire moins haute.

Cymatium (Tritonocauda) Pfeifferianum Reeve.

1844. *Triton Pfeifferianus* REEVE, Conch. Icon., pl. IV, fig. 14.
1881. *Triton (Gutturnium) Pfeifferianus* Reeve TRYON, Manual, III, p. 28, pl. 13, fig. 107.

Localités. — Ambatoloaka ! ; Tuléar (Thiele p. 562).

Section **GUTTURNIUM**, Mörch, 1852.

Cymatium (Gutturnium) tuberosum Lamarck.

1822. *Triton tuberosum* LAMARCK, Anim. s. vert., VII p 185.
1881. *Triton (Gutturnium) tuberosus* Lam. TRYON. Manual, III, p. 23, pl. 13, fig. 111, 112.

Localités. — Madagascar, rare (Sganzin, p. 26 ; v. Martens, p. 90) ; Nosy Faly (de Man, p. 23) ; Nosy Bé (de Man, p. 23) ; Nosy Bé ! ; Tamatave !.

Section **PARALAGENA**, Dall, 1904.

Cymatium (Paralagena) clandestinum Lamarck.

1816. *Triton clandestinus* LAMARCK, Tabl. Encycl. Méth.,
p. 8, pl. 433, fig. 1.
1881. *Triton (Simpulum) clandestinus* Lam. TRYON, Manual,
III, p. 15, pl. 9, fig. 58.

Localité. — Madagascar (Sganzin, p. 26 ; v. Martens, p. 91).

Genre **COLUBRARIA**, Schumacher 1817.

Colubraria digitalis Reeve.

1844. *Triton digitale* REEVE, Conch. Icon., pl. XIX, fig. 86.
1881. *Triton (Epidromus) digitalis* Reeve TRYON, Manual, III,
p. 29, pl. 15, fig. 142, 143.

Localité. — Tuléar (Lamy, p. 310).

Colubraria maculosa Gmelin.

1790. *Murex maculosus* GMELIN, Syst. Nat., édit. XIII, p. 3548.
1881. *Triton (Epidromus) maculosus* Gm. TRYON, Manual, III,
p. 25, pl. 14, fig. 121.

Localité. — Tuléar !.

Genre **DISTORTRIX**, Link 1807.

Distortrix anus Linné.

1758. *Murex Anus* LINNE, Syst. Nat., édit. X, p. 750.
1881. *Distortio anus* Lin. TRYON, Manual, III, p. 35, pl. 17,
fig. 173, 174 ; pl. 15, fig. 153.

Localités. — Madagascar, commun (Sganzin, p. 26 ; v. Martens, p. 91) ; Tuléar (Lamy, p. 310) ; Sarodrano ! ; Nosy Bé (Thiele, p. 562).

Genre **RANELLA**, Lamarck 1812.

Ranella crumena Lamarck.

1816. *Ranella crumena* LAMARCK, Tabl. Encycl. Méthod., p. 4,
pl. 412, fig. 3.

1881.   —   —   Lam. TRYON, Manual, III, p. 37,
pl. 18, fig. 3.

Localités. — Madagascar (Sganzin, p. 25) ; pointe à Larrée ! ;
Tamatave ! ; Baie de Saint-Augustin (collect. Ph. D.).

Nous avons cité dans notre « Liste préliminaire » le *R. granulata* Lamarck, d'après Sganzin qui a certainement mentionné cette espèce au lieu du *R. granifera* Lamarck. Le *R. granulata* est, en effet, un Mollusque des Indes Occidentales et ce qui confirme l'erreur de Sganzin, c'est qu'il dit que le *granulata* est commun à Madagascar sur les récifs, alors que c'est le *granifera*, qui y vit en abondance.

Ranella spinosa Lamarck.

1816. *Ranella spinosa* LAMARCK, Tableau Encycl. Méthod., p. 4,
pl. 412, fig. 5ᵃ, 5ᵇ.

1822.   —   —   LAMARCK, Anim. s. vert., VII, p. 151.

1881.   —   —   Lam. TRYON, Manual, III, p. 37,
pl. 18, fig. 1.

Localité. — Madagascar, rare (Sganzin, p. 25).

Sous-Genre **LAMPAS**, Schumacher, 1817.

Ranella (Lampas) affinis Broderip.

1832. *Ranella affinis* BRODERIP, Proc. Zool. Soc. Lond., p. 179.

1881. *Ranella (Lampas) affinis* Brod. TRYON *(pars)*, Manual,
III, p. 42, pl. 22, fig. 38 *(tantum)*.

Localité. — Tuléar (Lamy, p. 310) ; Tuléar !.

Les *R. livida* Reeve, *ponderosa* Reeve, *cubaniana* d'Orbigny et *Cumingiana* Dunker, cités comme synonymes par Tryon, semblent pouvoir être admis comme espèces distinctes.

Ranella (Lampas) bufonia Gmelin.

1790. *Murex bufonius* GMELIN, Syst. Nat., édit. XIII, p. 3534.
1816. *Ranella bufonia* LAMARCK, Tabl. Encycl. Méth., p. 4, pl. 412, fig. 1ª, 1ᵇ.
1881. *Ranella (Lampas) bufonia* Lam. TRYON *(pars)*, Manual, III, p. 39, pl. 21, fig. 21, 22, 23 *(tantum)*.

Localité. — Madagascar (Sganzin, p. 25).

Tryon a cité : *R. tuberosissima* Reeve, *asperrima* Dunker, *Grayana* Dunker et *nobilis* Reeve, comme synonymes et *siphonata* Reeve = *venustula* Reeve, comme variété.

Ranella (Lampas) granifera Lamarck.

1816. *Ranella granifera* LAMARCK, Tabl. Encycl. Méthod., p. 4, pl. 414, fig. 4.
1881. *Ranella (Lampas) granifera* Lam. TRYON, Manual, III, p. 41, pl. 32, fig. 35, 36.

Localités. — Nosy Faly (de Man, p. 22) ; Nosy Bé (de Man, p. 22 ; collect. Ph. D., récolte E. Marie) ; Majunga (Odhner, p. 16) ; Nosy Andrano, îles Barren ! ; île Europa ! ; Tuléar !.

Ranella (Lampas) lampas Linné.

1758. *Murex Lampas* LINNÉ, Syst. Nat., édit. X, p. 748.
1881. *Ranella (Lampas) lampas* Lin. TRYON, Manual, III, p. 38, pl. 19, fig. 12.

Localité. — Madagascar (Kiener : Icon. coq. viv., p. 38 ; v. Martens, p. 89).

Sous-Genre **ARGOBUCCINUM**, Mörch, 1852.

Ranella (Argobuccinum) anceps Lamarck.

1822. *Ranella anceps* LAMARCK, Anim. s. vert., VII, p. 154.
1881. *Ranella (Argobuccinum) anceps* Lam. TRYON, Manual,
        III, p. 44, pl. 24, fig. 59, 61.

Localité. — Tuléar (Lamy, p. 310) ; sud de Madagascar
(collect. Ph. D., ex Decary).

Ranella (Argobuccinum) leucostoma Lamarck.

1822. *Ranella leucostoma* LAMARCK, Anim. s. vert., VII, p. 150
1881. *Ranella (Argobuccinum) leucostoma* Lam. TRYON, Ma-
        nual, III, p. 42, pl. 23, fig. 53, 54.

Localité. — Madagascar (Sganzin, p. 25).

Ranella (Argobuccinum) tuberculata Broderip.

1832. *Ranella tuberculata* BRODERIP, Proc. Zool. Soc. Lond.,
        p. 179.
1881. *Ranella (Argobuccinum) tuberculata* Brod. TRYON *(pars)*,
        Manual, III, p. 43, pl. 23, fig. 45,
        47 *(tantum)*.

Localités. — Baie de Lambobarana ! ; Ankatsepé !.

Mörch a repris dans le Catalogue Yoldi, p. 106, le nom *olivator*
Meuschen (Museum Geversianum, p. 306, n° 596), mais cette
résurrection est bien précaire car Meuschen a cité comme références pour son espèce : 1° Seba pl. 57, fig. 34, qui est probablement un *Cymatium pileare* ; 2° Seba pl. 60, fig. 25 (?), qui
est un *Ranella gyrina* ; 3° Gualtieri, pl. 49, fig. M, qui seule
convient au *R. tuberculata*.

Le *Murex reticularis* est accompagné dans la 10e édition du
« Systema Naturæ », de deux références disparates ; l'une :
Bonanni, fig. 139 étant la grande espèce européenne nommée
Ranella gigantea par Lamarck, l'autre : Gualtieri, pl. 49, fig. M,

étant le *Ranella tuberculata* Broderip. Hanley, estime que la courte diagnose de Linné, convient mieux au *tuberculata*. Il eût donc été plus logique de reprendre le nom linnéen, plutôt que celui d'*olivator* Meuschen, comme l'a fait Mörch dans le catalogue de la collection Yoldi. La synonymie qui accompagne le nom *olivator* dans le Museum Geversianum (p. 306), n° 596 comprend le *M. reticularis* Linné, des figures de Seba représentant le *Cymatium pileare* et le *Ranella gyrina* et enfin celle de Gualtieri, pl. 49, figure M, également citée par Linné. Mais, en présence de l'incertitude qui persiste, malgré tout, il est préférable de conserver, à la présente espèce, le nom *tuberculata* Brod., sous lequel elle est plus généralement connue.

Genre **CASSIS** (Klein 1753), Lamarck 1799.
Cassis cornuta Linné.

1758. *Buccinum cornutum* LINNÉ, Syst. Nat., édit. X, p. 735.
1885. *Cassis cornuta* Lin. TRYON, Manual, VII, p. 270, pl. 1,
fig. 45, 46 ; pl. 2, fig. 49.

Localités. — Madagascar (Sganzin, s. nom. *madagascariensis*) ; Nosy Bé (de Man, p. 25).

Le *C. madagascariensis* (Anim. s. vert., VII, p. 219, n'est pas une espèce de l'Océan Indien et son habitat indiqué par Lamarck : « les Mers de Madagascar », est absolument faux. Sa description originale s'applique à un Mollusque des Indes Occidentales auquel Simpson a donné le nom de *C. cameo*, mais malgré l'erreur d'origine, qui doit conserver le nom *madagasriensis* Lam.

Cassis spinosa Gronovius.

1781. *Buccinum Spinosum* GRONOVIUS, Zoophylac., p. V et
p. 302, n° 1344, pl. 19, fig. 9.
1885. *Cassis spinosa* Gron. TRYON, Manual, VII, p. 272, pl. 4,
fig. 62.

Localité. — Madagascar (Sganzin, p. 26).

Section **CYPRÆCASSIS**, Stutchbury. 1837.

Cassis (Cypræcassis) rufa Linné.

1758. *Buccinum rufum* Linné, Syst. Nat., édit. X, p. 736.
1885. *Cassis (Cypræcassis) rufa* Lin. Tryon, Manual, VII,
        p. 273, pl. 3, fig. 57, 58.

Localités. — Nosy Bé (de Man, p. 25 ; collect. Ph. D., récolte E. Marie) ; Tuléar ! ; Sarodrano ! ; Nosy Vé ! ; Ambodifotatra (Dautzenberg, p. 28).

Section **BEZOARDICA**, Schumacher, 1817.

Cassis (Bezoardica) glauca Linné.

1758. *Buccinum glaucum* Linné, Syst. Nat., édit. X, p. 737.
1885. *Cassis (Bezoardica) glauca* Lin. Tryon, Manual, VII,
        p. 276, pl. 6, fig. 79, 80.

Localités. — Morombé ! ; Tamatave !.

Cassis (Bezoardica) areola Linné.

1758. *Buccinum Areola* Linné, Syst. Nat., édit. X, p. 736.
1885. *Cassis (Bezoardica) areola* Lin. Tryon, Manual, VII,
        p. 276, pl. 6, fig. 84.

Localités. — Plage d'Androka ! ; Tamatave ! ; Fort-Dauphin
(collect. Ph. D., ex Dongé).

Section **CASMARIA**, H. et A. Adams, 1853.

Cassis (Casmaria) achatina Lamarck.

1816. *Cassis achatina* Lamarck, Tabl. Encycl. Méthod., p. 3,
        pl. 407, fig. 1ᵃ, 1ᵇ.
1885. *Cassis (Casmaria) achatina* Lam. Tryon *(pars)*, Ma-
        nual, VII, p. 278, pl. 8, fig. 94
        (tantum).

Localité. — Madagascar (Sganzin, p. 26 ; v. Martens, p. 88).

Nous ne pouvons nous résoudre à accepter les réunions proposées par Tryon : le *C. turgida*, cité comme synonyme diffère considérablement de l'*achatina* par ses tours de spires convexes et étagés. Le *C. pirum* cité comme variété est bien plus obèse et son dernier tour est garni, au sommet, d'une rangée de tubercules, le *niv a* Brazier regardé comme synonyme de la variété *pirum* possède une rampe subsuturale plane, traversée par deux cordons décurrents, etc.

Cassis (Casmaria) vibex Linné.

1758. *Buccinum vibex* LINNÉ, Syst. Nat., édit. X, p. 737.
1885. *Cassis (Casmaria) vibex* Lin. TRYON, Manual, VII, p. 277, pl. 7, fig. 89, 90.

Localités. — Nosy Fanihi ! ; Tuléar (Lamy, p. 310).

Genre DOLIUM, Lamarck 1801.

Dolium costatum Menke.

1777. *Dolium costatum magnum* MARTINI, Conch. Cab., III, p. 393, 407, pl. CXVIII, fig. 1082.
1828.   —   —   (Martini) MENKE, Synopsis, p. 63.
1885.   —   —   Menke TRYON *(pars)*, Manual, VII, p. 263, pl. 4, fig. 19.

Localités. — Madagascar, pas rare (Sganzin, p. 27 ; v. Martens, p. 88) ; Tuléar (Thiele, p. 562) ; Tamatave (Odhner, p. 36) ; Tamatave !.

Dolium olearium (Linné ?) Bruguière.

1758 ? *Buccinum Olearium* LINNÉ, Syst. Nat., édit. X, p. 734.
1789. *Buccinum olearium* Lin. BRUGUIÈRE, Encycl. Méthod., p. 243.
1885. *Dolium olearium* Lin. TRYON *(pars)*, Manual, VII, p. 262, pl. 2, fig. 8 *(tantum)*.

Localités. — Madagascar, pas rare (Sganzin, p. 27 ; v. Martens, p. 88) ; Nosy Faly (de Man, p. 26) ; Ambodifotatra (Dautzenberg, p. 28.

Hanley n'est point parvenu à élucider l'espèce linnéenne dont le nom mériterait d'être abandonné, si Bruguière ne l'avait précisé dans le sens généralement accepté depuis.

Var. CUMINGI Hanley.

1849. *Dolium Cumingii* HANLEY *in* REEVE, Conch. Icon., pl. VIII, fig. 13ᵇ, 13ᶜ.
1885. *Dolium olearium* var. *Cumingii* Hanl. TRYON, Manual, VII, p. 262, pl. 2, fig. 9.

Localité. — Tamatave !.

Dolium perdix Linné.

1758. *Buccinum Perdix* LINNÉ, Syst. Nat., édit. X, p. 734.
1885. *Dolium perdix* Lin. TRYON, Manual, VII, p. 264, pl. 3, fig. 15 ; pl. 4, fig. 23, 24, 25.

Localités. — Madagascar, pas rare (Sganzin, p. 27 ; v. Martens, p. 88) ; Tulcar (Lamy, p. 311) ; Tuléar ! ; Tamatave (Odhner, p. 36) ; Angotsy (Odhner, p. 36).

Genre MALEA, Valenciennes 1833.

Malea pomum Linné.

1758. *Buccinum Pomum* LINNÉ, Syst. Nat., édit. X, p. 735.
1885. *Dolium (Malea) pomum* Lin. TRYON, Manual, VII, p. 265, pl. 5, fig. 26.

Localités. — Madagascar, pas rare (Sganzin, p. 27 ; v. Martens, p. 88) ; île Europa ! ; Tamatave !.

Genre PIRULA, Lamarck 1799 (emend.).

Pirula ficus Linné.

1758. *Murex ficus* LINNÉ, Syst. Nat., édit. X, p. 752.

1767. *Bulla ficus* Linné, Syst. Nat., édit. XII, p. 1184.
1885. *Pyrula ficus* Lin. Tryon *(pars)*, Manual, VII, p. 266,
         pl. 5, fig. 29 ; pl. 6, fig. 36, *excl.* var.
         pellucida, fig. 37.

Localités. — Madagascar (Sganzin, p. 24 ; v. Martens, p. 88) ;
Majunga, plage (Odhner, p. 17) ; Majunga ! ; Tamatave !.

Pirula ficoides (Lamarck) Kiener.

1822. *Pyrula ficoides* Lamarck, Anim. s. vert., VII, p. 142.
1840.   —   —   Lam. Kiener, Icon. coq. viv., p. 29,
         pl. 13, fig. 2, 2.
1885. *Pyrula reticulata* Tryon *(pars,* non Lamarck), Manual,
         VII, p. 265, pl. 5, fig. 28 *(tantum).*

Localités. — Madagascar, rare (Sganzin, p. 24 ; v. Martens,
p. 88) ; dragage 8 décembre 1920, 4 m. 50 prof. ! ; Fort-
Dauphin (collect. Ph. D., récolte Dongé).

Le *P. ficoides* est assez obscur car il est basé sur une figure
médiocre de Lister (pl. 750, fig. 46) et une autre de Knorr (Dé-
lices des yeux, III, pl. 23, fig. 1) sur laquelle on ne distingue
aucune trace de costulation longitudinale. On peut toutefois
supposer que Kiener a été bien renseigné puisqu'il se réfère à
des spécimens de la collection de Lamarck.

La réunion de cette espèce au *Pyrula reticulata* de Lamarck
ne nous paraît pas justifiée car la coquille figurée sous ce nom
dans l'Encyclopédie (Tabl. p. 7, pl. 432, fig. 2) ne ressemble pas
au *ficoides* : c'est une coquille blanche, sans taches ni flammules et Lamarck dit que son nom vulgaire est « la figue blanche ». Nous croirions volontiers qu'il s'agit de l'espèce des
Indes Occidentales que Say a nommée *papyratia.*

Genre OVULA, Bruguière 1789.

Ovula ovum Linné.

1758. *Bulla Ovum* Linné, Syst. Nat., édit. X, p. 725.

1885. *Ovula ovum* Lin. Tryon, Manual, VII, p. 246, pl. 1,
fig. 11, 12.

Localités. — Madagascar, très commun sur les récifs (Sganzin, p. 28 ; v. Martens, p. 98) ; Nosy-Bé (de Man, p. 35) ; îlot Sakatia (de Man, p. 35) ; Nosy Vé (Thiele, p. 562).

Sous-Genre **CYPHOMA**, Röding, 1798.

Ovula (Cyphoma) insculpta Odhner.

1919. *Ovula insculpta* Odhner, Faune Malacologique de Madagascar, p. 37.

Localité. — Majunga, dragage (Odhner, p. 37).

Genre **CALPURNUS**, Montfort 1810.

Calpurnus verrucosus Lamarck.

1822. *Ovula verrucosa* Lamarck, Anim. s. vert., VII, p. 367.
1885. *Ovula (Calpurnus) verrucosa* Lam. Tryon, Manual, VII,
p. 256, pl. 5, fig. 56, 57, 58.

Localité. — Madagascar, rare (Sganzin, p. 28 ; v. Martens, p. 98).

Genre **CYPRÆA**, Linné 1758.

Cypræa amarata Meuschen.

1787. *Porcellana Amarata* Meuschen, Mus. Geversianum,
p. 402.
1788. *Cypræa scurra* Chemnitz, Conch. Cab., X, p. 103, pl. 144,
fig. 1338[a], 1338[b].
1885.   —   —   Chemn. Roberts *in* Tryon, Manual,
VII, p. 165. pl. 9, fig. 20, 21.
1907. *Cypræa amarata* Meuschen Hidalgo, Monogr. *Cypræa*,
p. 136, 183, 251.

Localités. — Madagascar, assez commun (Sganzin, p. 29 ;

v. Martens, p. 94 ; Hidalgo, p. 136, etc.) ; Nosy Faly (de Man, p. 40 ; Hidalgo, p. 136).

Hidalgo s'est conformé à la loi de priorité en restituant à cette espèce le nom *amarata* basé par Meuschen sur la figuration de Rumph (pl. 39, fig. H).

Cypræa annulus Linné.

1758. *Cypræa Annulus* LINNÉ, Syst. Nat., édit. X, p. 723.
1885. *Cypræa annulus* Lin. ROBERTS *in* TRYON, Manual, VII,
p. 178, pl. 11, fig. 60, 61.

Localités. — Androvy (P. Lemoine) ; Nosy Faly (de Man, p. 40) ; Nosy Bé (de Man, p. 40, Hidalgo, p. 184) ; Nosy Bé ! ; Nosy Komba ! ; Ambatoloaka ! ; Nosy Fanihi ! ; Nosy Andrano ! ; Mahakamby (Odhner, p. 17) ; île Europa ! ; Morombé ! ; baie de Lamboharana ! ; Tuléar (Thiele, p. 562 ; Lamy, p. 312) ; Tuléar ! ; Sainte-Marie (Collection Ph. D. ex Decugis) ; Ambodifotatra (Dautzenberg, p. 28) ; Tamatave (Odhner, p. 17 ; Thiele, p. 562) ; Tamatave !.

Cette espèce a pour synonymes : *annularis* Perry, *cærulea* Perry, *camelorum* Rochebrune, *Harmandiana* Rochebrune, *Perrieri* Rochebrune. Le *C. noumeensis* E. Marie en est une forme néo calédonienne rostrée. Bien que maintenu comme espèce distincte par Roberts et Hidalgo, le *C. obvelata* Lamarck est relié intimement à l'*annulus* par de nombreux intermédiaires.

Cypræa arabica Linné.

1758. *Cypræa arabica* LINNÉ, Syst. Nat., édit. X, p. 718.
1885.   —   —   Lin. ROBERTS *in* TRYON, Manual,
VII, p. 174, pl. 8, fig. 18, 19.

Localités. — Madagascar (Sganzin, p. 29 ; v. Martens, p. 96 ; Hidalgo, p. 185) ; Androvy (P. Lemoine) ; Nosy Faly (Thiele, p. 563 ; de Man, p. 40) ; Nosy Bé (de Man, p. 40 ; Collect. Ph. D., récolte E. Marie) ; îlot Sakatia (de Man, p. 40) ; île Europa (Thiele, p. 563) ; Tuléar (Lamy, p. 312) ; baie de Lamboharana ! ;

Sarodrano ! ; baie d'Ampalaza ! ; Ambodifotatra (Dautzenberg, p. 28) ; Tamatave (Odbner, p. 36) ; Tamatave !.

Cypræa Argus Linné.

1758. *Cypræa Argus* LINNÉ, Syst. Nat., édit. X, p. 719.
1885. *Cypræa argus* Lin. ROBERTS *in* TRYON, Manual, VII;
        p. 164, pl. 1, fig. 1, 2.

Localités. — Madagascar (Sganzin, p. 28 ; v. Martens, p. 94 ; Hidalgo, p. 186) ; îlot Sakatia (de Man, p. 39) ; îlot Sakatia ! , Nosy Mitsiou (de Man, p. 39 ; Sainte-Marie (Collect. Ph. D. ex. Decugis).

Cypræa asellus Linné.

1758. *Cypræa Asellus* LINNÉ, Syst. Nat., édit. X, p. 722.
1885. *Cypræa asellus* Lin. ROBERTS *in* TRYON, Manual, VII,
        p. 187, pl. 16, fig. 34.

Localités. — Madagascar, assez rare (Sganzin, p. 29 ; v. Martens. p. 95 ; Hidalgo, p. 187) ; Ambodifotatra (Dautzenberg, p. 28).

Cypræa Broderipi Gray.

1832. *Cypræa Broderipi* GRAY *in* SOWERBY, Conchological Illustr., *Cypræa*, p. 3, pl. 4e, fig. 2 ;
        pl. 5e, fig. 2.
1885.   —   — Gray ROBERTS *in* TRYON, Manual,
        VII, p. 182, pl. 12, fig. 64.

Localité. — Madagascar (Reeve : Conch. Icon., pl. V, fig. 13 ; v. Martens, p. 93, fide Hennah ; Sowerby, Thes. Conch., IV, pl. XIV, fig. 87, 88, d'après un exemplaire de la collection Saul ; Hidalgo, p. 188).

Espèce rarissime dont on ne connaît que fort peu d'exemplaires : nous en avons vu deux dans la collection de Miss Saul qui fait maintenant partie de celle du Musée de Cambridge.

Cypræa camelopardalis Perry.

1811. *Cypræa camelopardalis* PERRY, Conch., pl. 19, fig. 5.
1885. — — Perry ROBERTS *in* TRYON, Manual,
VII, p. 182, pl. 13, fig. 76.

Localités. — Madagascar (Hidalgo, p. 189) ; Nosy Bé (de Man, p. 35).

Le *C. melanostoma* Leathes, *in* Sowerby : Catal. Tankerville, appendix, p. XXXI, est synonyme.

Cypræa caput-serpentis Linné.

1758. *Cypræa Caput serpentis* LINNÉ, Syst. Nat., édit. X, p. 720.
1885. *Cypræa caput serpentis* Lin. ROBERTS *in* TRYON, Manual,
VII, p. 173, pl. 6, fig. 98, 99, 100.

Localités. — Madagascar, assez commun (Sganzin, p. 29 ; v. Martens, p. 96 ; Hidalgo, p. 189) ; îlot Sakatia (de Man, p. 36, pl. VI, fig. 30, s. nom. *onyx* Lin.) ; îlot Sakatia ! ; Majunga (Odhner, p. 17) ; île Europa ! ; Tuléar ! ; baie d'Ampalaza ! ; Ambodifotatra (Dautzenberg, p. 28) ; Tamatave (Odhner, p. 17 ; Thiele, p. 562) ; Tamatave ! ; Fort Dauphin (Collect. Ph. D., ex Dongé).

Le *Cypræa albella* a été fondé, comme nous avons pu le vérifier au Musée de Genève, sur le type de Lamarck, d'après un exemplaire de très petite taille (longueur 17 millim.), roulé et décoloré, du *C. caput. serpentis.*

Cypræa carneola Linné.

1758. *Cypræa Carneola* LINNÉ, Syst. Nat., édit. X, p. 719.
1885. *Cypræa carneola* Lin. ROBERTS *in* TRYON, Manual, VII,
p. 166 pl. 3 fig. 26 27. 28 (*excl.*
var. *Loebbeckeana*, fig. 29, 30).

Localités. — Madagascar, assez commun (Sganzin, p. 29 ; v. Martens, p. 94 ; Hidalgo, p. 190) ; Nosy Faly (de Man, p. 39 ;

Hidalgo, p. 190) ; Nosy Bé (de Man, p. 39 ; Hidalgo, p. 190) ; îlot Sakatia (de Man, p. 39 ; Hidalgo, p. 190) ; Tuléar (Lamy, p. 312) ; île Europa ! ; Sarodrano ! ; Nosy Manitsa ! ; Ambodifotatra (Dautzenberg, p. 28) ; Tamatave (Odhner, p. 36) ; Tamatave !.

Var. MINOR Dautzenberg.

1923. *Cypræa carneola* Lin. var. *minor* DAUTZENBERG, Liste préliminaire, p. 41.

Localités. — Baie de Tsimipaika ! ; Tuléar !.

De petite taille : 19 millim. de longueur.

Var. CRASSA Gmelin.

1790. *Cypræa crassa* GMELIN, Syst. Nat., édit. X, p. 3421.

Localité.— Nosy Bé (Collect. Ph. D. ex collect. Dr Lesourd).

Le *C. crassa* de Gmelin est fondé sur une figuration de Lister (pl. 664, fig. 8) qui représente une variété de *C. carneola* de petite taille, courte et ayant les bourrelets latéraux très développés.

Le *C. carneola* varie beaucoup : sa forme est plus ou moins globuleuse ou cylindracée, sa taille atteint 85 millimètres (var. *major*) tandis que certains exemplaires ne dépassent pas 19 millimètres de longueur.

Hidalgo a regardé *Cypræa Lœbbeckeana* de Weinkauff comme une variété du *C. vitellus* Linné, mais nous partageons plutôt l'avis de M. Roberts qui en fait une variété du *carneola*. En présence d'une telle divergence d'opinions chez des spécialistes très experts, il nous semble qu'il vaut mieux admettre, provisoirement du moins, le *C. Lœbbeckeana* comme spécifiquement isolé.

Cypræa caurica Linné.

1758. *Cypræa Caurica* LINNÉ, Syst. Nat., édit. p X, 723.
1885. *Cypræa caurica* Lin. ROBERTS *in* TRYON, Manual, VII, p. 171, pl. 5, fig. 88, 89, 90.

Localités. — Madagascar, assez commun (Sganzin, p. 29 ;
v. Martens, p. 93 ; Hidalgo, p. 191) ; Nosy Faly (de Man, p. 37 ;
Hidalgo, p. 191) ; Ankify ! ; Nosy Bé (de Man, p. 37 ; Hidalgo,
p. 191) ; Nosy Bé ! ; Nosy Fanihi ! ; Majunga (Odhner, p. 17) ;
Amborovy (Odhner, p. 17) ; Mahakamby (Odhner, p. 17) ;
Tuléar (Lamy, p. 312) ; Tuléar ! ; Ambodifotatra (Dautzenberg,
p. 28) ; Tamatave (Odhner, p. 36) ; Tamatave !.

Le *C. caurica* varie beaucoup par le développement de ses
bourrelets latéraux qui sont tantôt très aplatis, tantôt largement étalés. Un état de mélanisme, rencontré au Sud de la
Nouvelle-Calédonie a été désigné sous le nom de var. *obscura*
Dautzenberg.

Cypræa citrina Gray.

1825. *Cypræa citrina* GRAY, Zool. Journ. I p. 509.
1885.   —   —   Gray ROBERTS *in* TRYON, Manual,
VII, p. 194, pl. 19, fig. 10, 11.

Localité. — Madagascar (Gray, *loc. cit.*, p. 509 ; Sowerby :
Thes. Conch., IV, p. 39, pl. XXV, fig. 218, 219 ; Hidalgo, p. 193 ;
collect. Ph. D., ex collect. Dr Lesourd).

La coquille représentée par Kiener (Icon. coq. viv., pl. 43,
fig. 4, 4, est un *C. helvola* jeune).

Cypræa clandestina Linné.

1767. *Cypræa clondestina* LINNÉ, Syst. Nat., édit. XII, p. 1277.
1885.   —   — Lin. ROBERTS *in* TRYON, Manual, VII,
p. 187, pl. 16, fig. 37, 38.

Localité. — Ambodifotatra (Dautzenberg, p. 28).

Cypræa cribraria Linné.

1758. *Cypræa cribraria* LINNÉ, Syst. Nat., édit. X, p. 723.
1885.   —   —   Lin. ROBERTS *in* TRYON, Manual, VII,
p. 190, pl. 17, fig. 71, 72.

Localité. — Madagascar (collect. Ph. D., ex Roüast).

Le *C. fallax* Smith, est une variété plus piriforme, à taches plus petites et moins définies.

Cypræa cylindrica Born.

1778. *Cypræa cylindrica* BORN, Index rer. nat. Mus. Cæs.
          Vindob., p. 169.
1780.   —   —   BORN, Test. Mus. Cæs. Vindob., p. 184,
          pl. VIII, fig. 10.
1885.   —   —   Born. ROBERTS *in* TRYON, Manual,
          VII, p. 170, pl. 5, fig. 79, 80, *excl.*
          synon. *subcylindrica* (fig. 81).

Localité. — Madagsacar (Kiener, Icon. coq. viv., p. 89, pl. 16, fig. 3, 3 ; v. Martens, p. 95 ; Hidalgo, p. 195).

Le *C. subcylindrica* Sowerby, cité comme synonyme par M. Roberts, est conservé comme espèce spéciale par Hidalgo.

Cypræa diluculum Reeve.

1845. *Cypræa diluculum* REEVE, Conch. Icon., pl. XIV, fig. 65.
1885. *Cypræa undata* ROBERTS *in* TRYON (non Chemnitz), Ma-
          nual, VII, p. 187, pl. 16, fig. 33.

Localité. — Madagascar (collect. Ph. D., ex Roüast).

Le nom *undata* attribué par Lamarck à cette espèce, en 1810 (Annales du Muséum), ne peut être conservé à cause d'un *Cypræa undata* de Chemnitz 1788 (Conch. Cab., X, p. 102, pl. 144, fig. 1337).

Cypræa eburnea Barnes.

1824. *Cypræa eburnea* BARNES, Ann. Lyc. Nat. Hist. New-
          York, I, p. 133, pl. IX, fig. 2.
1885.   —   —   Barnes ROBERTS *in* TRYON, Manual,
          VII, p. 192, pl. 17, fig. 85.

Localité. — Madagascar (collect. Ph. D., ex collect. Dr Lesourd).

Quelques auteurs ont regardé le *C. eburnea* comme une variété albine du *C. Lamarcki*, mais Hidalgo, Roberts, etc., l'ont maintenu comme espèce spéciale.

Cypræa eglantina Duclos.

1833. *Cypræa eglantina* DUCLOS, Magasin de Zoologie, pl. 27.
1885. *Cypræa arabica* var. ROBERTS *in* TRYON, Manual, VII, p. 174, pl. 8, fig. 24.

Localité. — Nosy Bé !.

D'après M. Roberts le *C. eglantina* serait une variété du *C. arabica*, mais sa forme est plus allongée, les denticulations de l'ouverture sont plus courtes, les taches noires des bourrelets sont plus petites, etc. La variété *niger* Roberts est un état de mélanisme combiné avec des formes plus ou moins rostrées du Sud de la Nouvelle-Calédonie.

Cypræa erosa Linné.

1758. *Cypræa erosa* LINNÉ, Syst. Nat., édit. X, p. 723.
1885. — — Lin. ROBERTS *in* TRYON, Manual, VII, p. 192, pl. 18, fig. 100, 1 et fig. 90 : var. *nebrites* Melvill.

Localités. — Madagascar, assez commun (Sganzin, p. 29 ; v. Martens, p. 93 ; Hidalgo, p. 196) ; Diego-Suarez (collect. Ph. D., récolte Em. Dorr) ; Nosy Hara (P. Lemoine) ; Nosy Faly (de Man, p. 37) ; Nosy Bé (de Man, p. 37 ; collect. Ph. D. ex collect. Dr Lesourd) ; îlot Sakatia (de Man. p. 37 ; Hidalgo, p. 196) ; Nosy Iranja (collect. Ph. D. ex P. de Givenchy) ; Majunga (Odhner, p. 17) ; Amborovy (Odhner, p. 17).

Cypræa errones Linné.

1758. *Cypræa errones* LINNÉ, Syst. Nat., édit. X, p. 723.

1885. *Cypræa errones* Lin. ROBERTS *in* TRYON, Manual, VII.
p. 183, pl. 14, fig. 7, et fig. 88, 89
(var. *Sophiæ* Brazier).

Localités. — Madagascar, commun (Sganzin, p. 29 ; v. Martens, p. 94 ; Hidalgo, p. 197) ; Tamatave !.

Cypræa felina Gmelin.

1790. *Cypræa felina* GMELIN, Syst. Nat., édit. XIII, p. 3412.
1885.   —   —   Gmel. ROIERTS *in* TRYON *(pars)*,
Manual, VII, p. 169, pl. 4, fig. 52,
53 *(tantum)* et fig. 59 (var. *fabula*).

Localités. — Ankify ! ; Tuléar ! ; Ambodifotatra (Dautzenberg, p. 28) ; Tamatave !.

Le *C. fabula* Kiener (Icon. coq. viv., p. 97, pl. 54, fig. 3, 3, 3ᵃ est une variété raccourcie et dilatée du *C. felina*.

Cypræa fimbriata Gmelin.

1790. *Cypræa fimbriata* GMELIN, Syst. Nat., édit. XIII, p. 3420.
1885.   —   —   Gmel. ROBERTS *in* TRYON, Manual, VII, p. 168, pl. 57, fig. 78.

Localité. — Ambodifotatra (Dautzenberg, p. 28).

Cypræa globulus Linné.

1758. *Cypræa globulus* LINNÉ, Syst. Nat., édit. X, p. 725.
1885.   —   —   Lin. ROBERTS *in* TRYON, Manual, VII, p. 198, pl. 20, fig. 59, 60.

Localité. — Sainte-Marie, entre l'île aux Nattes et Ilampy !.

? Cypræa hebræa.

Comme nous l'avons dit dans notre « Liste préliminaire », il n'existe dans les ouvrages de Lamarck aucun *Cypræa* du nom d'*hebræa*. Il est donc impossible de savoir à quelle espèce

M. Odhner a appliqué ce nom pour une coquille de Tamatave (p. 37).

Cypræa helvola Linné.

1758. *Cypræa helvola* LINNÉ, Syst. Nat., édit. X, p. 724.
1885.   — —   Lin. ROBERTS *in* TRYON, Manual, VII, p. 194, pl. 19, fig. 8, 9.

Localités. — Madagascar, assez rare (Sganzin, p. 29 ; v. Martens, p. 96 ; Hidalgo, p. 202) ; Nosy Faly (de Man, p. 39) ; Ambatoloaka ! ; Tuléar (Lamy, p. 311) ; Tuléar ! ; Ambodifotatra (Dautzenberg, p. 28) ; Tamatave !.

Var. ARGELLA Melvill.

1888. *Cypræa helvola* Lin. var. *argella* MELVILL, Survey G. *Cypræa*. Mem. a. Proc. Manchester Soc., p. 226.

Localité. — Nosy Bé (collect. Ph. D. : récolte E. Marie).

Chez cette variété les points blancs sont moins nombreux que chez le *C. helvola* typique et sont disposés en losanges sur un fond brun. Chez l'*helvola* typique la surface dorsale est couverte de points blancs très nombreux, presque contigus et de quelques points bruns espacés.

Cypræa hirundo Linné.

1758. *Cypræa Hirundo* LINNÉ, Syst. Nat., édit. X, p. 722.
1870. *Cypræa neglecta* SOWERBY, Thes. Conch. IV, p. 10, pl. XXXII, fig. 374 à 378.
1885.   — —   Sow. ROBERTS *in* TRYON, Manual, VII, p. 170, pl. 4, fig. 61 à 63.

Localités. — Madagascar (collect. Ph. D. ex P. de Givenchy) ; Nosy Fanihi ! ; Ambodifotatra (Dautzenberg, p. 28).

Hidalgo a démontré dans sa Monographie du Genre *Cypræa*, p. 379, que cette espèce linnéenne a été mal comprise et que le véritable *C. hirundo* est celle que Sowerby a nommée *neglecta*.

Var. COFFEA Sowerby.

1870. *Cypræa coffea* SOWERBY, Thes. Conch., IV. p. 10,
pl. XXXII, fig. 359, 360.

1885. *Cypræa hirundo* var. *coffea* Sow. ROBERTS *in* TRYON,
Manual, VII, p. 170, pl. 4, fig. 66,
67.

Localité. — Nosy Fanihi !.

Cypræa histrio Meuschen.

1787. *Porcellana Histrio* MEUSCHEN, Mus. Gevers., p. 404 (*excl.*
réf. : d'Argenville).

1885. *Cypræa histrio* Meusch. ROBERTS *in* TRYON, Manual, VII,
p. 175, pl. 8, fig. 25, 26.

Localité. — Madagascar (Hidalgo, Monogr. G. *Cypræa*, p. 203).

Il est difficile de savoir quelle espèce Sganzin a mentionnée
sous le nom de *C. histrio* Lamarck, car Hidalgo dit, avec raison,
que le *C. histrio* de Lamarck et de Kiener (non Meuschen) est
certainement le *C. reticulata* Martyn et non le véritable *histrio*.

Cypræa Isabella Linné.

1758. *Cypræa Isabella* LINNÉ, Syst. Nat., édit. X, p. 722.

1885. *Cypræa isabella* Lin. ROBERTS *in* TRYON, Manual, VII,
p. 165, pl. 1, fig. 6, 7.

Localités. — Madagascar (Linné, p. 722 ; Sganzin (commun),
p. 29 ; v. Martens, p. 94 ; Hidalgo, p. 204) ; Nosy Faly (de Man,
p. 39) ; Nosy Bé (de Man, p. 39 ; collect. Ph. D. récolte E. Marie) ; îlot Sakatia (de Man, p. 39) ; Nosy Fanihi ! ; île Europa ! ;
Tuléar (Lamy, p. 312) ; Tuléar ! ; Ambodifotatra (Dautzenberg, p. 28) ; Tamatave !.

Cypræa Lamarcki Gray.

1825. *Cypræa Lamarckii* GRAY, Zool. Journ., I, p. 506.

1885. *Cypræa Lamarcki* Gray ROBERTS *in* TRYON, Manual,
VII, p. 192, pl. 18, fig. 96, 97.

Localités. — Nosy Faly (de Man, p. 38, s. nom. *miliaris* Lam. ; Hidalgo, p. 205) ; Baie de Tsimipaika ! ; îlot Sakatia (de Man, p. 38, s. nom. *miliaris* Lam. ; Hidalgo, p. 205) ; Nosy Iranja (collect. Ph. D. ex P. de Givenchy) ; Majunga (Odhner, p. 17) ; Tuléar (Lamy, p. 311).

Cypræa lynx Linné.

1758. *Cypræa Lynx* LINNÉ, Syst. Nat., édit. X, p. 721.
1885.   —   — *lynx* Lin. ROBERTS *in* TRYON, Manual, VII, p. 183, pl. 14, fig. 86, 87.

Localités. — Madagascar (Linné, p. 721 ; Lamarck, Anim. s. vert., VII, p. 388 ; Sganzin, p. 29, assez commun ; v. Martens, p. 92 ; Hidalgo, p. 207) ; baie de Tsimipaika ! ; Nosy Faly (de Man, p. 35) ; Nosy Bé (de Man, p. 35) ; Nosy Fanihi ! ; Nosy Andrano ! ; île Europa ! ; Tuléar (Lamy, p. 311) ; Tuléar ! ; Sarodrano ! ; baie d'Ampalaza ! ; Ambodifotatra (Dautzenberg, p. 28) ; Tamatave ! ; Fort-Dauphin (collect. Ph. D., récolte E. Marie).

Les spécimens de l'île Europa et d'Ambodifotatra ont le test très épais et pourraient être désignés comme variété *incrassata*. La forme rostréc de Nouvelle-Calédonie a été décrite sous le nom de *C. caledonica* par Crosse.

Cypræa madagascariensis Gmelin.

1790. *Cypræa madagascariensis* GMELIN, Syst. Nat., édit., XIII, p. 3419.
1885. *Cypræa (Pustularia) madagascariensis* Gmel. ROBERTS *in* TRYON, Manual, VII, p. 197, pl. 20, fig. 65, 66.

Localité. — Madagascar (Lister, Conch., pl. 710, fig. 61 ; Gmelin, p. 3419 ; Reeve, Conch. Icon., pl. XV, fig. 75ᵃ, 75ᵇ ; v. Martens, p. 97).

L'existence de ce Mollusque à Madagascar demande à être confirmée car il n'a été cité de ce pays que par d'anciens auteurs dont les renseignements sur l'habitat sont soûvent erronés.

Cypræa mappa Linné.

1758. *Cypræa Mappa* Linné, Syst. Nat., édit. X, p. 718.
1885.   —   —   Lin. Roberts *in* Tryon, Manual, VII,
            p. 174, pl. 7, fig. 12, 14.

Localités. — Madagascar, rare (Sganzin, p. 29 ; v. Martens, p. 96 ; Hidalgo, p. 208) ; Nosy Faly (de Man, p. 35) ; îlot Sakatia (de Man, p. 35).

Var. panerythra Melvill.

1885. *Cypræa mappa* Lin. Roberts *in* Tryon *(pars)*, Manual,
            VII, p. 174, pl. 7, fig. 13 *(tantum)*.
1888.   —   —   Lin. var. *pancrytha* Melvill, Survey
            G. Cypræa, p. 210.

Localité. — Madagascar (collect. Ph. D. ex collect. D. Dupuy).

Cypræa mauritiana Linné.

1758. *Cypræa mauritiana* Linné, Syst. Nat., édit. X, p. 721.
1885.   —   —   Lin. Roberts *in* Tryon, Manual, VII,
            p. 173, pl. 7, fig. 6 à 11.

Localités. — Madagascar, commun (Sganzin, p. 28 ; v. Martens, p. 95 ; Hidalgo, p. 209) ; Nosy Bé (collect. Ph. D., récolte E. Marie) ; Nosy Bé ! ; Sarodrano ! ; Sainte-Marie (collect. Ph. D., ex Decugis).

Cypræa miliaris Gmelin.

1790. *Cypræa miliaris* Gmelin, Syst. Nat., édit. XIII, p. 3420.
1885.   —   —   Gmel. Roberts *in* Tryon, Manual,
            VII, p. 192, pl. 17, fig. 80.

Localités. — Madagascar (Hidalgo, p. 210) ; îlot Sakatia (de Man, p. 38).

Cypræa moneta Linné.

1758. *Cypræa Moneta* LINNÉ, Syst. Nat., édit. X, p. 723.
1885. *Cypræa moneta* Lin. ROBERTS *in* TRYON, Manual, VII,
                p. 177, pl. 10, fig. 46 ; pl. 11, fig. 51,
                52.

Localités. — Nosy Bé ! ; île Europa ! ; Tuléar ! ; Sainte-Marie (collect. Ph. D. ex Decugis) ; Tamatave (Thiele, p. 562) ; Tamatave !.

Var. ICTERINA Lamarck.

1822. *Cypræa icterina* LAMARCK, Anim. s. vert., VII, p. 387.
1885. *Cypræa moneta* var. *icterina* Lam. ROBERTS *in* TRYON,
                Manual, VII, p. 178, pl. 23, fig. 62.

Localités. — Tuléar ! ; Sarodrano !.

Cypræa nucleus Linné.

1758. *Cypræa Nucleus* LINNÉ, Syst. Nat., édit. X, p. 724.
1885. *Cypræa nucleus* Lin. ROBERTS *in* TRYON, Manual, VII,
                p. 197, pl. 20, fig. 48, 49.

Localités. — Nosy Bé ! ; Ambatoloaka ! ; Foulpointe !.

Cypræa onyx Linné.

1758. *Cypræa Onyx* LINNÉ, Syst. Nat., édit. X, p. 722.
1885. *Cypræa onyx* Lin. ROBERTS *in* TRYON, Manual, VII,
                p. 183, pl. 13, fig. 79 et var. fig. 77,
                80, 81.

Localité. — Majunga (Odhner, p. 17).

Cypræa punctata Linné.

1767. *Cypræa punctata* LINNÉ, Mantissa, p. 548.
1885.   —   — Lin. ROBERTS *in* TRYON, Manual, VII,
                p. 188, pl. 16, fig. 51, 52 (excl. var.).

Nous n'avons pas reçu de Madagascar le *C. punctata* typique.

Var. Berini Dautzenberg.

1906. *Cypræa punctata* Lin. var. 1. Hidalgo, Monogr. G. *Cypræa*, p. 483.
1923.   —   — Lin. var. *Berini* Dautzenberg, Liste Ambodifotatra, Journ. de Conch., LIV, p. 28.

Localité. — Ambodifotatra (Dautzenberg, p. 28).

Chez cette variété, le fond est café-au-lait clair et les ponctuations sont plus grandes et moins nombreuses que chez le type.

Cypræa reticulata Martyn.

1784. *Cypræa Reticulata* Martyn, Universal Conchologist, I, pl. 15.
1885. *Cypræa reticulata* Martyn Roberts *in* Tryon, Manual, VII, p. 174, pl. 8, fig. 21, 22.

Localité. — Madagascar (Sganzin, p. 29 ; v. Martens, p. 96 ; Hidalgo, p. 220).

Cypræa staphylæa Linné.

1758. *Cypræa staphylæa* Linné, Syst. Nat., édit. X, p. 725.
1885.   —   — Lin. Roberts *in* Tryon, Manual, VII, p. 196, pl. 20, fig. 39, 40 *(tantum)*.

Localités. — Nosy Bé ! ; Nosy Fanihi ! ; baie de Befotaka ! ; Ambodifotatra (Dautzenberg, p. 29).

Cypræa stolida Linné.

1758. *Cypræa stolida* Linné, Syst. Nat., édit. X, p. 724.
1885.   —   — Lin. Roberts *in* Tryon, Manual, VII, p. 171, pl. 5, fig. 91, 92.

Localités. — Madagascar (Hidalgo, p. 223) ; Ambodifotatra (Dautzenberg, p. 29).

Cypræa talpa Linné.

1758. *Cypræa Talpa* Linné, Syst. Nat., édit. X, p. 720.
1885. *Cypræa talpa* Lin. Roberts *in* Tryon, Manual, VII,
p. 167, pl. 3, fig. 31, 32, 33.

Localités. — Madagascar, assez commun (Sganzin, p. 29 ;
v. Martens, p. 94) ; Hidalgo, p. 225) ; Nosy Faly (de Man,
p. 39) ; Nosy Bé (collect. Ph. D. récolte E. Marie); Nosy Bé ! ;
ilot Sakatia (de Man, p. 39) ; Sainte-Marie (collect. Ph. D. ex
Decugis).

Cypræa tigris Linné.

1758. *Cypræa Tigris* Linné, Syst. Nat., édit. X, p. 721.
1885. *Cypræa tigris* Lin. Roberts *in* Tryon, Manual, VII,
p. 180, pl. 11, fig. 49, 50.

Localités. — Madagascar, très commun (Sganzin, p. 29 ;
v. Martens, p. 92 ; Hidalgo, p. 226) ; Nosy Faly (de Man, p. 35) ;
Nosy Bé (de Man, p. 35) ; Nosy Bé (collect. Ph. D., réc. E. Marie) ; Tuléar (Lamy, p. 311) ; Tuléar ! ; Ambodifotatra (Dautzenberg, p. 29).

Var. CHIONIA Melvill.

1888. *Cypræa tigris* Lin., var. *chionia* Melvill, Survey G. Cypræa, Mem. a. Proc. Manchester,
Soc., p. 212.

Localité. — Tuléar !.

Cette variété se distingue du type par ses taches moins nombreuses, la coquille ayant ainsi un aspect plus clair.

Var. NIGRICANS Dautzenberg.

1906. *Cypræa Tigris* Lin., var. 2. Hidalgo, Monogr. G. Cypræa, p. 541.
1923. *Cypræa tigris* Lin. var. *nigricans* Dautzenberg, Liste
prélim., p. 44.

Localité. — Tuléar !.

Chez cette variété, la région dorsale a le fond gris bleuâtre et les taches noires sont grandes et rapprochées de sorte que l'ensemble de sa coloration a un aspect très foncé.

Cypræa turdus Lamarck.

1810. *Cypræa turdus* LAMARCK, Annales du Muséum, XVI, p. 94, no 36.

1822.   —   —   LAMARCK, Anim. s. vert., VII, p. 392.

1885.   —   —   Lam. ROBERTS *in* TRYON, Manual, VII, p. 192, pl. 18, fig. 91.

Localités. — Madagascar, assez rare (Sganzin, p. 29 ; v. Martens, p. 94 ; Hidalgo, p. 226) ; Tuléar ! ; Tamatave !.

Cypræa vitellus Linné.

1758. *Cypræa Vitellus* LINNÉ, Syst. Nat., édit. X, p. 721.

1885. *Cypræa vitellus* Lin. ROBERTS *in* TRYON, Manual, VII, p. 182, pl. 13, fig. 72, 73.

Localités. — Madagascar, assez commun (Sganzin, p. 29 ; v. Martens, p. 93 ; Hidalgo, p. 228) ; Nosy Faly (de Man, p. 35) ; Nosy Bé (de Man, p. 35) ; îlot Sakatia (de Man, p. 35) ; Nosy Andrano, îles Barren ! ; Tuléar (Lamy, p. 311) ; Sainte-Marie (collect. Ph. D. ex Decugis) ; Ambodifotatra (Dautzenberg, p. 29).

Genre **TRIVIA**, Gray 1832.

Trivia insecta Mighels.

1845. *Cypræa insecta* MIGHELS, Proc. Boston, Soc., II, p. 24.

1885. *Trivia insecta* Migh. ROBERTS *in* TRYON, Manual, VII, p. 200, pl. 21, fig. 84, 85.

Localités. — Sainte-Marie, entre l'île aux Nattes et Ilampi ! ; Fort-Dauphin (collect. Ph. D., récolte Dongé).

Le *Tr. hordacea* Kiener (Iconogr., p. 149, pl. 54, fig. 5, 5, 5ª) est synonyme.

Trivia oryza Lamarck.

1810. *Cypræa oryza* Lamarck, Annales du Muséum, XVI,
p. 104.
1885. — — Lam. Roberts *in* Tryon, Manual,
VII, p. 200, pl. 21, fig. 82, 83, excl.
var. *scabriuscula*, fig. 79.

Localités. — Nosy Bé ! ; Nosy Komba ! ; Tuléar (Lamy,
p. 312) ; Tuléar ! ; Beheloka ! ; Fort-Dauphin (collect. Ph. D.
récolte Dongé).

Le *Tr. scabriuscula* Gray, cité comme variété de l'*oryza* par
Roberts, est, au contraire, maintenu comme espèce distincte
par Hidalgo.

Genre ERATO, Risso 1826.

Erato nana (Duclos) Reeve.

1865. *Erato nana* (Duclos mss.) Reeve, Conch. Icon., pl. III,
fig. 18.
1883. *Erato (Eratopsis) nana* Ducl. Tryon, Manual, V, p. 11,
pl. 4, fig. 53.

Localités. — Tuléar ! ; îlot Prune !.

Genre STROMBUS, Linné 1758.

Strombus canarium Linné.

1758. *Strombus Canarium* Linné, Syst. Nat., édit. X, p. 745.
1885. *Strombus canarium* Lin. Tryon *(pars)*, Manual, VII,
p. 110, pl. 2, fig. 18, 19 (*excl.* var.
Isabella Lam., fig. 20, 21).

Localité. — Tamatave, dragage 20 à 25 mètres (Odhner,
p. 35).

Le *Str. Isabella* que Tryon a classé comme variété du *Str.
canarium*, est une espèce bien spéciale.

Sous-Genre **EUPROTOMUS** (Gill) Tryon, 1885.

Strombus (Euprotomus) lentiginosus Linné.

1758. *Strombus lentiginosus* LINNÉ, Syst. Nat., édit. X, p. 743.
1885. *Strombus (Euprotomus) lentiginosus* Lin. TRYON, Manual, VII, p. 110, pl. 3, fig. 23, 24.

Localités. — Nosy Bé (collect. Ph. D., récolte E. Marie) ; Nosy Andrano ! ; Tuléar (Lamy, p. 313) ; Sarodrano ! ; Sainte-Marie, entre l'île aux Nattes et Ilampy !.

Sous-Genre **MONODACTYLUS** Klein, 1753.

Strombus (Monodactylus) auris Dianæ Linné.

1758. *Strombus Auris dianæ* LINNÉ, Syst. Nat., édit. X, p. 743.
1885. *Strombus (Monodactylus) auris Dianæ* Lin. TRYON, Manual, VII, p. 113, pl. 4, fig. 37, 38.

Localités. — Madagascar, commun (Sganzin, p. 26 ; v. Martens, p. 101) ; Nosy Bé (collect. Ph. D., ex Gouin) ; Majunga, plage (Odhner, p. 16) ; Tuléar (Lamy, p. 313) ; Sarodrano !.

Sous-Genre **GALLINULA**, Klein, 1753.

Strombus (Gallinula) columba Lamarck.

1822. *Strombus columba* LAMARCK, Anim. s. vert., VII, p. 208.
1885. *Strombus (Gallinula) columba* Lam. TRYON, Manual, VII. p, 116, pl. 5, fig. 49, 50.

Localités. — Ankify ! ; Ambatoloaka !.

Strombus (Gallinula) fusiformis Sowerby.

1842. *Strombus fusiformis* SOWERBY, Thes. Conch., 1, p. 31, pl. IX, fig. 91, 92.
1885. *Strombus (Gallinula) fusiformis* Sow. TRYON, Manual, VII, p. 117, pl. 6, fig. 58.

Localité — Pointe d'Ankify !.

Strombus (Gallinula) labiosus Gray.

1828. *Strombus labiosus* GRAY *in* WOOD, Index testaceologicus,
        Suppl., p. 13, pl. 4, fig. 3.
1885. *Strombus (Gallinula) labiosus* Gray TRYON, Manual, VII,
        p. 116, pl. 5, fig. 51.

Localités. — Majunga (Odhner, p. 16) ; Tamatave sur les récifs de coraux (Odhner, p. 35).

Sous-Genre **CANARIUM**, Schumacher. 1817.

Strombus (Canarium) dentatus Linné.

1758. *Strombus dentatus* LINNÉ, Syst. Nat., édit. X, p. 745.
1788.   —   — *Linnæi* CHEMNITZ, Conch. Cab., X,
        p. 220, p. 157, fig. 1501, 1502.
1822. *Strombus tridentatus* Gmel. LAMARCK, Anim. s. vert., VII,
        p. 209.
1825. *Strombus dentatus* Lin. WOOD, Index testac., p. 118,
        pl. 25, fig. 35.
1842.   —   — Gmel. SOWERBY, Thes. Conch., I,
        p. 31, pl. IX, fig. 86, 87.
1844. *Strombus Samar* DUCLOS (non Chemnitz) *in* CHENU, Illustr. Conch., p. 5, pl. 4, fig. 13, 14.
1851. *Strombus samarensis* REEVE, Conch. Icon., pl. XIX,
        fig. 53ª, 53ᵇ.
1855. *Strombus dentatus* Lin. HANLEY, Ipsa Linn. Conch.,
        p. 276.
1885. *Strombus samar* TRYON (non Chemnitz), Manual, VII,
        p. 121, pl. 8, fig. 88.

Localité. — Nosy Bé (collect. Ph. D., récolte E. Marie).

Il est surprenant que le *Strombus dentatus* après avoir été compris correctement par Chemnitz, Wood, Sowerby, l'ait été aussi mal par Gmelin, Duclos, Reeve, Tryon. Les noms *Samar* et *Samarensis* par lesquels ces derniers auteurs ont remplacé le nom linnéen est d'ailleurs fautif, puisque au lieu des figures 1501 et 1502 de Chemnitz, c'est la figure 1503, représentant le *Str. bulbulus* Sowerby, qu'ils ont citée.

Strombus (Canarium) floridus Lamarck.

1822. *Strombus floridus* Lamarck, Anim. s. vert., VII, p. 211.
1885. *Strombus (Canarium) floridus* Lam. Tryon, Manual,
VII, p. 119, pl. 7, fig. 73 à 76 ; 80,
83.

Localités. — Androvy (P. Lemoine) ; Nosy Faly (de Man, p. 25) ; Nosy Bé (de Man, p. 25) ; Nosy Fanihi ! ; Nosy Andrano ! ; île Europa ! ; baie de Lamboharana ! ; Tuléar (Lamy, p. 313) ; Tuléar ! ; Ambodifotatra (Dautzenberg p. 29) ; Tamatave, récif (Thielè, p. 562) ; Tamatave ! ; Fort-Dauphin (collect. Ph. D., récolte Dongé).

Strombus (Canarium) gibberulus Linné.

1758. *Strombus gibberulus* Linné, Syst. Nat., édit. X, p. 744.
1885. *Strombus (Canarium) gibberulus* Lin. Tryon, Manual,
VII, p. 121, pl. 8, fig. 85.

Localités — Madagascar, très commun (Sganzin, p. 26 ; v. Martens, p. 102) ; baie de Tsimipaika ! ; Nosy Bé (de Man, p. 24 ; collect. Ph. D. récolte E. Marie) ; Nosy Bé ! ; Ambatoloaka ! ; Tuléar (Lamy, p. 313 ; collection Ph. D., ex Pallary) ; Anakao, plage ! ; Nosy Nasatrana ! ; Ambodifotatra (Dautzenberg, p. 29) ; Tamatave !.

Strombus (Canarium) urceus Linné (non auct.).

1758. *Strombus urceus* Linné, Syst. Nat., édit. X, p. 745.
1885. *Strombus (Canarium) dentatus* Tryon (*pars*, non Linné),
Manual, VII, p. 118 (non figuré).

Localités. — Nosy-Bé ! ; Hellville ! ; Nosy Fanihi !.

Var. PLICATA Lamarck.

1816. *Strombus plicatus* Lamarck, Tabl. Encycl. Méthod., p. 3,
pl. 408, fig. 2ª, 2ᵇ.

1822. *Strombus plicatus* Lamarck, Anim. s. vert., VII, p. 210.
1885. *Strombus (Canarium) dentatus* Tryon (*pars*, non Linné),
         Manual, VII, p. 118, pl. 7, fig. 68,
         69, 70 *(tantum)*.

Localité. — Anse du Cratère, près Hellville !.

Var. olydia Duclos.

1844. *Strombus olydius* Duclos *in* Chenu, Illustr. Conch., p. 4,
         pl. 5, fig. 7.
1885. *Strombus (Canarium) dentatus* Tryon (*pars*, non Linné),
         Manual, VII, p. 119, pl. 6, fig. 68
         (tantum).

Localité. — Nosy Bé (collect. Ph. D. récolte E. Marie).

Hanley (Ipsa Linn. Conch., p. 275) a démontré que le *Strombus urceus* de Linné a été faussement interprété par les auteurs et que ce nom s'applique incontestablement au *Strombus dentatus* Lamarck (non Linné) ; que, d'autre part, le *Strombus dentatus* de Linné (non Lamarck) est l'espèce désignée habituellement sous le nom de *Str. samar* Chemnitz, alors que le véritable *samar* (Conch. Cab. X, p. 221, pl. 157, fig. 1503) est le *Str. bulbulus* Sowerby, tandis que le *Strombus* ayant le labre tridenté, nommé *samar* par les auteurs, a été correctement identifié par Chemnitz au *Str. dentatus* de Linné (Conch. Cab., X, p. 220, pl. 157, fig. 1501, 1502).

L'examen attentif des descriptions et des références de Linné ne permet pas de reculer devant des corrections qui s'imposent. Il faut donc reprendre :

1º Pour le *Strombus* généralement désigné sous le nom de *dentatus*, celui d'*urceus* Linné.

2º Pour le *Strombus* tridenté à la base du labre, le nom *dentatus* au lieu de *samar* auct. (non Chemnitz).

3º Pour le *Strombus* à péristome noir ou bordé de noir, désigné jusqu'à présent sous le nom d'*urceus* et qui n'a pas été nommé par Linné, celui de *Strombus ustulatus* Schumacher

(Nouveau Système, p. 219), qui est basé sur des figures de Martini (Conch. Cab., III, p. 98, pl. LXXVIII, fig. 803 à 805).

Strombus (Canarium) ustulatus Schumacher.

1817. *Canarium ustulatum* SCHUMACHER, Nouveau Système, p. 219.
1822. *Strombus urceus* LAMARCK (non Linné), Anim. s. vert., VII, p. 210.
1842. — — SOWERBY (non Linné), Thes. Conch., I, p. 30, pl. VII, fig. 34, 35, 36.
1885. *Strombus (Canarium) urceus* TRYON (non Linné), Manual, VII, p. 118, pl. 6, fig. 65 à 67.

Localités. — Madagascar, rare (Sganzin, p. 26 ; v. Martens, p. 101) ; Nosy Bé (collect. Ph. D., récolte E. Marie).

Nous avons explique plus haut, en parlant du véritable *Str. urceus* de Linné, que ce nom avait été employé à tort pour la présente espèce par la plupart des auteurs.

Sous-Genre **CONOMUREX** Bayle, 1884.

Strombus (Conomurex) cylindricus Swainson.

1822. *Strombus cylindricus* SWAINSON, Zool. Illustr., Ire série, pl. 53, figures de milieu, haut et bas.
1822. *Strombus mauritianus* LAMARCK, Anim. s. vert., VII, p. 206.
1885. *Strombus (Conomurex) mauritianus* Lam. TRYON, Manual, VII, p. 122, pl. 8, fig. 89.

Localités. — Nosy Fanihi ! ; Tuléar (Lamy, p. 313) ; Tamatave (Thiele, p. 562).

Var. CONIFORMIS Sowerby.

1842. *Strombus coniformis* SOWERBY, Thes. Conch., I, p. 29, pl. VII, fig. 55, 61.

1885. *Strombus (Conomurex) mauritianus* Tryon *(pars)*, Manual, VıI. p. 122, pl. 8, fig. 90.

Localité. — Tuléar (collect. Ph. D., ex Pallary).

Strombus (Conomurex) luhuanus Linné.

1758. *Strombus Luhuanus* Linné, Syst. Nat., édit. X, p. 744.
1885. *Strombus (Conomurex) luhuanus* Lin. Tryon, Manual, VII, p. 122, pl. 8, fig. 91 et 92, monstruosité.

Localité. — Madagascar, rare (Sganzin, p. 26 ; v. Martens, p. 102).

Genre PTEROCERA, Lamarck 1799.

Pterocera aurantia Lamarck.

1822. *Pterocera aurantia* Lamarck, Anim. s. vert., VıI, p. 198.
1885.   —   —   Lam Tryon, Manual, VII, p. 124, pl. 9, fig. 5.

Localités. — Madagascar, rare (Sganzin, p. 26 ; v. Martens, p. 103) ; Sarodrano !.

Pterocera bryonia Gmelin.

1790. *Strombus Bryonia* Gmelin, Syst. Nat., édit. XIII, p. 3520.
1822. *Pterocera truncata* Lamarck, Anim. s. vert., VII, p. 195.
1885. *Pterocera (Heptadactylus) bryonia* Gmel. Tryon, Manual, VII, p. 124, pl. 8, fig 4 ; pl. 9, fig. 8.

Localités. — Madagascar, assez rare (Sganzin, p. 26 ; v. Martens, p. 103) ; Nosy Falv (de Man, p. 23) ; Nosy Fanihi ! ; Tuléar (Lamy, p. 313) ; Tuléar ! ; Ambodifotatra (Dautzenberg, p. 29 ; Tamatave, sur les récifs de coraux (Odhner, p. 34).

Pterocera elongata Swainson.

1841. *Pterocera elongata* SWAINSON, Exotic. Conchology, Appendix, p. 32.
1885. *Pterocera (Millipes) elongata* Sw. TRYON, Manual, VII, p. 125, pl. 9, fig. 10.

Localité. — Sarodrano !.

Pterocera lambis Linné.

1758. *Strombus Lambis* LINNÉ, Syst Nat., édit. X, p. 743.
1885. *Pterocera (Heptadactylus) lambis* Lin. TRYON ,Manual, VII, p. 124, pl. 8, fig. 1, 2, 3.

Localités. — Madagascar, commun (Sganzin, p. 26 ; v. Martens, p. 103) ; Nosy Bé (de Man, p. 23) ; Nosy Bé ! ; île Europa (Thiele, p. 563) ; Tuléar (Lamy, p. 313) ; Tuléar ! ; Nosy Vé (Thiele, p. 562).

Pterocera millepeda Linné.

1758. *Strombus Millepeda* LINNÉ, Syst. Nat., édit. X, p. 743.
1885. *Pterocera (Millipes) millepeda* Lin. TRYON, Manual, VII, p. 125, pl. 9, fig. 9.

Localité. — Madagascar, commun (Sganzin, p. 26 ; v. Martens, p. 103).

Pterocera scorpius Linné.

1758. *Strombus Scorpius* LINNÉ, Syst. Nat., édit. X, p. 743.
1885. *Pterocera (Millipes) scorpio* Lin. TRYON, Manual, VII, p. 125, pl. 9, fig. 6.

Localités. — Madagascar, commun (Sganzin, p. 26 ; v. Martens, p. 103) ; Nosy Faly, de Man, p. 24) ; Nosy Bé (de Man, p. 24) ; Tuléar (Odhner, p. 42) ; Tuléar !.

Sous Genre **HARPAGO**, Klein, 1753.

Pterocera chiragra Linné.

1758. *Pterocera Chiragra* LINNÉ, Syst. Nat., édit. X, p. 742.

1885. *Pterocera (Harpago) chiragra* Lin. Tryon, Manual, VII, p. 126, pl. 10, fig. 13.

Localités. — Madagascar, commun (Sganzin, p. 26 ; v. Martens, p. 102) ; Nosy Fanihi ! ; île Europa (Thiele, p. 563) ; Sarodrano ! ; Tamatave (Odhner, p. 34).

Pterocera rugosa Sowerby.

1842. *Pteroceras rugosum* Sowerby, Thes. Conch., I, p. 42, pl. XI, fig. 9, 10.
1885. *Pterocera (Harpago) rugosa* Sow. Tryon, Manual, VII. p. 126, pl. 10, fig. 12.

Localité. — Ambodifotatra (Dautzenberg, p. 29).

Genre **TRIFORIS**, Deshayes 1824 (emend.).

Triforis ægle Jousseaume.

1884. *Mastonia ægle* Jousseaume, Bull. Soc. Malac. Fr., I, p. 256, pl. IV, fig. 12.
1887. *Triforis (Mastonia) ægle* Jouss. Tryon, Manual, IX, p. 185, pl. 39, fig. 40.

Localité. — Fénérive !.

Triforis angustissimus Deshayes.

1863. *Triforis angustissimus* Deshayes, Moll. Ile Réunion, p. 104, pl. XII, fig. 1, 2.
1887.   —   — Desh. Tryon, Manual, IX, p. 182, pl. 38, fig. 8.

Localité. — Ilot Ambariobé !.

Triforis atomus Issel.

1869. *Triphoris atomus* Issel, Malac. del Mar Rosso, p. 280, pl. IV, fig. 4.

1887. *Triforis (Mastonia) atomus* Iss. Tryon, Manual, IX,
p. 184, pl. 38, fig. 33.

Localité. — Ilot Prune !.

Triforis corrugatus Hinds.

1843. *Triphoris (Ino) corrugatus* Hinds Ann. a. Mag. Nat.
Hist., 1re série, XI, p. 18.
1887. *Triforis (Viriola) corrugatus* Hinds Tryon, Manual, IX,
p. 189, pl. 39, fig. 59.

Localité. — Pointe d'Ankify !.

Triforis granulatus Adams et Reeve.

1850. *Triphoris granulatus* Adams et Reeve, Voyage « Samarang », p. 46, pl. XI, fig. 33ª, 33ᵇ
1887. *Triforis (Mastonia) granulatus* Ad. et R. Tryon, Manual, IX, p. 183, pl. 38, fig. 19.

Localité. — Sud de Madagascar (collect. Ph. D., ex collect.
Bavay).

Triforis Hindsi Deshayes.

1863. *Triphoris Hindsi* Deshayes, Moll. île Réunion, p. 98,
pl. XI, fig. 19, 20.
1887. *Triforis Hindsi* Desh. Tryon, Manual, IX, p. 179, pl. 37,
fig. 90.

Localité. — Majunga (Odhner, p. 15, s. nom *Triphora Hindsi)*.

Triforis lacteus Dunker.

1874. *Triforis lactea* Dunker, Catal. Mus. Godeffroy, V, p. 113,
n° 6817.
1887. — — Dunk. Tryon, Manual, IX, p. 190
(non figuré).

Localité. — Tuléar !.

? Triforis mirificus Deshayes.

1863. *Triphoris mirificus* Deshayes, Moll. île Réunion, p. 104,
pl. XI, fig. 32, 33.

1887. *Triforis mirificus* Desh. TRYON, Manual, IX, p. 182, pl. 38, fig. 10.

Localité. — Sarodrano (Lamy, p. 316).

M. Lamy, n'a obtenu qu'un fragment qu'il rapporte, avec doute, à cette espèce.

Triforis obesulus Jousseaume.

1834. *Mastonia obesula* JOUSSEAUME, Bull. Soc. Malac. Fr. III, p. 255, pl. IV, fig. 17.
1887. *Triforis (Mastonia) obesula* Jouss. TRYON, Manual, IX, p. 185, pl. 38, fig. 27.

Localité. — Sud de Madagascar (collect. Ph. D. ex collect. Bavay).

Triforis pupæformis Deshayes.

1863. *Triphoris pupæformis* DESHAYES, Moll. île Réunion, p. 105, pl. XII, fig. 3, 4.
1887. *Triforis pupæformis* Desh. TRYON, Manual, IX, p. 184, pl 38, fig. 26.

Localité. — Sarodrano (Lamy, p. 317).

Triforis ruber Hinds.

1843. *Triphoris (Mastonia) ruber* HINDS, Ann. a. Mag. of Nat. Hist.. 1re série, XI, p. 19.
1887. *Triforis ruber* Hinds TRYON, Manual, IX, p. 182, pl. 38, fig. 13 à 16.

Localité. — Ilot Prune !.

Triforis scitulus A. Adams.

1851. *Triphoris scitulus* A. ADAMS, Proc. Zool. Soc. Lond., p. 278.
1887. *Triforis scitulus* A. Ad. TRYON, Manual, IX, p. 191 (non figuré).

Localité. — Sud de Madagascar (collect. Ph. D. ex collect. Bavay).

Triforis tibialis Jousseaume.

1884. *Euthymia tibialis* JOUSSEAUME, Bull. Soc. Malac. Fr., I,
p. 266, pl. IV, fig. 19.

1887. *Triforis tibialis* Jouss. TRYON, Manual, IX, p. 178, pl. 37,
fig. 78.

Localité. — Sarodrano (Lamy, p. 317).

Genre CERITHIUM, Adanson 1757.

Cerithium Bavayi Vignal.

1902. *Cerithium Bavayi* VIGNAL, Descr. Cérithidés nouv.,Journ.
de Conch., XLIX, p. 304, pl. VIII,
fig. 7, 8.

Localité. — Nosy-Manitsa près Tuléar ! (détermination Vignal).

Cette espèce m'a été envoyée par M. Le B. Tomlin sous le nom de *Cerithium egenum* Gould, mais l'espèce représentée sous ce nom : Exploration Exped., p. 151, pl. 10, fig. 171[a], 171[b], 171[c] ne ressemble pas du tout à l'espèce décrite par M. Vignal.

MM. Melvill et Standen ont créé : Shells from Lifu, 1895, p. 115, pl. II, fig. 5, un *Cerithium dichroum* qui se rapproche du *Bavayi* par sa taille et sa forme, mais sa sculpture n'est pas tout à fait la même et sa coloration est bien spéciale.

Cerithium cœruleum Sowerby.

1855. *Cerithium cœruleum* SOWERBY, Thes. Conch., II, p. 866,
pl. CLXXIX, fig. 61, 62.

1887.   —   —   Sow. TRYON, Manual, IX, p. 127,
pl. 21, fig. 54.

Localités. — Nosy Fanihi ! ; île Europa (Thiele, p. 562) ; île Europa !.

Cerithium Chemnitzianum Pilsbry.

1901. *Cerithium Chemnitzianum* PILSBRY, Japan. Moll., Proc.
Acad. N. Sc. Philadelphia, p. 393,
pl. XIX, fig. 14, 15.

Localités. — Madagascar (collect. Ph. D., ex P. de Givenchy) ;
Diego-Suarez (collect. Ph. D., récolte Em. Dorr).

Cerithium columna Sowerby.

1830. *Cerithium Columna* SOWERBY, Genera of Shells, n° 42,
fig. 7.
1887. *Cerithium columna* Sow. TRYON, Manual, IX, p. 123,
pl. 20, fig. 17 à 20.

Localités. — Majunga (Odhner, p. 15) ; île Europa ! ; Tuléar ! ; Tamatave !.

Cerithium concisum Hombron et Jacquinot.

1854. *Cerithium concisum* HOMBRON et JACQUINOT, Voyage
« Astrolabe » et « Zélée », p. 102,
pl. 24, fig. 1, 2.
1887. *Cerithium morus* TRYON (*pars*, non Lamarck), Manual,
IX, p. 134 (non figuré).

Localités. — Pointe d'Ankify ! ; île Europa !.

Cerithium dialeucum Philippi.

1849. *Cerithium dialeucum* PHILIPPI, Abbildungen, p. 14, pl. 1,
fig. 5.
1887. — — Phil. TRYON, Manual, IX, p. 130,
pl. 23, fig. 88 (excl. fig. 87 : *C.
striatum* Hombr. et Jacq.).

Localités. — Diego-Suarez (collect. Ph. D., récolté Em.
Dorr) ; Nosy Bé ! ; baie de Lamboharana ! ; Tamatave !.

Cerithium echinatum Lamarck.

1822. *Cerithium echinatum* LAMARCK Anim. s. vert. VII p. 69.
1887.   —   —   Lam. TRYON. Manual, IX, p. 123,
                       pl. 20, fig. 25 *(tantum)*.

Localités. — Madagascar (Kiener, Icon. coq. viv., p. 7, pl. 3,
fig. 1, 1, 1ª ; v. Martens, p. 103) ; Nosy Bé ! ; Nosy Andrano ! ;
île Europa !.

Cerithium erythræonense Lamarck.

1822. *Cerithium erythræonense* LAMARCK, Anim. s. vert., VII,
                       p. 70.
1887. *Cerithium Erythræonense* Lam. TRYON, Manual, IX,
                       p. 123, pl. 20, fig. 16.

Localités. — Madagascar (Kiener, Icon. coq. viv., p. 6, pl. 3,
fig. 2, 2 ; v. Martens, p. 104) ; Tuléar (Lamy, p. 314).

Cerithium gentile Bayle.

1855. *Cerithium nitidum* SOWERBY (non Zekeli), Thes. Conch.,
                       II, p. 872, pl. CLXXVIII, fig. 180,
                       181.
1880. *Cerithium gentile* BAYLE, Journ. de Conch., XXVII,
                       p. 248.
1887. *Cerithium Traillii* TRYON (*pars*, non Sowerby) ; Ma-
                       nual, IX, p. 135, pl. 25, fig. 54
                       (tantum).

Localités. — Tuléar (Lamy, p. 314) — Gisement quaternaire
d'Antaboka (Perrier de la Bathie).

Cerithium moniliferum (Dufresne) Kiener.

1842. *Cerithium moniliferum* (Dufresne) KIENER, Icon. coq.
                       viv., p. 49, pl. 16, fig. 3.
1887. *Cerithium morus* TRYON (*pars*, non Lamarck), Manual,
                       IX, p. 134, pl. 24, fig. 35 *(tantum)*.

Localités. — Madagascar (collect. Ph. D., ex P. de Givenchy) ;

Diego-Suarez (collect. Ph. D., récolte Em. Dorr) ; Nosy Fanihi ! ; Tuléar (Lamy, p. 314) ; Lambétabé, plage ! ; Ambodifotatra (Dautzenberg, p. 29) ; Tamatave !.

Cerithium morum Lamarck (emend.).

1822. *Cerithium morus* LAMARCK, Anim. s. vert., VII, p. 75.
1887.   —   —   Lam. TRYON *(pars)*. Manual, IX,
            p. 133, pl. 24, fig. 33 *(tantum)*.

Localités. — Madagascar, assez commun (Sganzin, p. 24 ;
v. Martens, p. 105) ; Ankatsepé ! ; Majunga (Odhner, p. 15) ;
baie de Lamboharana !.

Le nom de cette espèce ayant évidemment été donné par
Lamarck à cause de sa ressemblance au fruit du murier (*morum* = la mure) et non à l'arbre qui les porte (*morus* = le murier), il y a lieu de corriger son orthographe en *morum*, au lieu
de *morus*.

Cerithium nesioticum Pilsbry et Vanatta.

1839. *Cerithium pusillum* NUTTALL *in* JAY (non Pfeiffer nec
            Gould), Catal. of Shells, p. 75.
1841. *Cerithium lacteum* KIENER (non Philippi), Icon. coq. viv.,
            p. 58, pl. 7, fig. 3.
1887.   —   —   Kien. TRYON (non Philippi), Manual,
            IX, p. 143, pl. 27, fig. 29, 30.
1905. *Cerithium nesioticum* PILSBRY et VANATTA, Proc. Acad.
            Nat. Sc. Philadelphia, LXII, p. 292,
            788, fig. 4.

Localité. — Nosy Manitsa !.

Cerithium nodulosum Bruguière.

1792. *Cerithium nodulosum* BRUGUIÈRE, Encycl. Méthod.,
            p. 478 (pl. 442, fig. 3).
1887.   —   —   Brug. TRYON, Manual, IX, p. 122,
            pl. 19, fig. 13, 14 ; pl. 20, fig. 15.

Localités. — Ile Europa (Thiele, p. 562) ; Tuléar (Lamy, p. 314) ; Tuléar, plage !.

Cerithium patiens Bayle.

1828. *Cerithium rugosum* WOOD (non Lamarck), Index testac.
    suppl., p. 34, pl. 4, fig. 10.
1880. *Cerithium patiens* BAYLE, Journ. de Conch., XXVIII,
    p. 249.
1887. *Cerithium morus* var. *patiens* Bayle TRYON *(pars)*, Ma-
    nual, IX, p. 134, pl. 24, fig. 37
    (tantum).

Localité. — Nosy Bé (v. Martens, p. 105, ex Hildebrandt, sub nom. *rugosum* Wood).

Cerithium petrosum Wood.

1828. *Cerithium petrosum* WOOD, Index testac.. suppl., p. 34,
    pl. 4, fig. 9.
1887. *Cerithium tuberculatum* TRYON *(pars,* non Linné), Ma-
    nual, IX, p. 133, pl. 24, fig. 25
    (tantum).

Localités. — Androvy (P. Lemoine) ; Majunga (collect. Ph. D., récolte Em. Dorr) ; Nosy Nasatrana, plage ! ; Sainte-Marie, entre l'île aux Nattes et Ilampy ! ; Ambodifotatra (Dautzenberg, p. 29) ; Tamatave !.

Cette espèce qui appartient au groupe très compliqué du *Cerithium morum,* est difficile à préciser à cause de l'insuffisance de la figuration de Wood. Son assimilation au *C. tuberculatum* est inacceptable car la coquille inscrite sous ce nom dans la collection de Linné et que Hanley a représentée (Ipsa Linn. Conch. pl. IV, fig. 4) ressemble beaucoup plus au *C. moniliferum* bien que sa spire soit plus obtuse.

Nous croyons pouvoir réserver le nom *petrosum* à l'espèce à sculpture grossière. composée de granulations et de tubercules irréguliers et plus ou moins variqueux car de toutes les formes du groupe *morum.* c'est celle qui se rapproche le plus de la figure 9 de Wood.

Cerithium purpurascens Sowerby.

1855. *Cerithium purpurascens* SOWERBY, Thes. Conch., II, p. 872, pl. CLXXXIII, fig. 182 à 186.

1887. *Cerithium Traillii* Sow. var. *splendens* TRYON (*pars*, non Sowerby), Manual, IX, p. 135, pl. 25, fig. 51, 52 *(tantum)*.

Localités. — Nosy Faly (collect. Ph. D., ex P. de Givenchy) ; Nosy Bé ! ; Nosy Iranja (collect. Ph. D., ex P. de Givenchy).

Les figures 182 à 186 du « Thesaurus » montrent à quel point la coloration de cette espèce est variable.

Cerithium rostratum Sowerby.

1855. *Cerithium rostratum* SOWERBY, Thes. Conch., II, p. 861, pl. CLXXX, fig. 104.

1887.   —   —   Sow. TRYON, Manual, IX, p. 130, pl. 23, fig. 90, 91.

Localités. — Diego-Suarez (collect. Ph. D. ex collect. Martel) ; baie d'Ambaro ! ; Hellville ! ; baie de Tsimipaika ! ; pointe d'Ankify ! ; îlot Ambariobé ! ; baie d'Ampasindava ! ; Ambatoloaka ! ; baie de Lamboharana ! ; Tuléar (Lamy, p. 314) ; Tuléar ! ; Nosy Nasatrana, plage ! ; Sainte-Marie, entre l'île aux Nattes et Ilampy ! ; pointe à Larrée ! ; Foulpointe ! ; Tamatave !.

Cerithium Trailli Sowerby.

1855. *Cerithium Traillii* SOWERBY, Thes. Conch., II, p. 871, pl. CLXXXII, fig. 173, 174.

1887.   —   —   Sow. TRYON *(pars)*, Manual, IX, p. 135, pl. 25, fig. 47 *(tantum)*.

Localité. — Nosy Hara (P. Lemoine).

Cerithium turritella Anton.

1839. *Cerithium turritella* ANTON, Verzeichniss, p. 64.
1887.   —   —   Ant. TRYON, Manual, IX, p. 144 (non
            figuré).

Localités. — Pointe d'Ankify ! ; Nosy Bé !.

Cerithium turritum Sowerby.

1855. *Cerithium turritum* SOWERBY, Thes. Conch., 11, p. 860,
            pl. CLXXX, fig. 101.
1887. *Cerithium (Vertagus) turritum* Sow. TRYON, Manual, IX,
            p. 147, pl. 28, fig. 55.

Localités. — Baie d'Ambaro, dragage 20 à 24 mètres, décembre 1920 ! ; pointe d'Ankify ! ; Nosy Bé ! ; Hellville !.

Var. PFEIFFERI Dunker.

1877. *Vertagus Pfeifferi* DUNKER, Malakoz, Blätter, XXIV.
            p. 75.
1882.   —   —   DUNKER, Index Moll. mar. Japon.,
            p. 108, pl. IV, fig. 12, 13, 14 ; p. 257.
1887. *Cerithium (Vertagus) Pfeifferi* Dunk. TRYON, Manual,
            IX, p. 147, pl. 28, fig. 56.

Localité. — Diego-Suarez (collect. Ph. D., récolte Ch. All-
luaud).

Nous ne nous expliquons pas pourquoi Dunker et Tryon ont
classé le *C. turritum* parmi les *Vertagus* alors que son canal
n'est ni long, ni recourbé.

Cerithium variegatum Quoy et Gaimard.

1834. *Cerithium variegatum* QUOY et GAIMARD, Voyage de
            l' « Astrolabe », III, p. 129, pl. 55,
            fig. 17.

1887. *Cerithium morus* var. *variegatum* Quoy TRYON, Manual,
IX, p. IX, pl. 24, fig. 29, 30, 31.

Localités.— Diego-Suarez (collect. Ph. D., récolte Em. Dorr) ;
Nosy Bé (collect. Ph. D., récolte E. Marie) ; Ambodifotatra
(Dautzenberg, p. 29).

Cerithium zebrum Kiener.

1841. *Cerithium zebrum* KIENER, Icon. coq. viv., p. 71, pl. 25,
fig. 4, 4, 4.

1887. — — Kien. TRYON, Manual, IX, p. 138,
pl. 26, fig. 79.

1903. — — Kien. VIGNAL, Sur les variétés du
Cerithium zebrum, Journ. de Conch.,
LI, p. 21, pl. II, fig. 1.

Nous n'avons pas reçu de Madagascar le *C. zebrum* typique
qui est orné de deux bandes transversales brunes sur le dernier
tour.

Var. UNIMACULATA Vignal.

1903. *Cerithium zebrum* Kien. var. *unimaculata* VIGNAL, *loc.
cit.*, p. 27, pl. II, fig. 17.

Localité. — Nosy Fanihi !.

Var. NIVEA Vignal.

1903. *Cerithium zebrum* Kien. var. *nivea* VIGNAL, *loc. cit.*,
p. 24, pl. II, fig. 8.

Localité. — Nosy Fanihi !.

Nous avons cité dans notre « Liste préliminaire », d'après
Sganzin, un *Cerithium granulatum* Lam., que cet auteur dit
être commun à Madagascar, sur les plages rocailleuses et les
rochers, mais il est impossible de savoir à quelle espèce Sganzin
a donné ce nom. Ce ne peut être le *Cerithium granulatum* de Lamarck, qui est synonyme du *Tympanotonos radula* Linné, de la
côte Occidentale d'Afrique.

Genre **VERTAGUS**, Klein 1753.

Vertagus aluco Linné.

1758. *Murex Aluco* LINNÉ, Syst. Nat., édit. X, p. 755.
1887. *Cerithium (Vertagus) aluco* Lin. TRYON, Manual, IX,
                    p. 145, pl. 27, fig. 38.

Localité. — Madagascar, peu commun (Sganzin, p. 23 ;
v. Martens, p. 104).

Vertagus asper Linné.

1758. *Murex asper* LINNÉ, Syst. Nat., édit. X, p. 756.
1887. *Cerithium (Vertagus) asper* Lin. TRYON, Manual, IX,
                    p. 148, pl. 28, fig. 62.

Localités. — Madagascar, assez commun (Sganzin, p. 24 ;
v. Martens, p. 103) ; Nosy Bé (de Man, p. 20, pl. IV, fig. 21) ;
Tuléar (Lamy, p. 315) ; Sarodrano ! ; Sainte-Marie, entre l'île
aux Nattes et Ilampy ! ; Tamatave !.

Var. LINEATA Lamarck.

1792. *Cerithium asperum* var. B. BRUGUIÈRE, Encycl. Méthod.,
                    p. 475.
1816. *Cerithium lineatum* LAMARCK, Tabl. Encycl. Méthod.,
                    p. 9, pl. 443, fig. 3ª, 3ᵇ.
1887. *Cerithium (Vertagus) asper* Lin. TRYON *(pars)*, Manual,
                    IX, p. 148, pl. 28, fig. 63 (*lineatum*
                    Lam.).

Localité. — Tuléar !.

Vertagus fasciatus Bruguière.

1792. *Cerithium fasciatum* BRUGUIÈRE, Encycl. Méthod., p. 474.
1887. *Cerithium (Vertagus) fasciatum* Brug. TRYON, Manual,
                    IX, p. 149, pl. 28, fig. 64 ; pl. 29,
                    fig. 65, 66, 67.

Localité. — Nosy Bé (de Man, p. 20).

Vertagus Kochi Philippi.

1848. *Cerithium Kochi* PHILIPPI, Zeitschr. für Malakoz, p. 21.
1887. *Cerithium (Vertagus) Kochii* Phil. TRYON, Manual, IX,
         p. 147, pl. 28, fig. 48, 49.

Localités. — Tuléar ! ; Tamatave (Odhner, p. 34).

Vertagus nobilis Reeve.

1865. *Vertagus nobilis* REEVE, Conch. Icon., pl. II, fig. 8.
1887. *Cerithium (Vertagus) nobilis* Reeve TRYON, Manual, IX,
         p. 148, pl. 28, fig. 60.

Localités. — Nosy Bé (de Man, p. 19) ; Hellville !.

Vertagus obeliscus Bruguière.

1792. *Cerithium obeliscus* BRUGUIÈRE, Encycl. Méthod., p. 472.
1816.   ——   ——   LAMARCK, Tabl. Encycl. Méthod., p. 9,
         pl. 443, fig. 4ᵃ, 4ᵇ.
1887. *Cerithium (Vertagus) obeliscus* Brug. TRYON (pars),
         Manual, IX, p. 146, pl. 27, fig. 39
         (excl. fig. 40 : *C. cedonulli*).

Localités. — Sud d'Androka ! ; Nosy Manitsa ! ; Tamatave !.

Tryon cite comme synonyme *C. sinensis* Gmelin et on pourrait se demander pourquoi il n'a pas adopté ce nom plus ancien. Il est probable que Gmelin a eu en vue l'espèce que Bruguière a nommée plus tard *obeliscus*, car la majorité des références s'y rapportent. Toutefois, la première : *Goumier* Adanson et l'habitat indiqué : Sénégal, permettraient de croire qu'il s'agit du Mollusque africain qui n'est autre que le *C. vulgatum*. A cause de cette incertitude, il est préférable de continuer à employer *obeliscus* qui est bien défini et consacré par un long usage.

Vertagus vertagus Linné.

1767. *Murex Vertagus* LINNÉ, Syst. Nat., édit. X, p. 1225.
1817. *Vertagus vulgaris* SCHUMACHER, Nouv. Syst., p. 228.

1887. *Cerithium (Vertagus) vertagus* Lin. TRYON, Manual, IX,
         p. 149, pl. 29, fig. 69 (*excl.* var.
         tæniata Quoy).

Localités. — Madagascar, assez rare (Sganzin, p. 24 ; v. Martens, p. 103). — Gisement quaternaire d'Antaboka (Perrier de la Bathie).

Genre **BITTIUM** (Leach) Gray 1847.

Bittium amboynense Watson.

1881. *Cerithium (Bittium) amboynense* WATSON, Journ. Linn.
         Soc., XV, p. 110.
1886. *Bittium amboynense* WATSON, « Challenger » Gastrop.,
         p. 544, pl. XL, fig. 5.
1887. *Bittium Amboynense* Wats. TRYON, Manual, IX. p. 156,
         pl. 30, fig. 15.

Localité. — Fénérive, sur les rochers (Odhner, p. 34).

Bittium glareosum Gould.

1861. *Bittium glareosum* GOULD, Proc. Boston Soc., VII, p. 387.
1887.   —   —   Gould TRYON, Manual, IX, p. 155,
         pl. 30, fig. 19.

Localités. — Sarodrano (Lamy, p. 315) ; Sainte-Marie, entre l'île aux Nattes et Ilampy !.

Bittium granarium Kiener.

1842. *Cerithium granarium* KIENER, Icon. coq. viv., p. 72,
         pl. 19, fig. 3, 3.
1887. *Bittium granarium* Kien. TRYON, Manual, IX, p. 155,
         pl. 30, fig. 98.

Localité. — Sarodrano (Lamy, p. 315).

Bittium perparvulum Watson.

1886. *Bittium perparvulum* WATSON, « Challenger » Gastrop.,
         p. 554, pl. XXXVIII, fig. 3.

1887. *Bittium perparvulum* Wats. TRYON, Manual, IX, p. 157,
　　　　pl. 31, fig. 29.

　　Localité. — Sarodrano (Lamy, p. 315).

Bittium perpusillum Tryon.

1860. *Bittium pusillum* DUNKER (non Gould), Malakoz. Blät-
　　　　ter, VI, p. 224.
1887. *Bittium perpusillum* TRYON, Manual, IX, p. 154, pl. 30,
　　　　fig. 17.

　　Localités. — Nosy Komba ! ; Nosy Fanihi ! ; Fénérive ! ;
Tamatave !.

Genre POTAMIDES, Brongniart 1810.

Sous-Genre TYMPANOTONOS.

Potamides (Trympanotonos) palustris Linné.

1767. *Strombus palustris* LINNÉ, Syst. Nat., édit. XII, p. 1213·
1887. *Potamides (Tympanotonos) palustris* Lin. TRYON, Ma-
　　　　nual, IX, p. 160, pl. 32, fig. 41, 42.

　　Localités. — Madagascar, commun à l'embouchure des ri-
vières (Sganzin, p. 23 ; v. Martens, p. 105) ; Nosy Bé (de Man
p 20 ; collect. Ph. D. récolte E. Marie) ; Majunga (collect. Ph.
D , récolte Em Dorr) ; Nosy Trozona, dans les cuvettes des
rochers ! ; Tuléar (Lamy, p. 315) ; Sarodrano ! ; Foulpointe ! —
Gisement quaternaire d'Analalava (P. Lemoine).

Sous-Genre TEREBRALIA, Swainson, 1840.

Potamides (Terebralia) sulcatus Born.

1778. *Murex sulcatus* BORN, Index rer. nat., p. 324.
1780. 　　—　　　　— 　　BORN, Test. Mus. Cæs. Vindob., p. 320.
1887. *Potamides (Terebralia) sulcatus* Born. TRYON, Manual,
　　　　IX, p. 160, pl. 32, fig, 46, 47.

Localité. — Madagascar, commun sur les pierres et les rochers (Sganzin, p. 23 ; v. Martens, p. 105).

Sous-Genre **TELESCOPIUM**, Montfort, 1810.

Potamides (Telescopium) telescopium Linné.

1758. *Trochus Telescopium* Linné, Syst. Nat., édit. X, p. 760.
1817. *Telescopium fuscum* Schumacher Nouv. Syst. p. 233.
1887. *Potamides (Telescopium) telescopium* Lin. Tryon, Manual, IX, p. 161, pl. 33, fig. 56.

Localité. — Madagascar, pas commun (Sganzin· p. 23 ; v. Martens p. 105).

Sous-Genre **CERITHIDEA**, Swainson, 1840.

Potamides (Cerithidea) decollatus Linné.

1767. *Murex decollatus* Linné, Syst. Nat., édit. XII, p. 1226.
1887. *Potamides (Cerithidea) decollatus* Lin. Tryon, Manual, IX, p. 161, pl. 32, fig. 54.

Localités. — Madagascar (Kiener, Icon. coq. viv., p. 96, pl. 28, fig. 2, 2 ; v. Martens, p. 106) ; Amboaniva (collect. Ph. D., récolte Ch. Alluaud) ; rivière des Caïmans (collect. Ph. D., récolte Ch. Alluaud) ; Nosy Bé (collect. Ph. D., ex collect. P. de Givenchy) ; Tuléar !.

Potamides (Cerithidea) obtusus Lamarck.

1822. *Cerithium obtusum* Lamarck Anim. s. vert., VII, p. 71.
1887. *Potamides (Cerithidea) obtusa* Lam. Tryon, Manual, IX, p. 161, pl. 33, fig. 59, 60 (*excl.* varr.).

Localité. — Madagascar (Kiener, Icon. coq. viv., p. 95, pl. 29, fig. 1, 1, excl. fig. 2, 2 ; v. Martens, p. 106).

Sous-Genre **PIRENELLA**, Gray, 1847.

Potamides (Pirenella) Cailliaudi Potiez et Michaud.

1838. *Cerithium Cailliaudii* POTIEZ et MICHAUD, Galerie de
Douai, I, p. 359, pl. XXXI, fig. 17,
18.

1887. *Potamides (Pirenella) conica* TRYON (*pars*, non de Blainville), Manual, IX, p. 165 (*excl.
figg. omn.*).

Localités. — Ile Europa ! ; Tuléar !.

Malgré une certaine ressemblance, il est impossible d'admettre l'identité du *P. conica* de la Méditerranée et du *P. Cail-
liaudi* de la mer Rouge, car ces espèces existaient dans ces
deux mers longtemps avant le percement de l'isthme de Suez.

Genre **CERITHIOPSIS**, Forbes et Hanley, 1849.

Cerithiopsis Blandi (Deshayes mss.) Vignal.

1900. *Cerithiopsis Blandi* (Deshayes mss.) VIGNAL, Bulletin du
Muséum, XV, p. 368, pl. XV, fig. 7.

Localité. — Sarodrano (Lamy, p. 315).

Genre **SIPHONIUM** (Browne 1756), Mörch 1859.

Siphonium maximum Sowerby.

1825. *Serpula maxima* SOWERBY, Catal. Tankerville, Appendix,
p. I.

1886. *Vermetus (Siphonium) maximus* Sow. TRYON Manual,
VIII, p. 184, pl. 55, fig. 89, 90.

Localité. — Tintingue rare sur les Madrépores (Sganzin, p. 4 ;
v. Martens, p. 112).

Genre **TENAGODES**, Guettard 1770 (emend.).

Tenagodes lacteus Lamarck.

1818. *Siliquaria lactea* LAMARCK, Anim. s. vert., V, p. 338.
1886. *Siliquaria (Pyxipoma) lactea* Lam. TRYON, Manual, VIII,
     p. 191, pl. 58, fig. 26.

Localité. — Tamatave, vivant dans les sables, pas commune
(Sganzin, p. 3 ; v. Martens, p. 112).

Tenagodes anguinus Linné.

1758. *Serpula anguina* LINNÉ, Syst. Nat., édit. X, p. 787.
1780. *Serpula muricata* BORN, Test. Mus. Cæs. Vindob., p. 446,
     pl. 18, fig. 16.
1818. *Siliquaria muricata* Born LAMARCK, Anim. s. vert., V,
     p. 337.
1886. *Siliquaria (Agathirses) anguina* Lin. TRYON, Manual,
     VIII. p. 190, pl. 58, fig. 23, 24, 25.

Localité. — Sainte-Marie de Madagascar, commun (Sganzin,
p. 3, s. nom. *Siliquaria muricata* ; v. Martens, p. 112).

Hanley a bien démontré (Ipsa Linn. Conch., p. 448), que le
Serpula anguina de Linné a été mal compris par Born, qui a
donné ce nom à l'espèce méditerranéenne (*T. obtusus* Schumacher), tandis qu'il créait le nom de *Serpula muricata* pour le
véritable *anguina* Linné. de l'Océan Indien. Lamarck a répété
l'erreur de Born.

Tenagodes trochlearis Mörch.

1860. *Tenagodus (Siliquarius) trochlearis* MÖRCH, Proc. Zool.
     Soc. Lond., p. 408.
1886. *Siliquaria trochlearis* Mörch TRYON, Manual, VIII, p. 189,
     pl. 57, fig. 14.

Localité. — Majunga (Odhner, p. 15).

Genre **TURRITELLA**, Lamarck 1799.

Turritella duplicata Linné.

1758. *Turbo duplicatus* LINNÉ, Syst. Nat., édit. X, p. 766.
1886. *Turritella (Zaria) duplicata* Lin. TRYON, Manual, VIII,
       p. 207, pl. 65, fig. 20, 21, 22.

Localité. — Madagascar, rare sur les plages sablonneuses
(Sganzin, p. 23 ; v. Martens, p. 107).

Tryon a eu raison de considérer les *T. replicata* Lin. et *acutangula* Lin. comme étant des formes du *duplicata*, mais il eût mieux valu les séparer comme variétés car le développement ou l'atténuation des carènes produit des coquilles d'aspects très différents.

Genre **CÆCUM**, Fleming 1824.

Cæcum clarum (de Folin) Lamy.

1910. *Cæcum clarum* (de Folin mss.) LAMY, Coq mar. Mada-
       gascar, Mém. Soc. Zool. Fr. XXII,
       p.317, pl. XV, fig. 9.

Localités. — Pointe d'Ampasipohé ! ; Sarodrano (Lamy,
p. 317).

Genre **MODULUS**, Gray 1840.

Modulus tectum Gmelin.

1790. *Trochus Tectum* GMELIN, Syst. Nat., édit. XIII, p. 3569.
1887. *Modulus tectum* Gm. TRYON, Manual, IX, p. 260, pl. 48,
       fig. 87, 88.

Localité. — Madagascar, rare sur les récifs (Sganzin, p. 22 ;
v. Martens, p. 108).

Genre **PLANAXIS**, Lamarck 1822.

Planaxis lineolatus Gould.

1849. *Planaxis lineolatus* GOULD. Proc. Boston Soc. of Nat. Hist., III, p. 118.
1887. *Planaxis lineatus* TRYON (*pars*, non Da Costa), Manual, IX, p. 278, pl. 53, fig. 57 *(tantum)*.

Localité. — Nosy Bé !.

Tryon a réuni sous le nom *lineatus* tous les *Planaxis* de petite taille qui se ressemblent plus ou moins et quelle que soit leur provenance, mais nous croyons pouvoir sans inconvénient réserver le nom *lineatus* à l'espèce la plus commune des Indes Occidentales et attribuer à celle de Madagascar, qui est largement répandue dans la région Indo-Pacifique, le nom *lineolatus* Gould.

Planaxis niger Quoy et Gaimard.

1833. *Planaxis nigra* QUOY et GAIMARD, Voyage de l' « Astrolabe », II, p. 491, pl. 33, fig. 22, 23, 24.
1887.   —   — Quoy TRYON *(pars)*, Manual, IX, p. 278, pl. 52, fig. 37 *(tantum)*.

Localité. — Ambodifotatra (Dautzenberg, p. 29).

Planaxis Savignyi Deshayes.

1844. *Planaxis Savignyi* DESHAYES, Mag. de Zool., pl. 109.
1887. *Planaxis sulcatus* Born, var. *Savignyi* Desh. TRYON, Manual, IX, p. 277, pl. 52, fig. 25, 26.
1926. *Planaxis Savignyi* Desh. PALLARY Explic., planches de Savigny, p. 73, pl. VIII, fig. 29ᵃ, 29ᵇ.

Localités. — Ilot Ambariobé ! ; Tuléar ! ; Sarodrano ! ; Nosy Nasatrana, plage !.

Le *Pl. Savignyi* est bien spécifiquement distinct du *sulcatus* Born.

Planaxis sulcatus Born.

1778. *Buccinum sulcatum* BORN, Index rer. nat., p. 251.
1780.   —   —   BORN, Test. Mus. Cæs. Vindob., p. 258, pl. 10, fig. 5, 6.
1887. *Planaxis sulcatus* Born TRYON *(pars)*, Manual, IX, p. 276, pl. 52, fig. 22, 23 *(tantum)*.

Localités. — Madagascar, très commun sur les rochers et sous les pierres (Sganzin, p. 25 ; v. Martens, p. 107) ; pointe d'Ankify ! ; Nosy Fanihi ! ; baie de Befotaka ! ; Soalala, appontement du village ! ; île Europa ! ; baie de Lamboharana ! ; Tuléar (Lamy, p. 317) ; Tuléar ! ; Tamatave !.

Genre LITTORINA, Férussac, 1821.

Sous-Genre MELARAPHE, von Mühlfeld, 1828.

Littorina (Melaraphe) glabrata Philippi.

1845. *Littorina glabrata* PHILIPPI, Proc. Zool. Soc. Lond.,p. 140.
1848.   —   —   PHILIPPI, Abbildungen, p. 56, pl. VII, fig. 5.
1887. *Littorina (Melaraphe) ziczac* TRYON *(pars*, non Chemnitz), Manual, IX, p. 251, pl. 45, fig. 92 *(tantum)*.

Localités. — Ilot Ambariobé sur les rochers ! ; île Europa ! ; atoll Europa, W. du Lagon actuel ! ; Tuléar ! ; Tuléar, récif ! ; Nosy Nasatrana ! ; Tamatave, quai (Odhner, p. 34) ; Tamatave, jetée !.

Littorina (Melaraphe) intermedia Philippi.

1847. *Litorina intermedia* PHILIPPI, Abbildungen, p. 39, pl. V, fig. 8 à 11.
1887. *Littorina (Melaraphe) scabra* var. *intermedia* Phil. TRYON, Manual, IX, p. 244, pl. 42, fig. 21, 22 *(tantum)*.

Localités. — Nosy Bé (v. Martens, récolte Hildebrandt) ; Nosy Bé ! ; Nosy Komba ! ; Tuléar (Lamy, p. 317) ; Tuléar ! ; Beheloka ! ; Sainte-Marie (collect. Ph. D., ex Nicollon) ; Tamatave !.

Littorina (Melaraphe) pintado Wood.

1828. *Turbo pintado* WOOD, Index testac., Suppl., p. 57, pl. 6, fig. 34.

1887. *Littorina (Melaraphe) pintado* Wood TRYON *(pars)*, Manual, IX, p. 250, pl. 44, fig. 86 *(tantum)*.

Localité. — Tuléar !.

Littorina (Melaraphe) scabra Linné.

1758. *Helix scabra* LINNÉ, Syst. Nat., édit. X, p. 770.

1843. *Phasianella angulifera* SGANZIN (non Lamarck), coquilles île de France, etc., p. 23.

1887. *Littorina (Melaraphe) scabra* Lin. TRYON *(pars)*, Manual, IX, p. 243, pl. 42, fig. 18, 19 *(tantum, excl.* synon. et var. plur.).

Localité. — Madagascar (Sganzin, p. 23 ; v. Martens, p. 108).

Var. NEWCOMBI Reeve.

1857. *Littorina Newcombi* REEVE, Conch. Icon., pl. VI, fig. 28ᵃ, 28ᵇ.

1887. *Littorina scabra*, var. *intermedia* TRYON *(pars,* non Philippi), Manual, IX, p. 244, pl. 42, fig. 24 *(tantum)*.

Localité. — Tamatave !.

Genre TECTARIUS, Valenciennes 1833.

Tectarius malaccanus Philippi.

1847. *Litorina malaccana* PHILIPPI, Abbildungen, p. 51, pl. VI, fig. 17.

1887. *Tectarius nodulosus* TRYON (*pars*, non Gmelin), Manual,
IX, p. 258, pl. 47, fig. 63 *(tantum)*.

Localités. — Ankatsepé ! ; Majunga ! ; île Europa ! ; Tuléar ! ; Fénérive ! ; Tamatave, jetée !.

Tryon a réuni sous le nom de *T. nodulosus* Gmelin de nombreuses espèces dissemblables, provenant, les unes, des Indes Occidentales, les autres de l'Océan Indien, de l'Australie, des Philippines, étc. Les spécimens de Madagascar sont identiques à ceux recueillis à Penang par Eudel.

Tectarius miliaris Quoy et Gaimard.

1832. *Littorina miliaris* QUOY et GAIMARD, Voyage de l' « Astrolabe », II, p. 484, pl. 33. fig. 16
à 19.

1887. *Tectarius miliaris* Quoy TRYON, Manual, IX, p 259,
pl. 48, fig. 78.

Localité. — Tuléar !.

Genre RISELLA, Gray 1840.

Risella infracostata Issel.

1869. *Risella infracostata* ISSEL, Malac. del Mar Rosso, p. 195,
348.

1887. —   —   Issel TRYON, Manual, IX, p. 264,
pl. 50, fig. 41, 42.

1926. —   —   Issel, PALLARY, Explic. des planches
de SAVIGNY, Mém. Instit. d'Egypte,
p. 86, pl. IX, fig. 40^1, 40^2.

Localités. — Nosy Bé ! ; Nosy Fanihi ! ; Ankatsepé !.

Genre SOLARIUM, Lamarck 1799.

Solarium lævigatum Lamarck.

1816. *Solarium lævigatum* LAMARCK, Tabl. Encycl. Méthod.,
p. 10, pl. 446, fig. 3^a, 3^b.

1822. *Solarium lævigatum* LAMARCK, Anim. s. vert., VII, p. 3.
1887. —   —   Lam. TRYON, Manual, IX, p. 12, pl. 4,
               fig. 43, 44.

Localité. — Madagascar, rare sur les récifs (Sganzin, p. 22 ;
v. Martens, p. 114).

Solarium perspectivum Linné.

1758. *Trochus perspectivus* LINNÉ, Syst. Nat., édit. X, p. 757.
1887. *Solarium perspectivum* Lin. TRYON, Manual, IX, p. 8,
               pl. 2, fig. 18, 19 et var. *australis*,
               fig. 20, 21.

Localités. — Madagascar, pas rare sur les récifs (Sganzin,
p. 22 ; v. Martens, p. 114) ; baie de Tsimipaika ! ; Nosy Bé (de
Man, p. 12) ; Morombé ! ; Tuléar ! ; Sarodrano !.

Genre **TORINIA**, Gray 1840.

Torinia dorsuosa Hinds.

1844. *Solarium dorsuosum* HINDS, Proc. Zool. Soc. Lond., p. 23.
1887. *Torinia dorsuosa* Hinds TRYON, Manual, IX, p. 17, pl. 5,
               fig. 80, 81.

Localité. — Ambatoloaka !.

Torinia variegata Gmelin.

1790. *Trochus variegatus* GMELIN, Syst. Nat., édit. XIII,
               p. 3575.
1923. *Torinia variegata* Gm. TRYON, Manual, IX, p. 16, pl. 5,
               fig. 75, 76.

Localités. — Baie de Tsimipaika ! ; Nosy Bé ! ; Ampangorinana ! ; Nosy Fanihi ! ; Ankilibé !.

Var. DEPRESSA Philippi.

1853. *Solarium perspectiviunculum* Meuschen, var. *depressa*
               PHILIPPI, Conch. Cab., 2e édit.,
               p. 30, pl. 4, fig. 10.

1887. *Torinia variegata* Gmel. var. *depressa* Phil. Tryon, Manual, IX, p. 17, pl. 5, fig. 78, 79.

Localités. — Pointe d'Ankify ! ; Nosy Bé ! ; Ampangorinana ! ; îlot Ambariobé ! ; Majunga (Odhner, p. 15) ; Tuléar !.

Genre **ALABA**, A. Adams 1862.

Alaba albugo Watson.

1886. *Alaba (Diala) albugo* Watson, « Challenger » Gastrop., p. 568, pl. XLII, fig. 3.
1887. *Litiopa (Diala) albugo* Wats. Tryon, Manual, IX, p. 283, pl. 53, fig. 88.

Localité. — Sarodrano (Lamy, p. 319).

Alaba fulva Watson.

1886. *Alaba (Stiliferina) fulva* Watson, « Challenger » Gastrop., p. 569, pl. XLII, fig. 6.
1887. *Litiopa (Styliferina) fulva* Wats. Tryon, Manual, IX, p. 284, pl. 53, fig. 90.

Localité. — Sarodrano (Lamy, p. 319).

Hedley considère cette espèce comme un *Obtortio*, ayant pour synonyme *Rissoa joviana* Melvill et pour variété *Rissoa pyrrhacme* Melv. et St. (Lamy).

Alaba Martensi Issel.

1869. *Alaba Martensi* Issel, Malac. del Mar Rosso, p. 206.
1887. *Litiopa (Diala) Martensi* Issel Tryon, Manual, IX, p. 282, pl. 53, fig. 82.
1926. *Syrnola Martensi* Issel Pallary, Explic. planches de Savigny, p. 59, pl. VIII, fig. 26^1, 26^2.

Localité. — Sarodrano (Lamy, p. 318).

D'après Hedley, le *Diala Hardyi* Melvill et Standen ne peut se distinguer de l'*A. Martensi* (Lamy).

Alaba semistriata (Philippi) Issel.

1849. *Rissoa semistriata* PHILIPPI (non *Turbo semistriatus* Montagu), Zeitschr. f. Malakoz., VI, p. 34.

1869. *Alaba semistriata* Phil. ISSEL, Malac. del Mar Rosso, p. 207.

1887. *Litiopa (Diala) semistriata* Phil. TRYON, Manual, IX, p. 282, pl. 53, fig. 81.

1926. *Syrnola semistriata* Phil. PALLARY, Explic. des planches de Savigny, Mém. Instit. d'Egypte, p. 59, pl. VII fig., 27^1, 27^2.

Localité. — Pointe du Sable, Diego-Suarez (collect. Ph. D., ex Bavay) ; Sarodrano (Lamy, p. 318).

Alaba striata Watson.

1886. *Alaba (Stiliferina) striata* WATSON « Challenger » Gastrop., p. 569, pl. XLII, fig. 6.

1887. *Litiopa (Styliferina) striata* Wats. TRYON, Manual, IX, p. 284, pl. LIII, fig. 80.

Localité. — Sarodrano (Lamy, p. 319).

Hedley (Proc. Linn. Soc. N. S. W., 1905, p. 524) classe cette espèce dans son genre *Obtortio* (famille des *Turbonillidæ*).

Genre RISSOA, Fréminville 1814.

? Rissoa (Manzonia) costata J. Adams.

1796. *Turbo costatus* J. ADAMS, Trans. Linn. Soc., III, p. 65, pl. XIII, fig. 13, 14.

Localité. — Sarodrano (Lamy, p. 320).

M. Lamy a trouvé parmi les coquilles recueillies à Sarodrano
par M. Geay un spécimen de cette espèce européenne, mais il
suppose, avec raison, que sa présence est due à une cause acci-
dentelle.

Genre SCALIOLA, A. Adams 1860.

Scaliola caledonica Crosse.

1870. *Scaliola caledonica* Crosse, Journal de Conch., XVIII,
      p. 299.
1871.   —   —   Crosse, *ibid.*, XIX, p. 200, pl. VI,
      fig. 3.
1887.   —   —   Crosse Tryon, Manual, IX, p. 85,
      pl. 17, fig. 42.

Localités. — Pointe du Sable, Diego-Suarez (collect. Ph. D.,
ex collect. Bavay) ; Sarodrano (Lamy, p. 322).

Les spécimens de Diego-Suarez que nous avons sous les yeux
concordent tout à fait avec le spécimen type conservé dans la
collection du « Journal de Conchyliologie », mais la figure qui
en a été publiée dans ce recueil en 1871 ne fait pas ressortir
suffisamment la convexité des tours et la copie de cette figure,
dans le « Manual of Conchology » a encore atténué ce caractère,
de sorte qu'elle ne ressemble plus au spécimen type.

Les figures 15 de la planche 3 de Savigny auxquelles Issel a
attribué le nom de *Scaliola elata* représentent une coquille de
forme plus pyramidale, à tours encore plus convexes et à ouverture plus grande.

Genre RISSOINA, d'Orbigny 1840.

Rissoina Bertholleti (Audouin) Issel.

1827. *Rissoa (Manzelia)* de Berthollet Audouin, Explic. som-
      maire des planches de Savigny,
      p. 171.

1869. *Rissoina Bertholleti* (Aud.) Issel, Malac. del Mar Rosso,
      p. 208, 336.
1901.   —   — (Aud.) H. Fischer, Journ. de Conch.,
      XLIX, p. 114, pl. IV, fig. 5, 6.
1926.   —   — (Aud.) Issel Pallary, Explic. plan-
      ches de Savigny, Mém. Instit. d'E-
      gypte, p. 65, pl. VIII, fig. 2.

Localités. — Nosy Manitsa ; Sud de Madagascar (collect.
Ph. D. ex Decary).

Rissoina clathrata A. Adams.

1851. *Rissoina clathrata* A. Adams, Proc. Zool. Soc. Lond.,
      p. 265.
1881.   —   — A. Ad. Weinkauff, Conch. Cab.,
      2ᵉ édit., p. 8, pl. 4, fig. 12, 13.
1887.   —   — A. Ad. Tryon, Manual, IX, p. 381,
      pl. 57, fig. 79.

Localité. — Baie d'Ambaro !.

Rissoina erythræa Philippi.

1851. *Rissoina erythræa* Philippi, Zeitschr. f. Malakoz., p. 93.
1864.   —   — Phil. Schwartz von Mohrenstern,
      Fam. Rissoiden, p. 95, pl. VIII,
      fig. 59.
1869. *Rissoina Erythræa* Phil. Issel., Malac. del Mar Rosso,
      p. 207.
1881. *Rissoina erythræa* Phil. Weinkauff, Conch. Cab., 2ᵉ édit.,
      p. 39, pl. 11, fig. 6.

Localités. — Anse du Cratère, près Hellville ! ; Andraikarékabé ! ; Nosy Manitsa ! ; ilot Prune ! ; sud de Madagascar
(collect. Ph. D., ex Decary).

Rissoina funiculata Souverbie.

1866. *Rissoina funiculata* Souverbie, Journ de Conch., XIV,
      p. 256, pl. IX, fig. 7.

1887. *Rissoina funiculata* Souv. TRYON, Manual, IX, p. 377,
pl. 56, fig. 69.

Localités. — Ankatsepé ! ; Nosy Manitsa ! ; Sainte-Marie,
entre l'île aux Nattes et Ilampy ! ; îlot Prune ! ; Sud de Madagascar (collect. Ph. D., ex Decary).

Rissoina miranda A. Adams.

1861. *Rissoina miranda* A. ADAMS, Ann. a. Mag. Nat. Hist.,
3e série, VIII, p. 135.

Var. INSOLITA Deshayes.

1863. *Rissoina insolita* DESHAYES, Moll. île Réunion, p. 63,
pl. XIII, fig. 15, 16.
1881. *Rissoina insolida* (sic) Desh. WEINKAUFF, Conch. Cab.,
2e édit., p. 59, pl. 15, fig. 5, 8.
1887. *Rissoina miranda* A. Ad. TRYON *(pars)*, Manual, IX,
p. 391, pl. 59, fig. 55 *(tantum)*.

Localités. — Sarodrano (Lamy, p. 321) ; Fénérive, plage ! ;
Sud de Madagascar (collect. Ph. D., ex Decary).

Le *R. insolita*, cité par Tryon comme synonyme de *miranda*,
a été admis comme variété par MM. Melvill et Standen (Proc.
Zool. Soc. Lond., II, p. 369) et par M. Lamy.

Rissoina myosoroides (Récluz mss.) Schwartz.

1864. *Rissoina pusilla* SCHWARTZ von MORHENSTERN (non
Brocchi), Fam. Rissoiden, p. 65,
pl. IV, fig. 29.
1864. *Rissoina myosoroides* (Récl. mss.) SCHWARTZ von MOH-
RENSTERN, Fam. Rissoiden, p. 66,
pl. IV, fig. 30.
1881. *Rissoina pusilla* WEINKAUFF (non Brocchi), Conch. Cab.,
2e édit., p. 26, pl. 9, fig. 2.
1881. *Rissoina myosoroides* Récl. WEINKAUFF, *ibid.*, p. 26,
pl. 9, fig. 3.

1887. *Rissoina ambigua* TRYON (*pars*, non Gould), Manual, IX,
p. 371, pl. 55, fig. 27 (*pusilla* Schw.,
non Brocc.) ; fig. 29 *(myosoroides)*.

Localités. — Tuléar, anfractuosités des rochers ! ; Tuléar,
récif ; Sarodrano (Lamy, p. 321) ; Beheloka ! ; Nosy Manitsa ! ;
Sud de Madagascar (collect. Ph. D., ex Decary).

On rencontre dans toute la région Indo-Pacifique un *Rissoina*
à côtes axiales nombreuses, presque contiguës, non strié transversalement, que Schwartz a représenté en l'assimilant au
Turbo pusillus Brocchi, du Pliocène italien. Cette identification
a été acceptée par certains auteurs et désapprouvée par d'autres.
La défectuosité de la figuration de Brocchi (Conch. foss. subap.,
pl. IV, fig. 5) peut expliquer ces divergences d'opinion, mais
nous constatons que les spécimens fossiles d'Orciano (collect.
Foresti) et de Riluogo (collect. D^r del Prete), que nous avons
sous les yeux, ont tous des tours plus convexes et la suture plus
accusée que l'espèce actuelle. Il nous semble donc plus prudent
de désigner ces derniers par un nom différent. Plusieurs auteurs
les ont nommés *R. ambigua* Gould, mais les figures originales
de l'*ambigua* (Gould : Expl. Exp., pl. 15, fig. 261 à 261^c) s'ac-
cordent si peu avec celles du *R. pusilla* Schwartz (non Brocchi),
que nous ne pouvons nous décider à employer ce nom et nous
préférons adopter *R. myosoroides* (Récluz mss.) Schwartz. A
notre avis, qui était aussi celui de Bavay, ce *R. myosoroides*
n'est qu'une forme raccourcie et ornée d'une bande transversale
orangée du *R. pusilla* Schwartz (non Brocchi) car nous possédons certains exemplaires allongés qui ont aussi une bande
orangée et dont la sculpture est exactement la même.

Rissoina Rissoi (Audouin) Weinkauff.

1827. *Rissoa (Manzelia) de Risso* AUDOUIN, Explic. des planches de Savigny, p. 171.

1869. *Rissoina scalariformis* ISSEL (non C. B. Adams), Malac.
del Mar Rosso, p. 208, 336.

1885. *Rissoina Rissoi* (Audouin) Weinkauff, Conch. Cab., 2ᵉ
                    édit., p. 63, pl. 15, fig. 13.
1901.   —   —   (Audouin) H. Fischer, Journ. de Conch.
                    XLIX, p. 117, pl. IV, fig. 3, 4.
1926.   —   —   (Aud.) Weink. Pallary, Explic. des
                    planches de Savigny, Mém. Institut
                    d'Egypte, p. 65, pl. VIII, fig. 1.

Localités. — Nosy Manitsa ! ; Sud de Madagascar (collect.
Ph. D., ex Decary).

Ce *Rissoina* ressemble assez, à première vue, au *R. scalariformis* C. B. Adams, de Panama, pour qu'Issel l'ait assimilé à
cette espèce; il a la même forme trapue, mais ses côtes axiales
sont plus nombreuses et il est dépourvu de toute striation transversale.

Rissoina (Mörchiella) spirata Sowerby.

1830. *Rissoa spirata* Sowerby, Genera of Shells, Rissoa, fig. 3.
1842.   —   —   Sow. Reeve, Conch. Syst., p. 152,
                    pl. CCVIII, fig. 3.
1864. *Rissoina spirata* Sow. Schwartz von Mohrenstern,
                    Fam. Rissoiden, p. 101, pl. IX,
                    fig. 67.
1881.   —   —   Sow. Weinkauff, Conch. Cab., 2ᵉ édit.
                    p. 42, pl. 12, fig. 4.
1901.   —   —   Sow. H. Fischer, Journ. de Conch.,
                    XLIX, p. 113, pl. IV, fig. 1, 2.

Localités. — Madagascar (collect. Ph. D., ex P. de Givenchy) ;
Sarodrano (Lamy, p. 321).

Genre IRAVADIA, Blanford 1867.

Iravadia trochlearis Gould.

1861. *Rissoina trochlearis* Gould, Proc. Boston Soc. Nat. Hist.,
                    VII, p. 400.

1862. *Iravadia trochlearis* Gould, Otia, p. 144.
1887.   —   —   Gould Tryon, Manual, IX, p. 394, pl. 60, fig. 64, 65.

Localités. — Anse du Cratère, près Hellville ! ; Ankatsepé ! ; Nosy Manitsa ! ; Fénérive, plage ! ; Sud de Madagascar (collect Ph. D., ex Decary).

Genre FENELLA, A. Adams 1871 (emend).

Fenella cerithina Philippi.

1849. *Rissoa cerithina* Philippi, Zeitschr. f. Malacoz., p. 33.
1887. *Fenella cerithina* Phil. Tryon, Manual, IX, p. 395, pl. 60, fig. 80, 81.

Localité. — Pointe du Sable, Diego-Suarez (collect. Ph. D., ex collect. Bavay).

Fenella Geayi Lamy.

1910. *Fenella Geayi* Lamy, Coq. mar. Madagascar, Mém. Soc. Zool. Fr., XXII, p. 319, pl. XV, fig. 8.

Localités. — Pointe du Sable, Diego-Suarez (collect. Ph. D., ex collect. Bavay) ; Sarodrano (Lamy, p. 319).

La coloration typique du *F. Geayi* est blanche, à l'exception des tours embryonnaires qui sont teintés de brun clair.

Var. FUSCATA, nov. var.

Entièrement brune, sauf la base du dernier tour qui est blanchâtre.

Var. BALTEATA, nov. var.

Chez cette variété les tours supérieurs sont bruns, mais le dernier est blanc, traversé par une large bande décurrente brune.

Fenella virgata Philippi.

1849. *Rissoa virgata* PHILIPPI, Zeitschr. f. Malakoz., p. 35.
1887. *Fenella virgata* Phil. TRYON, Manual, IX, p. 394, pl. 60,
fig. 79.

Localité. — Pointe du Sable, Diego-Suarez (collect. Ph. D.,
ex collect. Bavay).

Genre ASSIMINEA (Leach) Fleming 1828.

Assiminea Geayi Lamy.

1910. *Assiminea Geayi* LAMY, Coq. mar. Madagascar, Mém.
Soc. Zool. de Fr., XXII, p. 325,
pl. XV, fig. 6 (×18).

Localité. — Sarodrano (Lamy, p. 325).

Genre HIPPONYX, Defrance 1819.

Hipponyx antiquatus Linné.

1767. *Patella antiquata* LINNÉ, Syst. Nat., édit. XII ; p. 1259.
1886. *Hipponyx antiquatus* Lin. TRYON, Manual, VIII, p. 134,
pl. 40, fig. 93 à 99.

Localité. — Tuléar !.

Hipponyx australis Lamarck.

1819. *Patella australis* LAMARCK, Anim. s. vert., VI, 1re partie,
p. 335.
1886. *Hipponyx australis* Lam. TRYON, Manual, VIII, p. 136,
pl. 41, fig. 9, 10, 11.

Localités. — Nosy Bé ! ; Nosy Fanihi ! ; île Europa ! ; Tuléar
(Lamy, p. 327) ; Tuléar ! ; Nosy Vé, sur *Ricinula hystrix* et
Fasciolaria trapezium (Thiele, p. 562) ; Nosy Nasatrana ! ;
Lambétabé, plage ! ; Nosy Manitsa ! ; Ambodifotatra (Dautzen-

berg, p. 29) ; Tamatave, sur les récifs de coraux (Odhner, p. 34) ;
Tamatave !.

Hipponyx ticaonicus Sowerby.

1846. *Hipponyx Ticaonica* Sowerby, Thes. Conch., I, p. 370,
pl. LXXIII, fig. 28, 29.
1886. *Hipponyx ticaonicus* Sow. Tryon, Manual, VIII, p. 137,
pl. 41, fig. 23, 24.

Localité. — Majunga, plage (Odhner, p. 15).

Genre MITRULARIA, Schumacher 1817.

Mitrularia equestris Linné.

1758. *Patella equestris* Linné, Syst. Nat., édit. X, p. 780.
1886. *Mitrularia equestris* Lin. Tryon *(pars)*, Manual, VIII,
p. 137, pl. 41, fig. 25, 26 *(tantum)*.

Localité. — Tuléar (Lamy, p. 327).

Mitrularia tectum-sinense Lamarck.

1822. *Calyptræa tectum sinense* Lamarck, Anim. s. vert., VI,
2e p., p. 22.
1886. *Mitrularia tectum Sinense* Lam. Tryon, Manual, VIII,
p. 139, pl. 43, fig. 71-74.

Localité. — Madagascar (Sganzin, p. 13 ; v. Martens, p. 111).

Genre CAPULUS, Montfort 1810.

Capulus intortus Lamarck.

1822. *Pileopsis intorta* Lamarck, Anim. s. vert., VI, 2e p., p. 18.
1886. *Capulus intortus* Lam. Tryon, Manual, VIII, p. 131,
pl. 39, fig. 75, 76.

Localités. — Nosy Bé ! ; Ankatsepé! ; Tuléar (Lamy, p. 327) ;
Tuléar ! ; Nosy Nasatrana, plage ! ; Sainte-Marie (Sganzin,
p. 13 ; v. Martens, p. 111) ; Sainte-Marie, entre l'île aux Nattes
et Ilampy !.

Genre **AMATHINA**, Gray 1842.

Amathina tricostata Gmelin.

1790. *Patella tricostata* GMELIN, Syst. Nat., édit. XIII, p. 3698.
1886. *Amathina tricostata* Gmel. TRYON, Manual, VIII, p. 133,
pl. 40, fig. 89, 90.

Localité. — Nosy Bé (collect. Ph. D., récolte E. Marie) ;
Ankatsepé !.

Genre **XENOPHORA**, Fischer de Waldheim, 1807.

Xenophora helvacea Philippi.

1851. *Xenophorus helvaceus* PHILIPPI, Zeitschr. f. Malakoz.,
p. 44.
1886. *Xenophora (Tugurium) helvacea* Phil. TRYON, Manual,
VIII, p. 162, pl. 47, fig. 96.

Localités. — Madagascar (Tryon, p. 162) ; Nosy Bé (collect.
Ph. D., récolte E. Marie).

Genre **NATICA**, Adanson 1757.

Natica asellus Reeve.

1855. *Natica asellus* REEVE, Conch. Icon., pl. XXIX, fig. 136a,
136b.
1886. — — Reeve TRYON, Manual, VIII, p. 24,
pl. 6, fig. 3, 4.

Localités. — Nosy Bé ! ; Nosy Fanihi ! ; Tuléar ! ; Ankilibé,
plage ; ! Sarodrano ! ; Tamatave (Odhner, p. 33).

Natica chinensis Lamarck.

1822. *Natica chinensis* LAMARCK, Anim. s. vert., VI, 2e p.,
p. 204.

1886. *Natica Chinensis* Lam. Tryon *(pars)*, Manual, VIII,
           p. 20, pl. 3, fig. 53 *(tantum)*, *excl.*
           fig. 54 : *Aimei* Jouss.

Localités. — Baie de Tsimipaika ! ; pointe d'Ankify ! ; Tuléar (Lamy, p. 326) ; Tamatave !.

? **Natica maculosa** Lamarck.

1822. *Natica maculosa* Lamarck, Anim. s. vert., VI, 2ᵉ partie,
           p. 202.

1841.   —   —   Lam. Delessert, Coq. décr. par Lamarck et non figurées, pl. 32, fig. 14ᵃ, 14ᵇ.

1886.   —   —   Lam. Tryon, Manual, VIII, p. 16, pl. 3, fig. 35.

Localité. — Madagascar, rare (Sganzin, p. 20, s. nom. *N. millepunctata* Lam.).

Lamarck a basé son *N. millepunctata* sur les figures de l'Encyclopédie : pl. 453, fig. 6ᵃ, 6ᵇ et quelques autres de Lister, Gualteri, etc., qui ont permis de reconnaître l'espèce méditerranéenne à laquelle ce nom est resté attaché, mais il a commis une grave erreur en lui assignant pour habitat « l'Océan Indien et les côtes de Madagascar ». C'est évidemment cette fausse indication de provenance qui a incité Sganzin à se servir du nom *millepunctata* pour un Mollusque malgache.

Le *Natica maculosa* Lamarck étant l'espèce de la région Indo-Pacifique dont le dessin ponctué ressemble le plus à celui de l'espèce méditerranéenne, il est fort probable que c'est elle que Sganzin a nommée *millepunctata*.

Natica marochiensis Gmelin.

1790. *Nerita marochiensis* Gmelin, Syst. Nat., édit. XIII,
           p. 3673.

1886. *Natica marochiensis* Gmel. Tryon *(pars)*, Manual, VIII,
           p. 22, pl. 5, fig. 74, 75 *(tantum)*.

Localités. — Ambatoloaka ! ; Nosy Andrano ! ; Tuléar (Lamy, p. 326) ; Tuléar ! ; Fénérive (Odhner, p. 33) ; Tamatave ! — Gisement quaternaire d'Antaboka (Perrier de la Bathie).

Var. LURIDA Philippi.

1853. *Natica marochiensis* Gmel. var. *lurida* PHILIPPI, Conch. Cab., 2ᵉ édit., p. 79, pl. 12, fig. 2, 3,4.

1886. *Natica marochiensis* Gmel. var. *lurida* Phil. TRYON *(pars)*, Manual, VIII, p. 23, pl. 5, fig. 76 *(tantum)*.

Localité. — Tuléar !.

Var. TESSELLATA Philippi.

1848. *Natica tessellata* PHILIPPI, Zeitschr. f. Malakoz., p. 158.

1853. — — PHILIPPI, Conch. Cab., 2ᵉ édit., p. 48, pl. 7, fig. 7.

1886. *Natica marochiensis* Gm. TRYON *(pars)*, Manual, VIII, p. 23, pl. 5, fig. 79 *(tantum)*.

Localité. — Tuléar !.

Natica picta Récluz.

1843. *Natica picta* RÉCLUZ, Proc. Zool. Soc. Lond., p. 204.

1886. — — Récl. TRYON, Manual, VIII, p. 21, pl. 4, fig. 68, 69.

Localité. — Tamatave (Odhner, p. 33).

Natica Robillardi Sowerby.

1893. *Natica Robillardi* SOWERBY, Proc. Malac. Soc. Lond., 1, p. 43, pl. IV, fig. 12.

Localité. — Tuléar !.

Natica rufa Born.

1778. *Natica rufa* BORN, Index rer. nat., p. 413.

1780. — — BORN, Test. Mus. Cæs. Vindob., p. 398, pl. 17, fig. 3, 4.

1886. *Natica rufa* Born TRYON *(pars)*, Manual, VIII, p. 29,
pl. 9, fig. 62 (*excl.* var. *spadicea*
Gmel. : fig. 63.

Localité. — Madagascar, rare sur les rochers (Sganzin, p. 20 ;
v. Martens, p. 100).

Natica tæniata Menke.

1781. *Ala Papillionis minor* CHEMNITZ (non *Ala Papillionis*
p. 249), Conch. Cab., V, p. 257,
pl. CLXXXVI, fig. 1868 à 1871.
1790. *Nerita canrena* var. δ. GMELIN, Syst. Nat., édit. XIII,
p. 3669.
1830. *Natica tæniata* MENKE, Synopsis, p. 46.
1838. *Natica ala papilionis* DESHAYES *in* LAMARCK (non Chemnitz), Anim. s. vert., 2e édit., VIII,
p. 647.
1853. *Natica tæniata* Menke PHILIPPI, Conch. Cab., 2e édit.,
p. 13, pl. 1, fig. 12, 13.
1886. *Natica ala papilionis* TRYON (*pars*, non Chemnitz), Manual, VIII, p. 21, pl. 4, fig. 62 à 64
excl. var. *Broderipiana* Récl., fig. 65
à 67).

Localités. — Madagascar (Favanne : Conch., II, p. 263,
pl. XI, fig. C) ; Majunga (Odhner, p. 15, s. nom. *alapapilionis*) ;
Tamatave (Odhner, p. 34, s. nom. *alapapilionis*).

Ala Papillionis Chemnitz (Conch. Cab., V, p. 249,
pl. CLXXXVI, fig. 1860, 1861) est synonyme de *N. canrena*
Linné, Mollusque des Indes Occidentales, tandis qu'*Ala Pa-
pillionis minor*, est bien la présente espèce de l'Océan Indien.
Le nom *ala papilionis*, employé par la plupart des auteurs, ne
peut donc être conservé et Menke a eu raison de remplacer *Ala
Papillionis minor* (= *N. canrena* var. δ Gmelin) par *tæniata*.
Von Martens a substitué *zonaria* Lam. à *tæniata*, mais le
Natica zonaria de Lamarck, est basé sur les figures de l'En-

cyclopédie : pl. 453, fig. 2ᵃ, 2ᵇ, qui, bien qu'imparfaites, paraissent représenter un jeune *N. canrena.*

Natica Trailli Reeve.

1835. *Natica Traillii* REEVE, Conch. Icon., pl. XXIX, fig. 137ᵃ, 137ᵇ.

1886. — — Reeve TRYON, Manual, VIII, p. 19, pl. 3, fig. 50.

Localité. — Tamatave (Odhner, p. 33).

Sous-Genre **NEVERITA**, Risso, 1826.

Natica (Neverita) Chemnitzi (Récluz) Reeve.

1855. *Natica Chemnizi* (Récluz mss.) REEVE, Conch. Icon., pl. II, fig. 7ᵃ, 7ᵇ.

1886. *Natica (Neverita) ampla* TRYON *(pars)*, Manual, VIII, p. 33, pl. 10, fig. 82 *(tantum).*

Localité. — Madagascar (v. Martens, p. 100).

Tryon a réuni sous le nom de *N. ampla* tous les *Neverita* de l'Océan Indien.

Sous-Genre **MAMMA**, Klein, 1753.

Natica (Mamma) aurantia Lamarck.

1822. *Natica aurantia* LAMARCK, Anim. s. vert., VI, 2ᵉ partie, p. 198.

1886. *Natica (Mamma) aurantia* Lam. TRYON *(pars)*, Manual, VIII, p. 42, pl. 15, fig. 39 *(tantum).*

Localité. — Madagascar (collect. Denis, récolte Lieut. Raoulx).

Natica (Mamma) Burnupi E. A. Smith.

1903. *Natica (Polinices) Burnupi* E. A. SMITH, Proc. Malac. Soc. Lond., p. 385, pl. XV, fig. 11.

Localités. — Pointe d'Ampasipohé ! ; Tuléar ! ; Ankilibé ! — Gisement quaternaire d'Antaboka (Perrier de la Bathie).

Natica (Mamma) mamilla Linné.

1758. *Nerita Mammilla* Linné, Syst. Nat., édit. X, p. 776.
1886. *Natica (Mamma) mamilla* Lin. Tryon *(pars)*, Manual,
         VIII, p. 49, pl. 16, fig. 46 *(tantum)*.

Localités. — Madagascar très abondant sur les rochers (Sganzin, p. 20 ; v. Martens, p. 100) ; Nosy Faly (de Man, p. 14) ; Nosy Bé (de Man, p. 14) ; Ambatoloaka ! ; baie de Befotaka ! ; Majunga (Odhner, p. 14) ; île Europa (Thiele, p. 563) ; Tuléar (Thiele, p. 562 ; Lamy, p. 326) ; Tuléar ! ; Nosy Nasatrana ! ; Androka, plage ! ; Ambodifotatra (Dautzenberg, p. 29) ; Foulpointe ! ; Tamatave (Odhner, p. 34) ; Tamatave !.

Var. piriformis Récluz.

1843. *Natica pyriformis* Récluz, Proc. Zool. Soc. Lond., p. 211.
1886. *Natica (Mamma) mamilla* Tryon *(pars)*, Manual, VIII,
         p. 49, pl. 16, fig. 48 *(tantum)*.

Localités. — Pointe d'Ankify ! ; Tuléar ! ; baie d'Ampalaza ! ; Foulpointe !.

Section MAMILLA, Schumacher, 1817.

Natica (Mamilla) melanostoma Gmelin.

1790. *Nerita melanostoma* Gmelin, Syst. Nat., édit. XIII
         p. 3674.
1886. *Natica (Mamilla) melanostoma* Gmel. Tryon *(pars)*,
         Manual, VIII, p. 50, pl. 21, fig. 14,
         15 *(tantum)*.

Localités. — Madagascar, très commun sur les rochers (Sganzin, p. 20 ; v. Martens, p. 101) ; Nosy Bé (de Man, p. 15) ; Borso Bé ? (Odhner, p. 42) ; Majunga (Odhner, p. 14) ; Tuléar (Lamy, p. 327) ; Ambodifotatra (Dautzenberg, p. 29).

Natica (Mamilla) simiæ Deshayes.

1838. *Natica simiæ* DESHAYES *in* LAMARCK, Anim. s. vert.,
2ᵉ édit., VIII, p. 652.
1886. *Natica (Mamilla) simiæ* Desh. TRYON, Manual, VIII,
p. 51, pl. 21, fig. 19, *excl.* var. *Bernardii* Récluz (fig. 20).

Localités. — Tuléar, plage ! ; Sarodrano !.

Genre SIGARETUS, Lamarck 1799.

Sigaretus Delesserti Récluz.

1843. *Sigaretus Delessertii* RÉCLUZ *in* CHENU, Illustr. Conch.,
p. 21, pl. 3, fig. 8ᵃ à 8ᵇ.
1886. *Sigaretus Delesserti* Récl. TRYON, Manual, VIII, p. 58,
pl. 25, fig. 73, 74.

Localité. — Tamatave !.

Sous-Genre EUNATICINA, P. Fischer, 1885.

Sigaretus (Eunaticina) papilla Gmelin.

1790. *Nerita Papilla* GMELIN, Syst. Nat., édit. XIII, p. 3675.
1886. *Sigaretus (Eunaticina) papilla* Gmel. TRYON *(pars)*,
Manual, VIII, p. 58, pl. 25, fig. 78
(tantum), excl. var.

Localité. — Tamatave (Odhner p. 34).

(Ptenoglossa).

Genre IANTHINA, Lamarck 1799.

Ianthina ianthina Linné.

1758. *Helix janthina* LINNÉ Syst. Nat. édit. X p. 772.
1816. *Janthina fragilis* LAMARCK Tabl. Encycl. Méthod. p. 12,
pl. 456, fig. 1ᵃ, 1ᵇ.

1822. *Janthina communis* LAMARCK, Anim. s. vert., VI, 2ᵉ partie, p. 206.
1887. *Ianthina fragilis* Lam. TRYON, Manual, IX, p. 36, pl. 9, fig. 94 à 5 ; pl. 10, fig. 6 à 10.

Localités. — Madagascar, abondant sur les plages sablonneuses (Sganzin, p. 21 ; v. Martens, p. 113) ; Tamatave !.

Var. AFRICANA Reeve.

1858. *Ianthina africana* REEVE, Conch. Icon., pl. II, fig. 8.
Localité. — Sarodrano (Lamy, p. 327).

Ianthina Vinsoni Deshayes.

1863. *Janthina Vinsoni* DESHAYES, Moll. île Réunion, p. 94, pl. 11, fig. 9, 10.
1887. *Ianthina exigua* TRYON (*pars*, non Lamarck ?), Manual, IX, pl. 10, fig. 20.

Localité. — Tamatave !.

L'assimilation du *I. Vinsoni* Desh. au *I. exigua* est peut-être justifiée, mais le spécimen de Tamatave rapporté par M. Petit concordant bien avec la figure du *Vinsoni*, nous avons préferé lui attribuer ce nom. Von Martens a admis les deux espèces comme distinctes.

Genre **SCALA** Klein 1753 = *Scala* Hwass (Museum Calonnianum) 1797 = *Epitonium* Röding (Museum Boltenianum), 1798 = *Scalaria* Lamarck 1801.

Scala scalaris Linné.

1758. *Turbo Scalaris* LINNÉ, Syst. Nat., édit. X, p. 764.
1816. *Scalaria pretiosa* LAMARCK, Tabl. Encycl. Méthod., p. 11, pl. 451, fig. 1ᵃ, 1ᵇ.
1887.   —   —   Lam. TRYON, Manual, IX, p. 54, pl. 11, fig. 31.

Localité. — Morombé !.

Section **VICINISCALA**, de Boury, 1909.

Scala (Viciniscala) ferruginea Mörch.

1844. *Scalaria Pallassii* var. SOWERBY, Thes. Conch., I, p. 83,
pl. XXXII, fig. 15.
1852. *Scalaria ferruginea* MÖRCH, Catal. Yoldi, I, p. 48.

Localité. — Morombé !.

Section **GYROSCALA**, de Boury, 1909.

Scala (Gyroscala) commutata Monterosato.

1822. *Scalária lamellosa* LAMARCK (non Brocchi), Anim. s.
vert., VI, 2e p., p. 227.
1877. *Scalaria commutata* MONTEROSATO, Conch. della rada di
Civitavecchia, Ann. del Mus. Civ. di
Genova, IX, p. 420.
1887. *Scalaria (Opalia) lamellosa* Lam. TRYON (non Brocchi),
Manual, IX, p. 74, pl. 15, fig. 84.

Localités. — Madagascar, commun (Sganzin, p. 22 ; v. Martens, p. 113) ; Tuléar !.

Espèce cosmopolite dont le Marquis de Monterosato a remplacé le nom *lamellosa* Lamarck par *commutata* à cause d'un *Sc. lamellosa* Brocchi, fossile des terrains subapennins, plus ancien et bien différent.

Section **CIRSOTREMA**, Mörch, 1852.

Scala (Cirsotrema) soror Odhner.

1919. *Cirsotrema soror* ODHNER, Faune malac. de Madagascar,
p. 35, pl. 3, fig. 31, 32, 33.

Localité. — Tamatave (Odhner, p. 35).

(Gymnoglossa.)

Genre **EULIMA.**

M. Paul Bartsch (West American Melanellid Mollusks, Proc. U. S. Nat. Mus. LIII, p. 302), a remplacé le nom générique *Eulima* Risso, 1826 par *Melanella* Bowdich, 1822 (Elements of Conchology I, p. 27, pl. VI, fig. 24 : *Melanella Dufresnii*), ce qui est correct si l'on se soumet à la loi de priorité. Mais il nous semble qu'il devrait être permis de déroger à cette loi draconienne lorsqu'il s'agit d'un nom tel qu'*Eulima* qui est consacré par un long usage. Ce serait le cas, ou jamais, d'inscrire le nom *Eulima* parmi les « nomina conservanda ». Cossmann, dans ses « Essais de Paléoconchologie comparée », fasc. XII, p. 193, considérait que l'ouvrage de Bowdich est peu répandu, et que l'espèce type : *Dufresnei* étant insuffisamment décrite et figurée, il conclut au maintien du nom *Eulima*.

Eulima algoensis E. A. Smith.

1901. *Eulima algoensis* E. A. SMITH, Journ. of Conch., X,
p. 109, pl. 1, fig. 10.

Localité. — Tamatave sur le récif de coraux (Odhner, p. 35).

Eulima (Subularia) attenuata Sowerby.

1866. *Eulina attenuata* SOWERBY *in* REEVE, Conch. Icon.,
pl. VI, fig. 46ᵃ, 46ᵇ.

1886. *Eulima (Subularia) attenuata* Sow. TRYON, Manual, VIII,
p. 282, pl. 70, fig. 97.

Localité. — Baie de Lamboharana !.

? **Eulima Cumingi** A. Adams.

1851. *Eulima Cumingii* A. ADAMS, Proc. Zool. Soc. Lond.,
p. 277.

1854.   —   —   A. Ads. SOWERBY, Thes. Conch., II,
p. 798, pl. 169, fig. 26.

1886. *Eulima Cumingi* A. Ads. Tryon, Manual, VIII, p. 267,
pl. 68, fig. 96.

Localité. — Ankatsepé !.

C'est avec doute que je rapporte à cette espèce un spécimen
jeune récolté par M. G. Petit.

Eulima tulearensis Lamy.

1910. *Eulima tulearensis* Lamy, Coq. mar. Madagascar, Mém.
Soc. Zool. Fr., XXII, p. 322, pl. XV,
fig. 5 (× 23).

Localité. — Tuléar (Lamy, p. 322).

Genre PYRAMIDELLA, Lamarck 1799.

Pyramidella dolabrata Linné.

1758. *Trochus dolabratus* Linné, Syst. Nat., édit., X, p. 760.
1886. *Pyramidella dolabrata* Lin. Tryon, Manual, VIII, p. 300,
pl. 72, fig. 71, 72.

Localités. — Ambatoloaka ! ; Ankatsepé ! ; Tuléar !.

Var. terebellum Müller.

1773. *Helix terebella* Müller, Hist. Vermium, p. 123.
1886. *Pyramidella dolabrata* Lin., var. *terebellum* Müll. Tryon,
Manual, VIII, p. 300, pl. 72, fig. 74.

Localité. — Pointe à Larrée !.

Pyramidella ventricosa Guérin.

1830. *Pyramidella ventricosa* Guérin, Magasin de Zool., I, p. 2,
pl. II.
1886.   —   — Tryon *(pars)*, Manual of Conch.
VIII, p. 299, pl. 72, fig. 63 (? *excl.*
synon. *scitula* A. Ads.).

Localité. — Tuléar (Lamy, p. 325).

Il nous paraît douteux que le *P. scitula* A. Adams *in* Sowerby
(Thes. Conch., II, p. 810, pl. CLXXI, fig. 23) ne soit que l'état
jeune du *P. ventricosa* comme l'a cru Tryon.

Section **LONCHÆUS**, Mörch, 1874.

Pyramidella (Lonchæus) acus Gmelin.

1790. *Voluta Acus* GMELIN, Syst. Nat., édit. XIII p. 3451.
1886. *Pyramidella (Lonchæus) acus* Gm. TRYON Manual, VIII,
             p. 301, pl. 72, fig. 76, 77 et ? 78.

Localité. — Ambatoloaka !.

Pyramidella (Lonchæus) Prati Bernardi.

1858. *Pyramidella Pratii* BERNARDI, Journ. de Conch., VII,
             p. 386, pl. XIII, fig. 1.
1886. *Pyramidella (Lonchæus) sulcata* TRYON (*pars*, non A.
             Adams), Manual, VIII, p. 301, p. 72,
             fig. 83 *(tantum)*.

Localité. — Ambatoloaka !.

En comparant le type du *P. Prati*, qui fait partie de la collection du Journal de Conchyliologie, et le spécimen recueilli à
Ambatoloaka par M. G. Petit, nous constatons qu'ils sont identiques et bien distincts du *P. sulcata* par leurs tours plus plans,
séparés par un sillon sutural beaucoup plus large. Sur le dernier
tour ce sillon est aussi bien plus profond et se prolonge jusqu'à
l'extrémité, tandis qu'il s'atténue et disparaît même tout à fait
sur les spécimens adultes du *P. sulcata*.

Pyramidella (Lonchæus) sulcata A. Adams

1854. *Obeliscus sulcatus* A. ADAMS *in* SOWERBY, Thes. Conch.,
             II, p. 807, pl. CLXXI, fig. 34.
1886. *Pyramidella (Lonchæus) sulcata* A. Adams TRYON (*pars*),
             Manual, VIII, p. 301, pl. 72, fig. 79
             (tantum).

Localités. — Pointe du Sable, Diego-Suarez (collect. Ph. D., ex Bavay) ; Nosy Bé ! ; Nosy Komba ! ; Tuléar (Lamy, p. 325) ; Tuléar ! ; Sainte-Marie, entre l'île aux Nattes et Ilampy ! ; Foulpointe ! ; Tamatave !.

Sous-Genre **OTOPLEURA**, P. Fischer, 1885.

Pyramidella (Otopleura) auris-cati Chemnitz.

1795. *Voluta Auris Cati* CHEMNITZ, Conch. Cab., XI, p. 20, pl. CLXXVII, fig. 1711, 1712.
1886. *Pyramidella (Otopleura) auris-cati* Chemn. TRYON, Manual, VIII, p. 305, pl. 73, fig. 95.

Localité. — Tuléar (Lamy, p. 325).

Pyramidella (Otopleura) mitralis A. Adams.

1853. *Pyramidella mitralis* A. ADAMS, Proc. Zool. Soc. Lond., p. 177.
1854.   —   — A. ADAMS *in* SOWERBY, Thes. Conch., II, p. 814, pl. CLXXII, fig. 9.
1886. *Pyramidella (Otopleura) mitralis* A. Ad. TRYON *(pars)*, Manual, VIII, p. 305, pl. 73, fig. 94 *(tantum)*.

Localités. — Nosy Bé ! ; Tuléar ! ; Sainte-Marie, entre l'île aux Nattes et Ilampy !.

Var. VARIEGATA A. Adams.

1853. *Pyramidella variegata* A. ADAMS, Proc. Zool. Soc. Lond., p. 178.
1854.   —   — A. ADAMS *in* SOWERBY, Thes. Conch., p. 814, pl. CLXXII, fig. 10.
1886. *Pyramidella (Otopleura) mitralis* TRYON *(pars)*, Manual, VIII, p. 305, pl. 73, fig. 3.

Localités. — Tuléar ! ; Tamatave !.

Cette variété diffère du *mitralis* typique par ses côtes axiales plus nombreuses, par sa forme plus courte et par sa coloration consistant en marbrures brunes, irrégulières ; mais aucun de ces caractères n'est persistant et les nombreuses formes intermé·diaires ne permettent pas une séparation spécifique.

Section **ELUSA**, A. Adams, 1861.

Pyramidella (Elusa) subglabra Odhner.

1919. *Pyramidella (Elusa) subglabra* Odhner, Faune malac. Madagascar, p. 16, pl. 1, fig. 9.

Localité. — Majunga (Odhner, p. 16).

Genre **ODOSTOMIA**.

Section **MIRALDA**. A. Adams, 1863.

Odostomia (Miralda) gemma A. Adams.

1861. *Chrysallida gemma* A. Adams, Ann. a. Mag. Nat. Hist., 3ᵉ série, VIII, p. 302.
1886. *Odostomia (Miralda) gemma* A. Ad. Tryon, Manual, VIII, p. 365 (non figuré).
1906. *Odostomia (Miralda) gemma* A. Ad. Dall et Bartsch, Proc. U. S. Nat. Mus. XXX, p. 356, pl. XXII, fig. 1.

Localité. — Sarodrano (Lamy, p. 324).

Genre **PYRGULINA**, A. Adams 1863.

Pyrgulina Vignali Lamy.

1910. *Pyrgulina Vignali* Lamy, Coq. mar. Madagascar, Mém. Soc. Zool. de Fr., XXII, p. X, 324, pl. XV, fig. 4 (× 21).

Localité. — Sarodrano (Lamy, p. 324).

Genre TURBONILLA (Leach), Risso 1826.

Turbonilla Isseli Tryon.

1860. *Eulimella cingulata* Issel (non Dunker), Malac. del Mar
Rosso, p. 182, 332.
1886. *Turbonilla (Cingulina) Isseli* Tryon, Manual, VIII,
p. 339, pl. 76, fig. 64.
1926. *Odetta cingulata* Issel Pallary, Explic. des planches de
Savigny, p. 58, pl. VII, fig. 25.

Localité. — Sarodrano (Lamy, p. 322).

Turbonilla scalpidens Watson.

1886. *Odostomia (Turbonilla) scalpidens* Watson, « Challenger » Gastrop., p. 489, pl. XXXII,
fig. 1.

Localité. — Sarodrano (Lamy, p. 323).

Sous-Ordre **SCUTIBRANCHIATA**

(Rhipidoglossa.)

Genre NERITA, Adanson 1757.

Nerita albicilla Linné.

1758. *Nerita albicilla* Linné, Syst. Nat., édit. X, p. 778.
1888.   —   —   Lin. Tryon *(pars)*, Manual, X, p. 19,
pl. 2, fig. 21, 22, 23 *(tantum)*.

Localités. — Madagascar, très commun sur les rochers de
l'île Sainte-Marie (Sganzin, p. 20 ; v. Martens, p. 115) ; Nosy
Hara (P. Lemoine) ; Nosy Faly (de Man, p. 16) ; Nosy Bé ! ;
Nosy Komba ! ; îlot Ambariobé ! ; Nosy Fanihi ! ; baie de
Befotaka ! ; Majunga, plage (Odhner, p. 14) ; Nosy Andrano ! ;
île Europa (Thiele, p. 562) ; île Europa ! ; Tuléar (Lamy, p. 328 ;

Thiele, p. 562) ; Tuléar ! ; Anakao, plage ! ; Nosy Nasatrana ! ; Beheloka ! ; Lambetabé, plage ! ; Ambodifotatra (Dautzenberg, p. 29) ; Sainte-Marie, entre l'île aux Nattes et Ilampy !.

? **Nerita atrata** Chemnitz.

1781. *Nerita atrata* CHEMNITZ, Conch. Cab., V, p. 296, pl.
CXXXIX, fig. 1954, 1955.

Localité. — Madagascar, commun (Sganzin, p. 20).

Les Nérites de coloration noire uniforme ont été confondues par beaucoup d'auteurs et il est possible, comme le croit Tryon, que la citation du *N. atrata* à Madagascar soit due à une erreur, de détermination de Sganzin. Mais il n'y a pas de raison pour croire, comme l'a fait von Martens, qu'il soit question du *N. nigerrima* plutôt que de l'*atrata*. En disant que le *N. atrata* est une espèce de l'Afrique Occidentale et des Indes Occidentales, von Martens a confondu cette espèce avec le *N. dunar* Adanson = *senegalensis* Gmelin. Le véritable *atrata* de Chemnitz est une coquille à spire saillante dont la forme extérieure ne diffère guère de celle du *N. undata* Linné, mais sa columelle est nettement concave tandis que celle du *N. undata* est plano-convexe.

Nerita chamæleon Linné.

1758. *Nerita Chamæleon* LINNÉ, Syst. Nat., édit. X, p. 779.
1888. *Nerita chamæleon* Lin. TRYON *(pars)*, Manual, X, p. 20,
pl. 2, fig. 31, 32, 33 *(tantum)*.

Localité. — Madagascar, assez rare sur les rochers, à Sainte-Marie (Sganzin, p. 20 ; v. Martens, p. 115).

Nerita chrysostoma Récluz.

1841. *Nerita chrysostoma* RÉCLUZ, Revue Zool. Cuviér., p. 104.
1888. *Nerita (Pila) undata* Lin. var. *striata* Burrow TRYON
(pars), Manual, X, p. 28, pl. 6,
fig. 91 *(tantum)*.

Localités. — Madagascar (Sganzin, p. 20) ; Juan de Nova ! ; ilot Louquet, près Sainte-Marie (v. Martens, p. 115).

Nerita filosa Reeve.

1855. *Nerita filosa* REEVE, Conch. Icon., pl. X, fig. 48ᵃ, 48ᵇ.
1888. *Nerita (Odontostoma) filosa* Reeve TRYON, Manual, X, p. 32, pl. 8, fig. 35.

Localité. — Morombé !.

Nerita plexa Chemnitz.

1781. *Nerita plexa* CHEMNITZ, Conch. Cab., V, p. 288, pl. CLXXXX, fig. 1944, 1945.
1888.   —   —   Chemn. TRYON *(pars)*, Manual, X. p. 19, pl. 2, fig. 27 *(tantum)*.

Localités. — Pointe d'Ankify ! ; île Juan de Nova !.

Le nom *plexa* a été omis par Schröter dans le Namen Register du Conchylien Cabinet et n'est devenu binominal que beaucoup plus tard. Il serait donc peut-être préférable d'adopter *textilis* Gmelin (Syst. Nat., édit. XIII, p. 3683).

Nerita plicata Linné.

1758. *Nerista plicata* LINNÉ, Syst. Nat., édit. X, p. 779.
1888. *Nerista (Pila) plicata* Lin. TRYON *(pars)*, Manual, X, p. 27, pl. 5, fig. 81, 82 *(excl.* synon. *ringens* : fig. 83).

Localités. — Madagascar (Favanne, Conch. II. p. 227 ; Récluz. Journ. de Conch., 1, p. 284) ; pointe d'Ankify ! ; ilot Ambariobé ! ; Amborovy (Odhner, p. 14) ; Juan de Nova ! ; île Europa (Thiele, p. 562) ; île Europa ! ; Tuléar (Lamy, p. 328) ; Tuléar ! ; Sainte-Marie, pas commun sur les rochers (Sganzin, p. 20 ; v. Martens, p. 115).

Nerita polita Linné.

1758. *Nerita polita* Linné, Syst. Nat., édit. X, p. 778.
1888. *Nerita (Odontostoma) polita* Lin. Tryon *(pars)*, Manual,
        X, p. 30, pl. 6, fig. 7 ; pl. 7, fig. 12
        à 16 (*excl.* fig. 17 à 23).

Localités. — Tsararama (P. Lemoine) ; Pointe d'Ankify ! ;
Nosy Bé (v. Martens, récolte Hildebrandt, p. 115) ; Nosy Bé ! ;
Nosy Komba ! ; île Juan de Nova ! ; Tuléar (Lamy, p. 328) ;
Tuléar ! ; Ambodifotatra (Dautzenberg, p. 29).

Var. Rumphi Récluz.

1841. *Nerita Rumphii* Récluz, Rev. Zool. Cuviérienne, p. 147.
1888. *Nerita (Odontostoma) polita* Lin., var. *Rumphi* Récl.
        Tryon, Manual, X, p. 31, pl. 6,
        fig. 8 à 11.

Localités. — Nosy Faly (de Man, p. 16, pl. 11, fig. 14) ; îlot
Ambariobé !

Nerita signata Lamarck.

1822. *Nerita signata* Lamarck, Anim. s. vert., VI, 2e p., p. 195.
1888. *Nerita reticulata* Karsten Tryon, Manual, X, p. 22,
        pl. 3, fig. 49, 50.

Localité. — Ilot Louquet près Sainte-Marie, commune sur les
rochers et sous les pierres (Sganzin, p. 20, s. nom. *N. peloronta* ;
v. Martens, p. 115).

Sganzin a évidemment confondu cette espèce avec le *N. peloronta* Linné, des Indes Occidentales.

Nerita undata (Linné) Chemnitz.

1758. *Nerita undata* Linné, Syst. Nat., édit. X, p. 779.
1781.   —   —   Chemnitz, Conch. Cab., V, p. 292,
        pl. CLXXXX, fig. 1950, 1951.

Localités — Nosy Hara (P. Lemoine) ; Nosy Faly (de Man,

p. 15) ; Nosy Bé ! ; Nosy Komba ! ; Nosy Fanihi ! ; Majunga (Odhner, p. 14) ; Mahakamby (Odhner, p 14) ; Amborovy (Odhner, p. 14) ; île Europa (Thiele, p. 562) ; Fort-Dauphin (collect. Ph. D., récolte Dongé).

Le *N. undata* a été mal défini par Linné car ni l'une ni l'autre des deux figures citées dans le « Systema Naturæ », ne concorde avec sa description. Mais presque tous les auteurs ont accepté l'identification de Chemnitz.

Tryon a rattaché au *N. undata*, soit comme synonymes, soit comme variétés, 25 noms différents et il a reproduit les figures de 17 d'entre eux sauf, toutefois, celles de l'*undata* typique et de l'une des variétés : *striata* Burrow.

Genre **NERITINA**, Lamarck 1799.

Neritina gagates Lamarck.

1822. *Neritina gagates* LAMARCK, Anim. s. vert., VI, 2e partie, p. 185.
1888.   —   —   Lam. TRYON, Manual, X, p. 35, p. 10, fig. 77, 78, 79 ; pl. 11, fig. 6.

Localités. — Nosy Bé ! ; Tsararana (P. Lemoine).

Neritina pulligera Linné.

1767. *Neritina pulligera* LINNÉ, Syst. Nat., édit. XII, p. 1253.
1888.   —   —   Lin. TRYON *(pars)*, Manual, X, p. 56, pl. 18, fig. 11 *(excl. var.)*.

Var. KNORRI Récluz.

1841. *Nerita Knorri* RÉCLUZ, Rev. Zool. Cuviérienne, p. 274.
1888. *Neritina pulligera* Lin. var. *Knorri* TRYON, Manual, X, p. 57, fig. 16, 17, 18.

Localité. — Androhibé, dans la rivière (Odhner, p. 43). La forme typique n'a pas été signalée à Madagascar.

Section **SMARAGDIA**, Issel, 1869.

Neritina (Smaragdia) Rangiana Récluz.

1841. *Neritina Rangiana* RÉCLUZ, Rev. Zool. Cuviérienne,
p. 339.
1888. *Neritina (Smaragdia) Rangiana* Récl. TRYON, Manual,
X, p. 55, pl. 18, fig. 89, 90.

Localités. — Madagascar, sous les pierres baignées par l'eau
de la mer (Récluz, p. 339, fide Rang ; v. Martens, p. 116) ;
Hellville, dragage 20 à 22 mètres ! ; Ankatsepé ! ; Majunga,
rade, dans les Cymodocées ! ; Tamatave (Odhner, p. 33).

Le *N. Rangiana* typique est vert avec de courtes flammules
longitudinales blanches, au sommet des tours, mais ces taches
sont souvent absentes et certains spécimens de Majunga, recueillis par M. G. Petit, sont ornés de linéoles longitudinales
noires semblables à celles du *N. viridis* des Antilles et de la
Méditerranée.

Neritina (Smaragdia) Souverbieana Montrouzier.

1863. *Neritina Souverbiana* MONTROUZIER, Journ. de Conch.,
XI, p. 75, 175, pl. V, fig. 5, 5, 5.
1888. *Neritina (Smaragdia) Souverbiana* Montr. TRYON *(pars)*,
Manual, X, p. 55, pl. 18, fig. 93
(tantum).

Localité. — Sarodrano (Lamy, p. 328).

Var. HELVILLENSIS Crosse.

1881. *Neritina (Smaragdia) Souverbiana* Montr., var. β *Hellvil-
lensis* CROSSE, Journ. de Conch.,
XXIX, p. 208.
1888. *Neritina (Smaragdia) Souverbiana* TRYON, Manual, X,
p. 55.

Localités. — Pointe du Sable, Diego-Suarez (collect. Ph. D., ex collect. Bavay) ; Hellville (Crosse, p. 208) ; Nosy Komba ! ; Sainte-Marie, entre l'île aux Nattes et Ilampy !.

Genre **NERITOPSIS**, Grateloup 1832.

Neritopsis radula Linné.

1758. *Turbo Radula* Linné, Syst. Nat., édit. X, p. 777.
1888. *Neritopsis radula* Lin., Tryon, Manual, X, p. 82, pl. 29, fig. 68.

Localité. — Tamatave !.

Genre **PHASIANELLA**, Lamarck 1804.

Sous-Genre **TRICOLIA**, Risso, 1826.

Phasianella (Tricolia) elongata Krauss.

1848. *Phasianella elongata* Krauss, Südafr. Moll., p. 104, pl. VI, fig. 3.
1888. *Phasianella (Tricolia) pulla* Lin. var. *elongata* Krauss Tryon, Manual, X, p. 168, pl. 39ª, fig. 23, 24, 25.

Localités. — Madagascar (collect. Ph. D., ex Ponsan) ; Sainte-Marie, entre l'île aux Nattes et Ilampy ! ; Fénérive ! ; Tamatave!.

Il nous est difficile de croire que cette espèce puisse n'être qu'une variété du *Ph. pullus* Lin.

Phasianella (Tricolia) zigzag Odhner.

1919. *Phasianella zigzag* Odnher, Faune malac. Madagascar, p. 31, pl. 2, fig. 25.

Localité. — Fénérive (Odhner, p. 31).

Sous-Genre **ORTHOMESUS**, Pilsbry, 1888.

Phasianella (Orthomesus) grata Philippi.

1853. *Phasianella grata* Philippi, Conch. Cab., 2e édit., p. 9,
pl. 3, fig. 8.

1888. *Phasianella (Orthomesus) variegata* Tryon (*pars*, non
Lamarck), Manual, X, p. 179, pl. 39ª,
fig. 14 *(tantum)*.

Localité. — Madagascar (Philippi, d'après la collection Lar-
gilliert, à Rouen ; v. Martens, p. 116).

Cette espèce nous paraît bien distincte du *Ph. variegata* :
sa spire est plus courte, son dernier tour est plus renflé et sa
suture plus horizontale, moins oblique.

Phasianella (Orthomesus) nivosa Reeve.

1862. *Phasianella nivosa* Reeve, Conch. Icon., pl. IV, fig. 8ª,
8ᵇ, 8ᶜ.

1888. *Phasianella (Orthomesus) variegata* Tryon (*pars*, non
Lamarck), Manual, X, p. 179, pl. 38
fig. 49, 50 *(tantum)*.

Localités. — Madagascar (collect. Ph. D., ex P. de Givenchy) ;
baie d'Ampasindava ! ; Nosy Bé !.

Le *Ph. nivosa* est toujours plus court et plus obèse que le
variegata.

Phasianella (Orthomesus) variegata Lamarck.

1822. *Phasianella variegata* Lamarck, Anim. s. vert., VII,
p. 53.

1888.   —   — Lam. Tryon *(pars)*, Manual, X, p. 179,
pl. 39, fig. 97, 98 *(tantum)*.

Localités. — Baie de Tsimipaika ! ; Nosy Bé (v. Martens,
fide Hildebrandt) ; baie de Befotaka ! ; Tuléar ! ; Nosy Vé
(Thiele, p. 562).

Genre **TURBO**, Linné 1758.

Turbo argyrostomus Linné.

1758. *Turbo Argyrostomus* LINNÉ, Syst. Nat., édit. X, p. 764.
1888. *Turbo argyrostomus* Lin. TRYON *(pars)*, Manual, X,
      p. 197, pl. 42, fig. 41 ; pl. 46, fig. 8
      (tantum).

Localités. — Madagascar, très commun sur les récifs (Sganzin,
p. 23 ; v. Martens, p. 117) ; île Europa ! ; Tuléar ! ; Androka ! ;
Tamatave, récif (Odhner, p. 32 ; Thiele, p. 562).

Var. MARGARITACEA Linné.

1758. *Turbo margaritaceus* LINNÉ, Syst. Nat., édit. X, p. 764.
1888. *Turbo argyrostomus* Lin. var. *margaritacea* Lin. TRYON,
      Manual, X, p. 198, pl. 45, fig. 100 ;
      pl. 40, fig. 18.

Localités. — Nosy Bé ! ; Tuléar ! ; Ambodifotatra (Dautzenberg, p. 29).

Turbo chrysostomus Linné.

1758. *Turbo Chrysostomus* LINNÉ, Syst. Nat., édit. X, p. 762.
1888. *Turbo chrysostomus* Lin. TRYON, Manual, X, p. 200,
      pl. 40, fig. 19.

Localités. — Madagascar, rare sur les récifs (Sganzin, p. 23) ;
Sainte-Marie, rare (v. Martens, p. 117).

Turbo imperialis Gmelin.

1790. *Turbo imperialis* GMELIN, Syst. Nat., édit. XIII, p. 3594.
1888. —   —   Gmel. TRYON, Manual, X, p. 192,
      pl. 43, fig. 53 ; pl. 62, fig. 8.

Localités. — Nosy Bé (v. Martens, récolte Hildebrandt) ;
Ambodifotatra (Dautzenberg, p. 29).

Turbo marmoratus Linné.

1758. *Turbo marmoratus* LINNÉ, Syst. Nat., édit. X, p. 763.
1888.   —   —   Lin. TRYON *(pars)*, Manual, X, p. 191,
        pl. 41, fig. 23 ; pl. 59, fig. 21 (excl.
        synon. *Regenfussi*).

Localités. — Madagascar, pas rare sur les récifs (Sganzin,
p. 23 ; v. Martens, p. 117) ; Nosy Faly (de Man, p. 13) ; îlot
Sakatia (de Man, p. 13) ; îlot Sakatia !.

Turbo petholatus Linné.

1758. *Turbo Petholatus* LINNÉ, Syst. Nat., édit. X, p. 762.
1888. *Turbo petholatus* Lin. TRYON, Manual, X, p. 193, pl. 40,
        fig. 14.

Localité. — Nosy Faly (de Man, p. 14).

Turbo pustulatus Brocchi.

1819. *Turbo pustulatus* BROCCHI, Conch. racc. presso la costa
        africana del Golfo Arabico, p. 30.
1888.   —   —   Brocc. TRYON, Manual, X, p. 207,
        pl. 44, fig. 80.
1926.   —   —   PALLARY, Explic. planches de Savi-
        gny, p. 81, pl. lX, fig. 26^1, 26^2.

Localité. — Tuléar (Lamy, p. 330).

Turbo radiatus Gmelin.

1790. *Turbo radiatus* GMELIN, Syst. Nat., édit. XIII, p. 3594.
1888.   —   —   Gmel. TRYON *(pars)*, Manual, X, p. 200
        pl. 47, fig. 23 ; pl. 62, fig. 1 *(tantum)*.

Localités. — Nosy Bé (de Man, p. 13) ; Nosy Fanihi ! ; Tuléar (Lamy, p. 330) ; Tuléar ! ; Tamatave !.

Var. SPINOSA Gmelin.

1790. *Turbo spinosus* GMELIN, Syst. Nat., édit. XIII, p. 3594.

1888. *Turbo radiatus* Gm. Tryon *(pars)*, Manual, X, p. 200 (non figuré).

Localité. — Baie d'Ambaro !.

Turbo Regenfussi Deshayes.

1843. *Turbo Regenfussi* Deshayes *in* Lamarck, Anim. s. vert., 2ᵉ édit., IX, p. 222.

1888. — — Desh. Tryon, Manual, X, p. 193, pl. 48, fig. 40.

Localités. — Tuléar (Odhner, p. 42, s. nom. *T. imperialis* var. *Regenfussi* Desh.) ; Tamatave !.

La figure de Regenfuss sur laquelle Deshayes a basé son *Turbo Regenfussi* diffère surtout du *T. marmoratus* par sa taille constamment moindre et sa coloration d'un beau vert.

Tout en citant le *T. Regenfussi* comme espèce spéciale, Tryon dit que ce n'est probablement qu'une variété du *marmoratus*.

Turbo setosus Gmelin.

1790. *Turbo setosus* Gmelin, Syst. Nat., édit. XIII, p. 3594.

1816. — — Lamarck, Tableau Encycl. Méthod., p. 10, pl. 448, fig. 4ᵃ, 4ᵇ.

1888. — — Gmel. Tryon, Manual, X, p. 195, pl. 63, fig. 32.

Localité. — Sainte-Marie (Sganzin, p. 23 ; v. Martens, p. 117).

Turbo ticaonicus Reeve.

1848. *Turbo Ticaonicus* Reeve, Conch. Icon., pl. V, fig. 23.

1888. *Turbo ticaonicus* Reeve Tryon, Manual, X, p. 202, pl. 47, fig. 22 ; pl. 43, fig. 51.

Localité. — Nosy Bé (de Man, p. 13, pl. III, fig. 10).

Section **MARMOROSTOMA**, Swainson, 1840.

Turbo (Marmorostoma) coronatus Gmelin.

1790. *Turbo coronatus* GMELIN, Syst. Nat., édit. XIII, p. 3594.
1888. *Turbo (Marmorostoma) coronatus* Gmel. TRYON *(pars)*,
      Manual, X, p. 216, pl. 50, fig. 59.
      (tantum).

Localités. — Diego-Suarez (collect. Ph. D., récolte Em.
Dorr) ; Nosy Hara (P. Lemoine) ; Nosy Bé (v. Martens, p. 118,
de Man, p. 13) ; Mahakamby (Odhner, p. 14) ; Morombé ! ;
île Europa (Thiele, p. 562) ; Tuléar (Lamy, p. 330) ; Tuléar
plage ! ; Anakao ! ; Androka !.

Var. CRENIFERA (Kiener) P. Fischer.

1873. *Turbo coronatus* Gmel. var. B. *crenifera* P. FISCHER *in*
      KIENER, Icon. coq. viv., *G. Turbo*,
      p. 76, pl. 34, fig. 3, 3, 3ᵃ.
1888. *Turbo (Marmorostoma) coronatus* Gm. TRYON *(pars)*,
      Manual, X, p. 51, pl. 50, fig. 60
      (tantum).

Localités. — Diego-Suarez (collect. Ph. D., récolte Em. Dorr) ;
baie de Tsimipaika ! ; Nosy Bé (collect. Ph. D., récolte E. Marie) ; Hellville ! ; Tuléar, plage ! ; Sainte-Marie (collect. Ph. D.
récolte Decugis) ; Fort-Dauphin (collect. Ph. D., récolte Dongé).

Genre **LEPTOTHYRA** (Carpenter) Dall 1871.

Leptothyra Gestroi Caramagna.

1888. *Collonia Gestroi* CARAMAGNA, Bull. Soc. Malac. Ital.,
      XIII, p. 132, pl. 8, fig. 10, 10ᵃ.
1888.   —   —   Caram. TRYON, Manual, X, p. 262,
      pl. 69, fig. 29, 30.

Localités. — Village d'Ampasindava ! ; îlot Ambariobé ! ;
Nosy Fanihi ! ; baie de Lamboharana ! ; Ankilibé, plage ! ;
Tuléar ! ; Tamatave ! ; îlot Prune !.

Genre **TROCHUS**, Linné 1758.

Trochus niloticus Linné.

1767. *Trochus niloticus* Linné, Syst. Nat., édit. XII, p. 1227.
1889. — — Lin. Pilsbry *in* Tryon, Manual, XI,
p. 17, pl. 1, fig. 5 à 8.

Localité. — Madagascar (Favanne, II, p. 371 ; Sganzin,
p. 22 ; v. Martens, p. 118).

Sous-Genre **CARDINALIA**, Gray, 1847.

Trochus (Cardinalia) virgatus Gmelin.

1790. *Trochus virgatus* Gmelin, Syst. Nat., édit. XIII, p. 3580.
1889. *Trochus (Cardinalia) virgatus* Gmel. Pilsbry *in* Tryon,
Manual, XI, p. 19, pl. 5, fig. 43, 44.

Localités. — Nosy Bé (collect. Ph. D., récolte E. Marie) ;
Tuléar (Lamy, p. 330).

Sous-Genre **TECTUS**, Montfort, 1810.

Trochus (Tectus) mauritianus Gmelin.

1790. *Trochus mauritianus* Gmelin, Syst. Nat., édit. XIII,
p. 3582.
1889. *Trochus (Tectus) mauritianus* Gmel. Pilsbry *in* Tryon,
Manual, XI, p. 23, pl. 4, fig. 24,
25, 27 ; pl. 2, fig. 11, 12.

Localités. — Madagascar (v. Martens, p. 119 ; P. Fischer, *in*
Kiener, Icon. coq. viv. G. Trochus, p. 91) ; Tuléar (Thiele,
p. 562) ; Tuléar ! ; Nosy Vé (Thiele, p. 562) ; baie d'Ampalaza ! ;
Tamatave (Thiele, p. 562) ; Tamatave, récif (Odhner, p. 32) ;
Tamatave !.

Sous-Genre **LAMPROSTOMA**, Swainson, 1840.

Trochus (Lamprostoma) tubifer Kiener (emend.).

1850. *Trochus tubiferus* KIENER, Icon. coq. viv., pl. 37, fig. 3, 3.
1889. *Trochus (Infundibulum-Lamprostoma) tubiferus* Kiener
      PILSBRY *in* TRYON, Manual, XI,
      p. 31, pl. 6, fig. 62, 63.

Localité. — Tamatave !.

Trochus (Lamprostoma) incrassatus Lamarck.

1822. *Trochus incrassatus* LAMARCK, Anim. s. vert., VII, p. 20.
1889. *Trochus (Infundibulum-Lamprostoma) incrassatus* Lam.
      PILSBRY *in* TRYON, Manual, XI,
      p. 26, pl. 6, fig. 48 à 50.

Localités. — Ile Europa ! ; Tamatave !.

Trochus (Lamprostoma) maculatus Linné.

1758. *Trochus maculatus* LINNÉ, Syst. Nat., édit. X, p. 756.
1889. *Trochus (Infundibulum-Lamprostoma) maculatus* Lin.
      PILSBRY *in* TRYON, Manual, XI,
      p. 24, pl. 9, fig. 100, 1, 2, 3.

Localités. — Madagascar, rare sur les récifs (Sganzin, p 22 ;
v. Martens, p. 119) ; Tuléar (Thiele, p. 562).

Trochus (Lamprostoma) squarrosus Lamarck.

1822. *Trochus squarrosus* LAMARCK, Anim. s. vert., VII, p. 20.
1889. *Trochus (Infundibulum-Lamprostoma) squarrosus* Lam.
      PILSBRY *in* TRYON, Manual, XI,
      p. 32, pl. 6, fig. 60, 61.

Trochus (Lamprostoma) subincarnatus P. Fischer.

1879. *Trochus subincarnatus* P. FISCHER, Journ. de Conch.,
      XXVII, p. 24.

1889. *Trochus (Infundibulum-Lamprostoma) subincarnatus* P.
Fisch. PILSBRY *in* TRYON, Manual,
XI, p. 26, pl. 8, fig. 77.

Localité. — Nosy Bé (P. Fischer, p. 24 ; v. Martens, p. 119,
récolte Rousseau).

Sous-Genre **INFUNDIBULUM** (s. str.), Montfort, 1810.

Trochus (Infundibulum) concavus Gmelin.

1790. *Trochus concavus* GMELIN, Syst. Nat., édit. XIII, p. 3570.
1889. *Trochus (Infundibulum) concavus* Gmel. PILSBRY *in*
TRYON, Manual, XI, p. 40, pl. 43,
fig. 13.

Localité. — Madagascar (P. Fischer, *in* Kiener, Icon. coq.
viv. G. *Trochus*, p. 105 ; v. Martens, p. 119, récolte Rousseau)·

Trochus (Infundibulum) radiatus Gmelin.

1790. *Trochus radiatus* GMELIN, Syst. Nat., édit. XIII, p. 3572.
1889. *Trochus (Infundibulum) radiatus* Gmel. PILSBRY *in*
TRYON, Manual, XI, p. 37, pl. 8,
fig. 88 à 93.

Localités. — Madagascar (P. Fischer *in* Kiener, Icon. coq.
viv., p. 309, teste Petit de la Saussaye ; v. Martens, p. 119) ;
île Europa (Thiele, p. 562) ; Tamatave !.

Section **INFUNDIBULOPS**, Pilsbry, 1889.

Trochus (Infundibulops) carinifer Beck (emend.).

1842. *Trochus cariniferus* Beck mss. *in* REEVE, Conch. Syst., II,
p. 165, pl. CCXVIII, fig. 8.
1889. *Trochus (Infundibulum-Infundibulops) cariniferus* (Beck)
Reeve PILSBRY *in* TRYON, Manual,
XI, p. 41, pl. 5, fig. 38 à 42.

Localités. — Madagascar (v. Martens, p. 119, récolte Rousseau ; P. Fischer, Icon. coq. viv., p. 229) ; baie de Tsimipaika ! ; pointe d'Ankify ! ; pointe d'Ampasipohé ! ; Nosy Andrano ! ; île Europa ! ; Tuléar ! ; Lambétabé, plage ! ; Nosy Manitsa ! ; Sainte-Marie, entre l'île aux Nattes et Ilampy ! ; Tamatave !.

Genre **CLANCULUS**, Montfort 1810.

Clanculus flosculus P. Fischer.

1880. *Trochus flosculus* P. FISCHER *in* KIENER, Icon. coq. viv., p. 300, pl. 96, fig. 1, 1.
1889. *Trochus (Clanculus) flosculus* P. Fisch. PILSBRY *in* TRYON, Manual, XI, p. 67, pl. 11, fig. 56, 57.

Localités. — Nosy Fanihi ! ; Tamatave !.

P. Fischer avait d'abord rapporté cette espèce au *Tr. rarus* Dufo (Ann. des Sc. Nat., 2e Série, XIV (1840), p. 188), mais la description de Dufo est très mauvaise et paraît convenir plutôt au *Clanculus pharaonius* ; c'est pourquoi Fischer l'a nommé ensuite *flosculus*.

Clanculus pharaonius Linné.

1758. *Trochus pharaonius* LINNÉ, Syst. Nat., édit. X, p. 757.
1889. *Trochus (Clanculus) pharaonius* Lin. PILSBRY *in* TRYON, Manual, XI, p. 48, pl. 15, fig. 54, 55, 56.

Localités. — Madagascar, très commun sur les récifs et les rochers (Sganzin, p. 22) ; Nosy Bé (de Man, p. 12) ; Sainte-Marie (v. Martens, p. 120).

Clanculus puniceus Philippi.

1846. *Monodonta punicea* PHILIPPI, Zeitschr. f. Malakoz., p. 100.
1889. *Trochus (Clanculus) puniceus* Phil. PILSBRY *in* TRYON, Manual. XI, p. 49, pl. 15, fig. 59, 60, 61.

Localités. — Diego-Suarez (collect. Ph. D., récolte Em. Dorr) ; Nosy Fanihi ! ; Mahakamby (Odhner, p. 14) ; Tuléar (Lamy, p. 331 ; Thiele, p. 562) ; Tuléar ! ; Nosy Vé (Thiele, p. 562) ; Lambétabé, plage ! ; baie d'Ampalaza ! ; Nosy Manitsa ! ; Tamatave (Odhner, p. 32) ; Tamatave ! ; Fort-Dauphin (collect. Ph. D., récolte Dongé).

Genre **CANTHARIDUS**, Montfort 1810.

Cantharidus suarezensis P. Fischer.

1880. *Trochus Suarezensis* P. FISCHER *in* KIENER, Icon. coq.
viv., p. 378, pl. 115, fig. 2, 2ᵃ.
1889. *Cantharidus suarezensis* P. Fisch. PILSBRY *in* TRYON,
Manual, XI, p. 130, pl. 45, fig. 55.

Localités. — Diego-Suarez (P. Fischer, p. 378 ; v. Martens, p. 121, récolte Rousseau); Pointe du Sable, Diego-Suarez (collect. Ph. D., ex collect. Bavay) ; pointe d'Ankify ! ; Nosy Bé ! ; Majunga, rade, dans les Cymodocées ! ; baie de Lamboharana ! ; Tuléar (Thiele, p. 562) ; Sainte-Marie, entre l'île aux Nattes et Ilampy !.

Genre **MONODONTA**, Lamarck 1799.

Monodonta australis Lamarck.

1822. *Monodonta australis* LAMARCK, Anim. s. vert., VII, p. 35
1889.   —   —   Lam. PILSBRY *in* TRYON, Manual, XI,
p. 88, pl. 62, fig. 84, 85.

Localités. — Madagascar (P. Fischer, p. 227 ; v. Martens, p. 120) ; pointe d'Ankify ! ; Nosy Bé ! ; Nosy Komba ! ; île Europa (Thiele, p. 562) ; île Europa ! ; Tuléar ! ; Ambodifotatra (Dautzenberg, p. 29).

Monodonta labio Linné

1758. *Trochus Labio* LINNÉ, Syst. Nat., édit. X, p. 759.

1889. *Monodonta labio* Lin. Pilsbry *in* Tryon, Manual, XI,
    p. 84, pl. 19, fig. 95, 96.

Localité. — Madagascar, très commun sur les récifs et les
rochers (Sganzin, p. 22 ; v. Martens, p. 120).

.? **Monodonta lugubris** (Lamarck) Sganzin.

1843. *Monodonta lugubris* Sganzin, Coq. île de France, etc.,
    p. 22.

Il est impossible de savoir quelle est l'espèce citée par Sganzin
comme étant assez rare à Madagascar, sur les récifs et qu'il a
désignée : *Monodonta lugubris* Lamarck.

Le *Monodonta lugubris* décrit par Lamarck sans aucune référence et qu'il dit habiter l'île de France est, en effet, sans aucun
doute possible le *Trochocochlea crassa* Penn. = *lineata* Da
Costa, des mers d'Europe (voir P. Fischer : Icon. coq. viv.
genre Trochus, p. 203). C'est cette coquille européenne qui a
été figurée par Delessert (Rec. de coq., pl. 36, fig. 7) et nous
avons pu constater au Musée de Genève que les deux exemplaires
étiquetés *M. lugubris*, dans la collection de Lamarck, sont, en
effet, des *Tr. crassa*.

Genre **MONILEA**, Swainson 1840.

Sous-Genre **PRIOTROCHUS**, P. Fischer, 1880.

Monilea (Priotrochus) Goudoti P. Fischer.

1878. *Trochus Goudoti* P. Fischer, Journ. de Conch., XXVI,
    p. 62.
1880.   —   —   P. Fischer *in* Kiener, Icon. coq.
            viv. Genre Trochus, p. 371, pl. 113,
            fig. 3, 3ᵃ.

Localité. — Ile Sainte-Marie (P. Fischer, p. 371, récolte
Goudot ; v. Martens, p. 121).

Monilea (Priotrochus) obscura Wood.

1828. *Trochus obscurus* WOOD, Index testac., Suppl., pl. 17,
pl. 5, fig. 26.
1889. *Monilia (Priotrochus) obscurus* Wood PILSBRY *in* TRYON,
Manual, XI, p. 257, pl. 61, fig. 33.

Localités. — Baie d'Ambaro ! ; Nosy Bé ! ; Nosy Komba ! ;
Tuléar ! ; Sainte-Marie (P. Fischer, p. 208 ; v. Martens, p. 120) ;
Tamatave ! — Gisement quaternaire d'Antaboka (Perrier de la
Bathie).

Section ROSSITERIA Brazier, 1895.

Monilea (Rossiteria) nucleus Philippi.

1849. *Trochus nucleus* PHILIPPI, Zeitschr. f. Malakoz., p. 171.
1889. *Monilea (Solanderia) nuclea* PILSBRY *in* TRYON, Manual, XI, p. 257, pl. 61, fig. 31, 32.

Localités. — Tuléar (Lamy, p. 331) ; pointe à Larrée !.

Genre MINOLIA, A. Adams 1860.

Minolia variegata Odhner.

1919. *Minolia variegata* ODHNER, Faune mar. Madagascar,
p. 32, pl. 2, fig. 26, 27, 28.

Localités. — Sarodrano ! ; Pointe à Larrée ! ; Tamatave
(Odhner, p. 32).

Genre SOLARIELLA, Wood 1842.

Solariella splendens Sowerby.

1897. *Solariella splendens* SOWERBY, Marine Shells of S. Africa,
Appendix, p. 18, pl. VI, fig. 21.

Localités. — Pointe d'Ankify ! ; Ampangorinana ! ; Nosy
Fanihi ! ; baie de Befotaka !.

Genre DELPHINULA, Lamarck 1803.

Delphinula delphinus Linné.

1758. *Turbo Delphinus* LINNÉ, Syst. Nat., édit. X, p. 764.
1822. *Delphinula laciniata* LAMARCK, Anim. s. vert., VI, 2e partie, p. 230.
1888. — — Lam. TRYON, Manual, X, p. 266, pl. 67, fig. 1, 2, 4.

Localité. — Madagascar, pas rare sur les récifs (Sganzin, p. 22).

Hanley a démontré (Ipsa Linn. Conch., p. 336) que le *Turbo delphinus* Lin. est bien l'espèce nommée *D. laciniata* par Lamarck.

Genre CYCLOSTREMA, Marryatt 1818

Cyclostrema Bushi Dautzenberg et H. Fischer.

1906. *Cyclostrema Bushi* DAUTZENBERG et H. FISCHER, Journ. de Conch., LIV, p. 207, pl. VII. fig. 11, 12, 13.

Localités. — Nord de Madagascar (collect. Bavay) ; Ouest de Madagascar (collect. Bavay).

Cyclostrema cingulatum Philippi.

1853. *Delphinula* (?) *cingulata* PHILIPPI, Conch. Cab., 2e édit., p. 24.
1888. *Cyclostrema cingulata* Phil. TRYON, Manual, X, p. 91, pl. 32, fig. 53, 54.
1926. — — Phil. PALLARY, Explic. planches de Savigny, p. 83, pl. IX, fig. 33, 33¹, 33².

Localité. — Sarodrano (Lamy, p. 328).

Cyclostrema cinguliferum A. Adams.

1850. *Cyclostrema cingulifera* A. ADAMS, Proc. Zool. Soc. Lond.,
                                   p. 43.
1888.   —   — A. Ad. TRYON, Manual, X, p. 93,
                                   pl. 32, fig. 72, 73.

Localités. — Nosy Bé ! ; Nosy Komba !.

Cyclostrema exiguum Philippi.

1849. *Delphinula exigua* PHILIPPI, Zeitschr. f. Malakoz., p. 25.
1888. *Cyclostrema exigua* Phil. TRYON, Manual, X, p. 94, pl. 32,
                                   fig. 79, 80.

Localité. — Nosy Bé !.

Cyclostrema Gravieri Lamy.

1909. *Cyclostrema Gravieri* LAMY, Bull. Muséum Paris, XV,
                                   p. 370.
1910.   —   — LAMY, Coq. mar. Madagascar, Mém.
                                   Soc. Zool. de France, XXII, p. 329,
                                   pl. XV, fig. 1, 2, 3 (× 23).

Localité. — Sarodrano (Lamy, p. 329).

Cyclostrema Virginiæ Jousseaume.

1872. *Cyclostrema Virginiæ* JOUSSEAUME, Revue et Mag. de
                                   Zool., p. 389, pl. XIX, fig. 2.

Localité. — Sarodrano (Lamy, p. 328).

Genre TINOSTOMA, H. et A. Adams 1853 (emend.).

Tinostoma Carbonnieri Jousseaume.

1881. *Teinostoma Carbonnieri* JOUSSEAUME, Bull. Soc. Zool. de
                                   France, VI, p. 184.

1888. *Teinostoma Carbonnieri* Jouss.|Tryon, Manual, X, p. 105
(non figuré).

Localité. — Sarodrano (Lamy, p. 329).

Genre STOMATELLA, Lamarck 1809.

Stomatella orbiculata A. Adams.

1850. *Stomatella orbiculata* A. Adams, Proc. Zool. Soc. Lond.,
p. 31.
1854.   —   — A. Adams *in* Sowerby, Thes. Conch.,
II, p. 837, pl. CLXXIV, fig. 23, 24.
1890.   —   — A. Ad. Pilsbry *in* Tryon, Manual,
XII, p. 16, pl. 51, fig. 12, 13, 14.

Localités. — Ambatoloaka ! ; Ankatsepé ! ; Tamatave !.

Stomatella stellata Souverbie.

1863. *Stomatella stellata* Souverbie, Journ. de Conch., XI,
p. 169, pl. V, fig. 10.
1890. *Stomatella (Synaptocochlea) stellata* Souv. Pilsbry *in*
Tryon, Manual, XII, p. 25, pl. 53,
fig. 76, 77 ; pl. 2, fig. 35, 36, 37.

Localité. — Beheloka !.

Stomatella sulcifera Lamarck.

1822. *Stomatella sulcifera* Lamarck, Anim. s. vert., VI, 2e partie, p. 210.
1890.   —   — Lam. Pilsbry *in* Tryon, Manual,
XII, p. 11, pl. 52, fig. 59.

Localités. — Lambétabé, plage ! ; Sainte-Marie, entre l'île
aux Nattes et Ilampy !.

Genre **BRODERIPIA**, Gray 1847.

? **Broderipia subiridescens** Pilsbry.

1890. *Broderipia subiridescens* Pilsbry *in* Tryon, Manual,
XII, p. 46.

Localité. — Tamatave (Thiele, p. 562).
Thiele n'a indiqué qu'avec doute le nom spécifique de ce
Broderipia.

Genre **HALIOTIS**, Linné 1758.

Haliotis pustulata Reeve.

1846. *Haliotis pustulata* Reeve, Conch. Icon., pl. XV, fig. 52.
1890.   —   —   Reeve Pilsbry *in* Tryon, Manual,
XII, p. 100, pl. 11, fig. 57 ; pl. 23,
fig. 48 à 51, 56 à 58.

Localités. — Nosy Andrano ! ; Tuléar (Lamy, p. 333 ; Thiele,
p. 562) ; Tuléar ! ; Lambétabé, plage ! ; Androka à Ampalaza,
plage ! ; Ampalaza, plage ! ; Nosy Manitsa ! ; Foulpointe ! ;
Tamatave !.

Genre **FISSURELLA**, Bruguière 1789.

Section **CREMIDES**, H. et A. Adams, 1854.

Fissurella (Cremides) mutabilis Sowerby.

1834. *Fissurella mutabilis* Sowerby, Proc. Zool. Soc. Lond.,
p. 127.
1835.   —   — Sowerby, Conchol. Illustr., fig. 67, 70.
1890. *Fissurella (Cremides) mutabilis* Sow. Pilsbry *in* Tryon,
Manual, XII, p. 171, pl. 39, fig. 2, 3.

Localité. — Fénérive (Odhner, p. 32).

Fissurella (Cremides) natalensis Krauss.

1848. *Fissurella natalensis* KRAUSS, Südafr. Moll., p. 66, pl. IV,
fig. 8.

1890. *Fissurella (Cremides) natalensis* Kr. PILSBRY *in* TRYON,
Manual, XII, p. 173, pl. 38, fig. 76,
77, 78.

Localités. — Fénérive ! ; Tamatave !.

Genre **MACROSCHISMA**, Swainson 1840.

Macroschisma compressa A. Adams.

1850. *Macrochisma compressa* A. ADAMS, Proc. Zool. Soc. Lond.,
p. 202.

1862.   —   A. Ad. SOWERBY, Thes. Conch., III,
p. 205, pl. 244, fig. 218.

1890. *Macroschisma compressa* A. Ad. PILSBRY *in* TRYON, Manual, XII, p. 193, pl. 59, fig. 64.

Localité. — Fénérive, plage !.

Macroschisma producta A. Adams.

1850. *Macroschisma producta* A. ADAMS, Proc. Zool. Soc. Lond.,
p. 202.

1862.   —   ---- A. Ad. SOWERBY, Thes. Conch., III,
p. 205, pl. 244, fig. 224.

1890. *Macroschisma producta* A. Ad. PILSBRY *in* TRYON, Manual, XII, p. 194, pl. 59, fig. 62.

Localité. — Nosy Nasatrana, plage !.

Genre **CAPILUNA**, Gray 1857.

Le nom générique *Glyphis* Carpenter, 1856, ne pouvant être
conservé pour un Mollusque parce qu'il avait été donné par
R. W. Gibbs, en 1848, à un *Squalidé*, nous avons adopté *Capi-
luna* Gray, 1857.

                    G. PETIT   **340**

Capiluna Rûppelli Sowerby.

1834. *Fissurella Ruppellii* SOWERBY, Proc. Zool. Soc. Lond.,
p. 128.
1835.   —   —   SOWERBY, Conch. Illustr., fig. 65, 75.
1890. *Glyphis Ruppellii* Sow. PILSBRY *in* TRYON, Manual, XII,
p. 217, pl. 39, fig. 8, 82 à 85.

Localités. — Nosy Bé ! ; Nosy Komba ! ; Majunga, dragué
(Odhner, p. 14) ; Tuléar (Lamy, p. 332) ; Tuléar ! ; Nosy Manitsa ! ; Soanierana, plage ! ; Fénérive !.

Genre **FISSURELLIDEA**, d'Orbigny, 1839.

Fissurellidea Genevievæ nov. sp.

Pl. I, fig. 3, 4 (× **2**), 5, 6, 7 (gr. nat.)

Testa ovato-oblonga, depressa, antice paululum angustata.
Basis antice et postice resurgens. Superficies costis radiantibus
confertis, inæqualibus ac lamellis concentricis numerosis exasperata. Foramen subcentrale, ovale, introrsum marginatum.
Color pallide lutescens, radiis fuscis latis, in regione postica
approximatis, ornata.

Diam. maj. 23, min. 15, altit. 7 millim.

Coquille ovale oblongue, aplatie, légèrement rétrécie vers
l'extrémité antérieure. Base relevée aux deux extrémités. Sculpture composée de nombreuses côtes rayonnantes inégales et de
lamelles concentriques également nombreuses, qui rendent la
surface rugueuse. Perforation subcentrale, ovale, entourée,
dans l'intérieur de la coquille, d'un bourrelet continu, non
tronqué, ni échancré.

Coloration gris-jaunâtre avec de larges rayons bruns, très
rapprochés sur la région postérieure.

Localités. — Nosy Nasatrana, plage ! ; d'Androka à Ampalaza, plage ! ; Nosy Manitsa !.

Cette espèce diffère du *F. hiantula* Lamarck par sa forme
plus aplatie, sa sculpture beaucoup plus grossière, etc. ; du
F. Chemnitzi Sowerby, par sa taille plus faible, sa base moins

relevée aux deux extrémités, ses côtes rayonnantes plus nombreuses et irrégulières.

Nous dédions cette espèce à Mme Geneviève Petit qui a aidé avec beaucoup de zèle, son mari, M. G. Petit, dans ses recherches zoologiques à Madagascar.

Genre **SUBEMARGINULA**, Blainville 1825.

Subemarginula Cumingi Sowerby.

1863. *Emarginula Cumingii* SOWERBY, Thes. Conch., III, p. 217, pl. 247, fig. 76.

1890. *Subemarginula Cumingii* Sow. PILSBRY *in* TRYON, Manual, XII, p. 281, pl. 29, fig. 24.

Localités. — Madagascar (collect. Ph. D., ex P. de Givenchy) ; Nosy Nasatrana !.

Subemarginula imbricata A. Adams.

1851. *Subemarginula imbricata* A. ADAMS, Proc. Zool. Soc. Lond., p. 91.

1866.   —   — A. Ad. SOWERBY, Thes. Conch., III, p. 217, pl. 246, fig. 70, 71.

1890.   —   — A. Ad. PILSBRY *in* TRYON, Manual, XII, p. 277, pl. 29, fig. 14, 15.

Localité. — Tuléar (Lamy, p. 332).

(Docoglossa.)

Genre **ACMÆA** Eschscholtz, 1828.

Acmæa saccharina Linné.

1758. *Patella saccharina* LINNÉ, Syst. Nat., édit. X, p. 781.

1891. *Acmæa saccharina* Lin. PILSBRY *in* TRYON, Manual, XIII, p. 49, pl. 36, fig. 60, 61, 62, 78 ; pl. 18, fig. 31, 32 ; pl. 24, fig. 12, 13.

Localités. — Nosy Bé ! ; Nosy Komba !.

Genre **SCUTELLINA**, Gray 1847.

Scutellina Gruveli nov. sp.

Testa ovato-rotundata, capuliformis, valde convexa. Apex marginem posticum eminenter transit. Superficies lamellis numerosissimis, arcuatis, tenuissimis inter se occurantibus, sculpta. Pagina interna sculpturam externam valde attenuatam ostendit.

Color albus.

Coquille ovale-arrondie, capuliforme, très convexe. Sommet petit surplombant et dépassant un peu le bord postérieur de la coquille. Surface finement treillissée par de très nombreuses lamelles arquées s'entrecroisant obliquement sur toute la surface. Intérieur de la coquille reproduisant, d'une manière très atténuée, la sculpture externe.

Coloration blanche uniforme.

Localité. — Sainte-Marie, entre l'île aux Nattes et Ilampy ! (un seul exemplaire).

Chez tous les *Scutellina* que nous connaissons, la sculpture consiste en costules rayonnantes, treillissées par des lamelles concentriques tandis que chez le *Sc. Gruveli* elle est composée de lamelles arquées dirigées dans deux sens opposés et obliquement par rapport à l'axe umbono-ventral, ce qui lui donne un aspect tout à fait spécial.

Genre **PHENACOLEPAS** Pilsbry, 1891.

Phenacolepas asperulata A. Adams.

1858. *Scutellina asperulata* A. ADAMS, Genera of rec. Moll., I, p. 461.

1890.   —   — A. Ad. PILSBRY *in* TRYON, Manual, XII, p. 130 (non figuré).

Localités. — Nosy Hara (P. Lemoine) ; Nosy Bé (Pætel, Catal. Conchyliensammlung, I, p. 461) ; Beheloka ! ; Fort-Dauphin (collect. Ph. D., récolte Dongé).

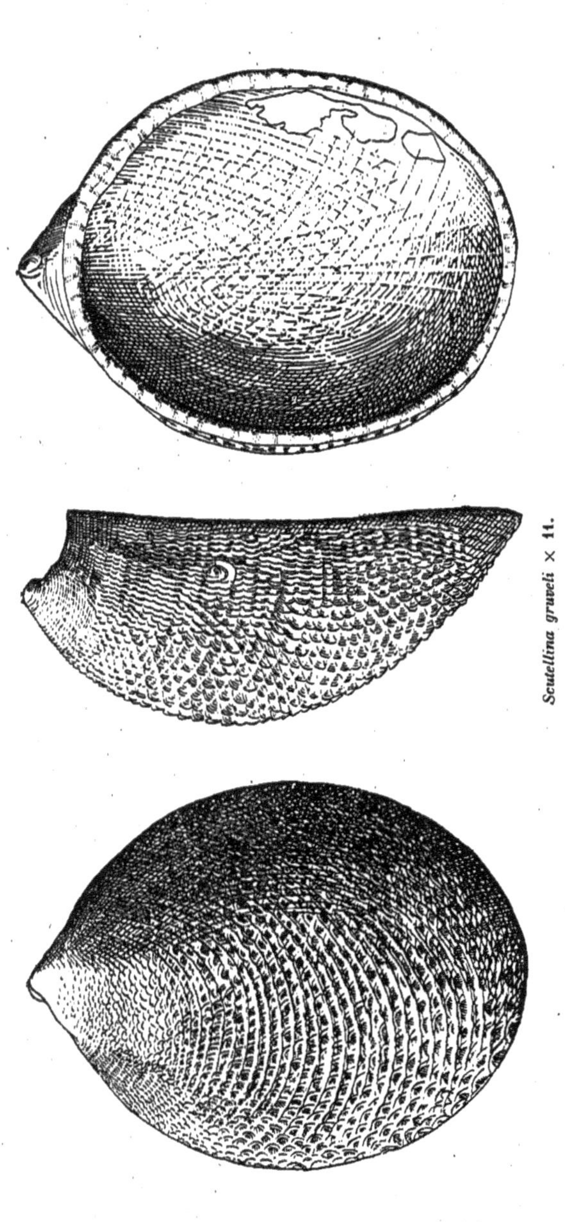

Scutellina graveli × 11.

Genre **PATELLA**, Linné 1758.

Section **SCUTELLASTRA**, H. et A. Adams, 1854.

Patella (Scutellastra) pica Reeve.

1854. *Patella pica* REEVE, Conch. Icon., pl. XIX, fig. 45ᵃ, 45ᵇ,
45ᶜ ; pl. XXVI, fig. 68ᵃ, 68ᵇ.
1891. *Patella (Scutellastra) pica* Reeve PILSBRY *in* TRYON,
Ma nual, XIII. p. 97, pl. 22, fig. 9,
10, 13, 14 ; pl. 59, fig. 47, 48, 49 ;
pl. 26, fig. 28, 29.

Localités. — Lambétabé, plage ! ; pointe à Larrée ! ; Fénérive, rochers (Odhner, p. 31) ; Tamatave, récifs de coraux (Odhner, p. 31).

Patella (Scutellastra) stellæformis Reeve.

1842. *Patella stellæformis* REEVE, Conch. Syst., II, p. 15,
pl. 136, fig. 3.
1891. *Patella (Scutellastra) stellæformis* Reeve PILSBRY *in*
TRYON, Manual, XIII, p. 98, pl. 17,
fig. 25, 26, 27 ; pl. 61, fig. 62 à 65.

Localités. — Nosy Komba ! ; Nosy Andrano ! ; île Europa
(Thiele, p. 562) ; Ankilibé ! ; Lambétabé, plage ! ; Fénérive ! ;
Tamatave !.

Genre **HELCIONISCUS**, Dall 1871.

Helcioniscus livescens Reeve.

1855. *Patella livescens* REEVE, Conch. Icon., pl. XXIX, fig. 75ᵃ,
75ᵇ.
1891. *Helcioniscus livescens* Reeve PILSBRY *in* TRYON, Manual,
XIII, p. 152, pl. 73, fig. 99, 100.

Localité. — Tamatave !.

Helcioniscus profundus Deshayes.

1863. *Patella profunda* Deshayes, Moll. île Réunion, p. 44,
pl. 6, fig. 15, 16.
1891. *Helcioniscus profundus* Pilsbry *in* Tryon, Manual, XIII,
p. 150, pl. 65, fig. 94, 95, 96.

Localité. — Ile Europa !.

Var. mauritiana Pilsbry.

1891. *Helcioniscus profundus* Desh. var. *mauritiana* Pilsbry
in Tryon, Manual, XIII, p. 150,
pl. 65, fig. 97, 98, 99.

Localité. — Tamatave !.

Helcioniscus rota Gmelin.

1790. *Patella Rota* Gmelin, Syst. Nat., édit. XIII, p. 3720.
1891. *Helcioniscus rota* Gmel. Pilsbry *in* Tryon, Manual,
XIII, p. 144, pl. 72, fig. 65 à 80.

Localités. — Madagascar (Dall, Amer. Journ. of Conch., VI,
p. 278, fide Caleb Cooke) ; Nosy Bé ! ; Nosy Fanihi ! ; Majunga (Odhner, p. 14) ; Mahakamby (Odhner, p. 14) ; Ile Europa ! ;
Tuléar (Lamy, p. 332) ; Nosy Vé (Thiele, p. 562) ; Ambodifotatra (Dautzenberg, p. 29) ; Fénérive, rochers (Odhner, p. 31) ;
Fénérive ! ; Tamatave, récif (Odhner, p. 31 ; Thiele, p. 562) ;
Tamatave ! ; Vatomandry, plage !.

Helcioniscus capensis Gmelin.

1790. *Patella capensis* Gmelin, Syst. Nat., édit. XIII, p. 3720.
1848. — — Gm. Krauss, Südafr. Moll., p. 53,
pl. III, fig. 13ᵃ, 13ᵇ.
1891. *Helcioniscus capensis* Gm. Pilsbry *in* Tryon, Manual,
XIII, p. 146, pl. 16, fig. 15, 16, 17.

Localités. — Baie de Lamboharana ! ; Sarodrano ! ; Nosy
Manitsa !.

Très voisin de l'*H. rota*, l'*H. capensis* n'est peut-être qu'une variété de cette espèce extrêmement variable. Elle diffère surtout par sa taille plus grande et par son impression centrale qui, au lieu d'être brune foncée, uniforme, est blanche, plus ou moins maculée de brun ou d'orangé.

Ordre **POLYPLACOPHORA**

Genre **ISCHNOCHITON**, Gray 1847.

Ischnochiton rufopunctatus Odhner.

1919. *Ischnochiton rufopunctatus* ODHNER, Faune malac. Madagascar, p. 21, pl. 3, fig. 40, 41 ; p. 22, fig. de texte, 1, 2.

Localité. — Majunga (Odhner, p. 21, 22).

Genre **ACANTHOPLEURA**, Guilding 1829.

Acanthopleura spiniger Sowerby.

1840. *Chiton spiniger* SOWERBY, Charlesworth Mag. of Nat. Hist., p. 257, suppl. pl. XVI, fig. 2.
1892. *Acanthopleura spiniger* Sow. PILSBRY *in* TRYON, Manual of Conch., XIV, p. 221, pl. 48.

Localités. — Mahakamby (Odhner, p. 21) ; île Europa (Thiele, p. 562) ; Tuléar (Odhner, p. 42).

Genre **ONITHOCHITON**, Gray, 1847.

Onithochiton Lyelli Sowerby.

1832. *Chiton Lyellii* SOWERBY, Proc. Zool. Soc. Lond., p. 26.
1833. — — SOWERBY, Conchol. Illustr., fig. 7.
1892. *Onithochiton lyellii* Sow. PILSBRY *in* TRYON, Manual, XIV, p. 247, pl. 55, fig. 1 à 7.

Localité. — Tamatave (Odhner, p. 40).

Genre **ACANTHOCHITES**, Risso 1826.

Acanthochites aberrans Odhner.

1919. *Acanthochites aberrans* ODHNER, Faune malac. Madagascar, p. 22, pl. 3, fig. 42, 43.

Localités. — Majunga (Odhner, p. 22).

Acanthochites penicillatus Deshayes.

1863. *Chiton penicillatus* DESHAYES, Moll. ile Réunion, p. 41, pl. 6, fig. 8 à 10.

1893. *Acanthochites penicillatus* Desh. PILSBRY *in* TRYON, Manual, XV, p. 15, pl. 4, fig. 84 ; pl. 8. fig. 29, 30.

Localité. — Tamatave (Odhner, p. 40).

Genre **CHONEPLAX**, Carpenter 1882.

Choneplax indicus Odhner.

1919. *Choneplax indicus* ODHNER, Faune malac. Madagascar, p. 40, pl. 3, fig. 44, 45

Localité. — Tamatave (Odhner, p. 40).

Classe **SCAPHOPODA**

Genre **DENTALIUM**, Linné 1758.

Dentalium aprinum Linné.

1767. *Dentalium aprinum* LINNÉ, Syst. Nat., édit. XII, p. 1263.

1897. — — Lin. PILSBRY et SHARP *in* TRYON, Manual, XVII, p. 3, pl. 1, fig. 8, 12, 14.

Localités. — Majunga (Odhner, p. 149) ; côte de Tintingue (Sganzin, p. 3 ; v. Martens, p. 135).

Dentalium lineolatum Cooke.

1885. *Dentalium lineolatum* COOKE, Ann. a. Mag. Nat. Hist.,
5ᵉ série, XVI, p. 274 (non figuré).
1897. — — Cooke PILSBRY et SHARP *in* TRYON,
Manual, X, p. 11 (non figuré).

Localité. — Tuléar (Lamy, p. 334).

Bien que ce *Dentalium* n'ait pas été figuré, M. Lamy lui a assimilé une coquille récoltée par M. Geay, car elle correspond exactement à la description de Cooke.

Classe **PELECYPODA**

Ordre **TETRABRANCHIA**

Genre **OSTREA**, Linné 1758.

Ostrea imbricata Lamarck.

1819. *Ostrea imbricata* LAMARCK, Anim. s. vert., VI, p. 213.
1871. — — Lam. SOWERBY *in* REEVE, Conch.
Icon., pl. XVII, fig. 36ᵃ, 36ᵇ.

Localités. — Baie de Tsimipaika ! ; pointe d'Ankify ! ; Nosy Iranja.

Ostrea inæquivalvis Sowerby.

1871. *Ostrea inæquivalvis* SOWERBY *in* REEVE, Conch. Icon.,
pl. XXXII, fig. 82ᵃ, 82ᵇ.

Localités. — Madagascar (Sowerby *in* Reeve ; von Martens, p. 135) ; Ambiki ! ; Nosy Bé (collect. Ph. D., ex E. Marie) ; base des falaises, à l'embouchure de l'Ouilahy, près Tuléar ! ; Tamatave, sur le récif de coraux (Odhner, p. 29).

Var. ARBORICOLA nov. var.

Les spécimens de l'*O. inæquivalvis* qui se sont développés sur les branches ou les rameaux des palétuviers ont un aspect fort

différent de ceux qui sont fixés sur les rochers ou sur le corail.
Leur coquille est beaucoup moins épaisse et les bords de la valve
fixée s'étalent largement et forment une colerette ondulée très
délicate, d'un brun foncé.

Ostrea procellosa (Valenciennes) Lamy.

1845. *Ostrea multistriata* HANLEY non Deshayes, Proc. Zool.
    Soc. Lond., p. 106.
1871.   —   —   Hanl. SOWERBY *in* REEVE, non Des-
    hayes Conch.Icon., pl. XXIX, fig. 47.
1929.   —   *procellosa* (Valenciennes) LAMY, Révision des
    Ostrea vivants du Muséum, Journal
    de Conchyl. LXXIII, p. 71.

Localité. — Baie d'Ampalaza, plage au Sud d'Androka !.

Hanley a décrit cette espèce d'après des spécimens recueillis
sur la coque d'un navire venant de la côte d'Afrique, mais Deshayes avait déjà attribué, en 1824, le même nom spécifique à
un *Ostrea* fossile du Bassin de Paris (Descr. coq. foss. des
environs de Paris, 1, p. 356). L'*Ostrea multistriata* de Sylvanus
Hanley doit donc changer de nom et M. Lamy lui a substitué
procellosa d'après une étiquette de Valenciennes dans sa collection du Muséum.

Ostrea cf. virginica Gmelin.

1790. (*Ostrea virginica* GMELIN, Syst. Nat., édit. XIII, p. 3336).
1819. (*Ostrea Virginica* LAMARCK, Anim. s. vert., VI, p. 207.)
1910. *Ostrea* sp. cf. *virginiana* Gm. LAMY, Coq. mar. Madag.,
    Mém. S. Z. F., p. 341.

Localité. — Tuléar (Lamy, p. 341).

Ostrea vitrefacta Sowerby.

1871. *Ostrea vitrefacta* SOWERBY *in* REEVE, Conch. Icon.,
    pl. XXXI, fig. 80ᵃ, 80ᵇ, 80ᶜ.
1919.   —   —   ODHNER, Faune malac. Madag., p. 5.

Localités. — Nosy Bé (collect. Ph. D., ex E. Marie); Majunga ! ; Mahakamby (Odhner, sur *Pinna bicolor*, p. 5) ; Foul-pointe ! ; Tamatave !.

Sous-Genre **LOPHA**, Röding, 1798.

Nous adoptons pour ce sous-genre le nom qui lui a été attribué par Röding, car le genre *Lopha* du « Museum Boltenianum est tout à fait homogène, les sept espèces qui le composent appartenant toutes au groupe des *Ostrea* plissés.

Ostrea (Lopha) crenulifera Sowerby.

1871. *Ostrea crenulifera* SOWERBY *in* REEVE, Conch. Icon., pl. XXVI, fig. 67.
Localité. — Tuléar (Lamy, p. 341).

Ostrea (Lopha) crista galli Linné.

1758. *Mytilus Crista galli* LINNÉ, Syst. Nat., édit. X, p. 704.
1871. *Ostrea crista-galli* Lin. SOWERBY *in* REEVE, Conch. Icon., pl. XI, fig. 22[a], 22[b], 22[c].
Localité. — Tuléar (Lamy, p. 341).

Ostrea (Lopha) cucullata Born.

1778. *Ostrea cucullatta* BORN, Index rer. nat., p. 100.
1780.   —   —   BORN, Test. Mus. Cæs. Vindob., p. 114, pl. 6, fig. 11, 12.
1785. *Ostrea Forskælii* CHEMNITZ, Conch. Cab., VIII, p. 30, pl. 72, fig. 671[a], 671[b], 671[c].
1871. *Ostrea cucullata* Born SOWERBY *in* REEVE, Conch. Icon., pl. XVI, fig. 34[a], 34[b], 34[c].
Localités. — Diego-Suarez (Gruvel) ; baie d'Ambaro ! ; baie de Tsimipaika ! ; Nosy Komba ! ; île Europa ! ; embouchure de la Biratra près Makambo ! ; Ilandsambo, près Fénérive ! ; gisements quaternaires A et B du Bras d'Antsoa (Perrier de la Bathie) ; gisement quaternaire à l'Est d'Ambolinoty (Perrier de la Bathie) ; gisements quaternaires A et B de Makambo (Perrier de la Bathie).

Var. CORNUCOPIÆ Chemnitz,

Pl. V, fig. 1, 2, 3, 4 (gr. nat.)

1785. *Cornucopiæ Ostrea* CHEMNTIZ, Conch. Cab., VIII, p. 41,
pl. 74, fig. 679.

Localité. — Morombé, plage ! ; plage exondée à Morondava
(H. Perrier de la Bathie).

Nous avons représenté deux curieux spécimens de cette
variété, rapportés par M. G. Petit. Leur talon est encore beaucoup plus allongé que celui de l'exemplaire type représenté par
Chemnitz.

Ostrea (Lopha) hyotis Linné.

1758. *Mytilus Hyotis* LINNÉ, Syst. Nat., édit. X, p. 704.
1871. *Ostrea hyotis* Lin SOWERBY *in* REEVE, Conch. Icon.,
pl. IV, fig. 7.

Localités. — Nosy Bé (de Man, p. 10) ; Nosy Bé ! ; Majunga, plage (Odhner, p. 5) ; Mahakamby (Odhner, p. 5) ; baie de
Lamboharana !.

Ostrea (Lopha) imbricata Lamarck.

1819. *Ostrea imbricata* LAMARCK, Anim. s. vert., VI, p. 213.
1871.   —   —   Lam. SOWERBY *in* REEVE, Conch.
Icon., pl. XVII, fig. 36ª, 36ᵇ.

Localités. — Baie de Tsimipaika ! ; pointe d'Ankify ! ; Nosy
Iranja !.

Genre **ANOMIA** (Linné 1767, pars) O. F. Müller 1776.

Anomia sol Reeve.

1859. *Anomia sol* REEVE, Conch. Icon., pl. I, fig. 4.

Localités. — Mahakamby, sur *Pinna bicolor* (Odhner, p. 5).
— Gisement quaternaire, Est d'Ambolimoty (Perrier de la
Bathie).

Genre **PLACUNA**, Bruguière, 1972.

Placuna sella Gmelin.

1790. *Anomia Sella* GMELIN, Syst. Nat., édit. XIII, p. 3345.
1871. *Placuna sella* Gmel. SOWERBY *in* REEVE, Conch. Icon.,
pl. I, fig. 1.

Localité. — Nosy-Bé (de Man, p. 10).

Sous-Ordre **PECTINACEA**

Genre **PLICATULA**, Lamarck 1801.

Plicatula australis Lamarck.

1819. *Plicatula australis* LAMARCK, Anim. s. vert., VI, p. 185.
1873. *Plicatula Australis* Lam. SOWERBY *in* REEVE, Conch.
Icon., pl. III, fig. 10ᵃ à 10ᵇ.

Localités. — Majunga, dragué (Odhner, p. 4) ; Fénérive
plage !.

Plicatula gibbosa Lamarck.

1801. *Plicatula gibbosa* LAMARCK, Système des Anim. s. vert.,
p. 132.
1819. *Plicatula ramosa* LAMARCK, Anim. s. vert., VI, p. 184.
1873.   — — Lam. SOWERBY *in* REEVE, Conch.
Icon., pl. II, fig. 5ᵃ, 5ᵇ, 5ᶜ.

Localités. — Nosy Fanihi ! ; baie de Befotaka ! — Gisement
quatrenaire d'Antaboka (Perrier de la Bathie).

Plicatula imbricata Menke.

1843. *Plicatula imbricata* MENKE, Moll. Nov. Holland., p. 35.
1873.   — — Menke SOWERBY *in* REEVE, Conch.
Icon., pl. I, fig. 4ᵃ à 4ᵈ.

Localité. — Majunga, plage (Odhner, p. 4).

Genre **SPONDYLUS**, Linné 1758.

Spondylus aculeatus (Chemnitz) Schröter.

1784. *Spondylus aculeatus* etc. CHEMNITZ, Conch. Cab., VIII, p. 74, pl. 44, fig. 460.

1788.   —   — Chemn. SCHRÖTER, Namen Register, p. 99.

1856.   —   — REEVE, Chemn. Conch. Icon., pl. XVII, fig. 63.

Localité. — Tuléar (Lamy, p. 340).

Spondylus coccineus Lamarck.

1819. *Spondylus coccineus* LAMARCK, Anim. s. vert., VI, p. 190.

1856.   —   — Lam. REEVE, Conch. Icon., pl. XII, fig. 44.

Localités. — Nosy Bé ! ; baie de Befotaka ! ; Tuléar (Lamy, p. 340) ; Tamatave !.

Spondylus fragilis Sowerby.

1847. *Spondylus fragilis* SOWERBY, Thes. Conch., I, p. 426, pl. LXXXIX, fig. 57.

1856.   —   — Sow. REEVE, Conch. Icon., pl. XIII, fig. 48.

Localité. — Baie de Befotaka !.

Spondylus nicobaricus (Chemnitz) Schröter.

1784. *Spondylus Nicobaricus*, etc. CHEMNITZ, Conch. Cab., VI, p. 82, pl. 45, fig. 469, 470.

1788. *Spondylus nicobaricus* Chemn. SCHRÖTER, Namen Register, p. 99.

1822. *Spondylus radians* LAMARCK, Anim. s. vert., VI, p. 192.

1856. *Spondylus Nicobaricus* Chemn. REEVE, .Conch. Icon., pl. XIV, fig. 50.

Localités. — Nosy Fanihi ! ; île Europa ! ; Ambodifotatra (Dautzenberg, p. 29).

Le *Sp. radians* Lam. est tout à fait synonyme puisque Lamarck a cité pour son espèce les figures de Chemnitz (469, 470).

Genre **LIMA**, Bruguière, 1792.

Lima lima Linné.

1758. *Ostrea Lima* LINNÉ, Syst. Nat., édit. X, p. 699.
1819. *Lima squamosa* LAMARCK, Anim. s. vert., VI, p. 156.
1872.   —   —   Lam. SOWERBY *in* REEVE, Conch. Icon., pl. II, fig. 10.
Localités. — Baie de Lamboharana ! ; Tamatave !.

Var. BULLIFERA Deshayes.

1863. *Lima bullifera* DESHAYES, Moll. île Réunion, p. 30, pl. XXXI, fig. 9, 10.
1872.   —   —   Desh. SOWERBY *in* REEVE, Conch. Icon., pl. V, fig. 27.
Localités. — Baie de Lamboharana ! ; Tuléar (Thiele, p. 562).

Sous-Genre **MANTELLUM**, Röding, 1798.

Lima (Mantellum) fragilis Gmelin.

1790. *Ostrea fragilis* GMELIN, Syst. Nat., édit. XIII, p. 3332.
1872. *Lima fragilis* Gmel. SOWERBY *in* REEVE, Conch. Icon., pl. IV, fig. 18ᵃ, 18ᵇ.
Localité. — Tamatave !.

Genre **CHLAMYS**, Röding 1798.

Chlamys irregularis Sowerby.

1842. *Pecten irregularis* SOWERBY, Thes. Conch., I, p. 69, pl. XIII, fig. 51, 52.

1852. *Chlamys irregularis* Sow. REEVE, Conch. Icon., pl. IV,
fig. 19ᵃ, 19ᵇ.

Localités. — Tuléar ! ; plage d'Androka à Ampalaza !.

Chlamys vexillum Reeve.

1853. *Pecten vexillum* REEVE, Conch. Icon., pl. XXVII, fig. 114ᵃ
114ᵇ.

Localités. — Baie de Tsimipaika ! ; pointe d'Ankify ! ; Nosy
Bé ! ; plage d'Androka à Ampalaza !.

Section ÆQUIPECTEN, P. Fischer, 1886.

Chlamys (Æquipecten) inæquivalvis Sowerby.

1842. *Pecten inæquivalvis* SOWERBY, Thes. Conch., I, p. 50,
pl. XIX, fig. 193 à 195.
1852.   —   — Sow. REEVE, Conch. Icon., pl. I,
fig. 1, 6.

Localités. — Baie d'Ampasindava ! ; Ambatoloaka ! ; îlot
Sakatia ! — Quaternaire d'Ampahé-Toana, près de Diego-
Suarez ; Gisement quaternaire à l'Est d'Ambolimoty (Perrier de
la Bathie).

Chlamys (Æquipecten) pallium Linné.

1758. *Ostrea Pallium* LINNÉ, Syst. Nat., édit. X, p. 697.
1853. *Pecten pallium* Lin. REEVE, Conch. Icon., pl. XVII,
fig. 63ᵃ, 63ᵇ, 63ᶜ.

Localité. — Nosy Bé (de Man, p. 10).

Chlamys (Æquipecten) porphyreus (Chemnitz) Gmelin.

1784. *Pallium porphyreum*, etc. CHEMNITZ, Conch. Cab., VII,
p. 330, pl. 66, fig. 632.
1790. *Ostrea porphyrea* Chemn. GMELIN, Syst. Nat., édit. XIII,
p. 3328.

Localités. — Majunga, dragage (Odhner, p. 3) — Gisement quaternaire à l'Est d'Ambolimoty (Perrier de la Bathie).

Sous-Genre **PALLIUM**, Martini, 1773.

Chlamys (Pallium) plica Linné.

1758. *Ostrea Plica* LINNÉ, Syst. Nat., édit. X, p. 697.
1853. *Pecten plica* Lin. REEVE, Conch. Icon., pl. III, fig. 16.

Localité. — Gisement quaternaire d'Antaboka (Perrier de la Bathie).

Genre **PECTEN**, Lamarck 1799.

Pecten pyxidatus Born.

1778. *Ostrea pyxidata* BORN, Index rer. nat., p. 93.
1780. — — BORN, Test. Mus. Cæs. Vindob., p. 108, pl. 6, fig. 5, 6.

Localité. — Tamatave, dragage (Odhner, p. 23).

Genre **PRASINA**, Deshayes 1863.

Prasina borbonica Deshayes.

1863. *Prasina borbonica* DESHAYES, Moll. île Réunion, p. 29, pl. XXXl, fig. 4 à 8.

Localités. — Nosy Komba ! ; Sainte-Marie, entre l'île aux Nattes et Ilampy !.

Genre **AVICULA**, Klein 1753.

Avicula lotorium Lamarck.

1819. *Avicula lotorium* LAMARCK, Anim. s. vert., VI, p. 147.
1857. — — Lam. REEVE, Conch. Icon., pl. III, fig. 3.

Localité. — Diego-Suarez !.

Avicula macroptera Lamarck.

1819. *Avicula macroptera* LAMARCK, Anim. s. vert., VI, p. 147.
1857.   —   —   Lam. REEVE, Conch. Icon., pl. II.

Localité. — Nosy Bé (de Man, p. 9).

Genre **MELEAGRINA**, Lamarck 1812.

Meleagrina margaritifera Linné.

1758. *Mytilus margaritiferus* LINNÉ, Syst. Nat., édit. X, p. 704.

Les Méléagrines de Madagascar citées par Sganzin, de Man et Odhner appariennent à la variété *zanzibarensis*.

Var. ZANZIBARENSIS Jameson.

1901. *Pteria (Margaritifera) margaritifera* Lin. var. *zanzibarensis* JAMESON, On the Mother of Pearl Oysters, Proc. Zool. Soc. Lond. p. 375.

Localités. — Madagascar, hauts fonds (Sganzin, p. 11 ; Jameson, p. 375) ; Nosy Faly ! ; Nosy Bé (de Man, p. 9) ; Tuléar (Odhner, p. 42) ; Tuléar ! ; baie d'Ampalaza ! ; Tamatave (Odhner, p. 23).

Cette variété diffère du *M. margaritifera* typique par sa coloration externe roussâtre et par la teinte cuivrée de sa nacre à proximité des bords.

Meleagrina vulgaris Schumacher.

1817. *Perlamater vulgaris* SCHUMACHER, Nouv. Syst., p. 108, pl. XX, fig. 3.
1819. *Meleagrina albina* LAMARCK, Anim. s. vert., VI, p. 152.
1857. *Avicula occa* REEVE, Conch. Icon., pl. VIII, fig. 24.
1901. *Margaritifera vulgaris* Schum. JAMESON, Mother of Pearl Oysters, Proc. Zool. Soc. Lond. p. 384.

1926. *Meleagrina albina* Lam. Pallary, Explic. des planches
　　　　　　　　　　　de Savigny, p. 117, pl. XV, fig. 8[1],
　　　　　　　　　　　8[2], 8[3], 9[1], 9[2], 9[3].

Localités. — Baie de Tsimipaika ! ; Nosy Bé ! ; Nosy Komba ! ; entre Nosy Komba et Lokobé, abords de l'île Ambariobé, dragage 1 à 5 m. ! ; Majunga (Odhner, p. 4) ; Nosy Andrano ! ; île Europa ! ; Tuléar (Lamy, p. 339) ; Tuléar ! ; Anakao, plage ! ; Lambétabé, plage ! ; Ambodifotatra (Dautzenberg, p. 29, s. nom. *Martensi* [non Dunker]) ; Tamatave !.

Le *M. vulgaris* est très variable et a encore comme synonymes : *fucata* Gould, *aerata* Reeve, *perviridis* Reeve, *varia* Dunker, *badia* Dunker, *radiata* Vaillant (non Leach), *Savignyi* Monterosato et *Conemenosi* Tiberi.

Genre **MALLEUS**, Lamarck 1799.

Malleus anatinus Gmelin.

1790. *Ostrea anatina* Gmelin, Syst. Nat., édit. XIII, p. 3333.
1819. *Malleus anatinus* Gmel. Lamarck, Anim. s. vert., VI,
　　　　　　　　　　　p. 145.
1858. —　　　— 　　Gmel. Reeve, Conch. Icon., pl. I,
　　　　　　　　　　　fig. 3.

Localité. — Nosy Bé (de Man, p. 10).

Malleus regula Forskäl.

1775. *Ostrea regula* Forskäl, Anim. Itin. Orient., p. 124.
1858. *Malleus regula* Forsk. Reeve, Conch. Icon., pl. II, fig. 4.

Localité. Majunga, dragué (Odhner, p. 4).

Var. decurtata Odhner.

1919. *Malleus regula* var. *decurtata* Odhner, Faune Malac.
　　　　　　　　　　　Madagascar, p. 4.

Localité. — Majunga, dans la rivière (Odhner, p. 4).

Genre **VULSELLA**, Lamarck 1799.

Vulsella attenuata Reeve.

1858. *Vulsella attenuata* REEVE, Conch. Icon., pl. I, fig. 5.
1858. *Vulsella spongiarum* REEVE (non Lamarck), Conch.
         Icon., pl. II, fig. 10ᵃ, 10ᵇ.

Localité. — Majunga, dans des éponges (Odhner, p. 4).

Vulsella vulsella Linné.

1758. *Mya Vulsella* LINNÉ, Syst. Nat., édit. X, p. 671.
1819. *Vulsella lingulata* LAMARCK, Anim. s. vert., VI, p. 221.
1858.   —   —   Lam. REEVE, Conch. Icon., pl. I, fig. 6.

Localités. — Madagascar (Smith, Recent spec. of Vulsella,
Proc. Malac. Soc. Lond., IX, p. 307) ; Sainte-Marie de Madagascar, rare parmi les *Perna* (Sganzin, p. 12 ; v. Martens, p. 141).

Genre **CRENATULA**, Lamarck 1804.

Crenatula mytiloides Lamarck.

1803. *Crenatula mytiloides* LAMARCK, Ann. du Muséum, III,
         p. 30, pl. 2, fig. 3, 4.
1819.   —   —   LAMARCK, Anim. s. vert. VI, p. 138.
1858.   —   —   Lam. REEVE, Conch. Icon. pl. II,
         fig. 8.

Localité. — Tuléar, récifs !.

Genre **ISOGNOMON**, Klein 1753.

Le nom générique *Perna* Bruguière 1792, ne peut être conservé à cause d'un genre *Perna* Retzius créé en 1788 pour une
section du genre *Mytilus*.

Isognomon aviculare Lamarck.

1819. *Perna avicularis* LAMARCK, Anim. s vert. VI, p. 140.

1841. *Perna avitularis* Lam. Delessert, Rec. coq. Lamarck,
pl. 14, fig. 3ᵃ, 3ᵇ.

Localité. — Sainte-Marie de Madagascar, dans les fonds
pierreux qui entourent l'île aux Forbans, près de l'îlot Louquet,
rare (Sganzin, p. 10 ; v. Martens, p. 140).

Isognomon ephippium Linné.

1758. *Ostrea Ephippium* Linné, Syst. Nat., édit. X, p. 700.
1858. *Perna ephippium* Lin. Reeve, Conch. Icon., pl. II, fig. 8.

Localités. — Madagascar, commun sur les fonds pierreux
qui entourent l'île aux Forbans, près de l'îlot Louquet à Sainte-
Marie (Sganzin, p. 10 ; v. Martens, p. 140) ; Estuaire de la rivière de Vatomandry !.

Isognomon isognomum Linné.

1758. *Ostrea isognomum* Linné, Syst. Nat., édit. X, p. 699.
1858. *Perna isognomum* Lin. Reeve, Conch. Icon., pl. V,
fig. 24.

Localités. — Nosy Bé (de Man, p. 9) ; Mahakamby (Odhner,
p. 5) ; Tamatave (Odhner, p. 25).

Var. femoralis Lamarck.

1819. *Perna femoralis* Lamarck, Anim. s. vert., VI, p. 140
(Encycl. pl. 175, fig. 4, 5).

Localité. — Madagascar, rare (Sganzin, p. 10 ; v. Martens,
p. 141).

Var. canina Lamarck.

1819. *Perna canina* Lamarck, Anim. s. vert., VI, p. 141.

Localité. — Madagascar, rare (Sganzin, p. 10).

Isognomon legumen Gmelin.

1790. *Ostrea Legumen* Gmelin, Syst. Nat., édit. XIII, p. 3339.
1858. *Perna legumen* Gmel. Reeve, Conch. Icon., pl. V, fig. 22.

Localité. — Ile Europa (Thiele, p. 563).

Isognomon perna Linné.

1767. *Ostrea Perna* Linné, Syst. Nat., édit. XII, p. 1149.
1786. — — Lin. Schröter, Einleitung, III, p. 351, pl. 9, fig. 6.
1819. *Perna sulcata* Lamarck, Anim. s. vert., VI, p. 141.

Localités. — Madagascar, très rare (Sganzin, p. 10) ; Sainte-Marie (v. Martens, p. 140).

Isognomon rude Reeve.

1858. *Perna rudis* Reeve, Conch. Icon., pl. V, fig. 20.

Localité. — Nosy Bé (de Man, p. 9) ; Nosy Bé !.

Isognomon vulsella Lamarck.

1819. *Perna vulsella* Lamarck, Anim. s. vert., VI, p. 141.
1858. — — Lam. Reeve, Conch. Icon., pl. V, fig. 21.

Localités. — Madagascar, très rare (Sganzin, p. 10) ; Sainte-Marie (v. Martens, p. 140) ; Mahakamby (Odhner, p. 4).

Chemnitz a représenté (C. Cab., VII, p. 250, pl. 59, fig. 579) cette espèce sous le nom d'*Ostrea semiaurita Linnæi*, mais c'est une erreur car l'*O. semiaurita* a été basé par Linné sur une figuration de Gualtieri (pl. 84, fig. H) qui représente un *Meleagrina* et non un *Isognomon*.

Genre **PINNA**, Linné 1758.

Pinna æquilatera von Martens.

1880. *Pinna æquilatera* von Martens, Moll. Maskar. u. Seych., p. 141, pl. XXII, fig. 4 (Ile Maurice).

Localités. — Nosy Bé ! ; Nosy Komba !.
C'est le *Pinna saccata* Chemnitz (non Linné).

Pinna bicolor (Chemnitz) Gmelin.

1785. *Pinna bicolor*, etc. CHEMNITZ, Conch. Cab., VIII, p. 234,
    pl. 90, fig. 780.
1790. — —   Chemn. GMELIN, Syst. Nat., édit. XIII,
    p. 3366.
1819. *Pinna dolabrata* LAMARCK, Anim. s. vert., VI, p. 133.
1858. *Pinna bicolor* Chemn. REEVE, Conch. Icon., pl. IX,
    fig. 17 (= *dolabrata* Lam.).

Localités. — Madagascar, commune dans les hauts fonds
(Sganzin, p. 10) ; Sainte-Marie (v. Martens, p. 142) ; Nosy Bé
(de Man, p. 8) ; Nosy Komba ! ; Mahakamby (Odhner, p. 3,
pl. 1, fig. 1) ; Morombé ! ; Tuléar (Lamy, p. 340) ; Tuléar !.

Pinna flabellum Lamarck.

1819. *Pinna flabellum* LAMARCK, Anim. s. vert., VI, p. 130.
1858. — —   Lam. REEVE, Conch. Icon., pl. X,
    fig. 18.

Localité. — Madagascar, commun (Sganzin, p. 10).

Pinna muricata Linné.

1758. *Pinna muricata* LINNÉ, Syst. Nat., édit. X, p. 707.
1858. — —   Lin. REEVE, Conch. Icon., pl. XIII,
    fig. 23.

Localité. — Tuléar (Lamy, p. 340).

Pinna nigra (Chemnitz) Schröter.

1785. *Pinna nigra fumigata*, etc. CHEMNITZ, Conch. Cab., VIII,
    p. 221, pl. 88, fig. 774.
1788. — —   Chemn. SCHRÖTER, Namen Register,
    p. 82.
1819. *Pinna nigrina* LAMARCK, Anim. s. ver., VI, p. 134 (En-
    cycl., pl. 199, fig. 1ª, 1ᵇ).
1858. *Pinna nigra* Chemn. REEVE, Conch. Icon., pl. III, fig. 4.

Localités. — Madagascar, pas très commun (Sganzin, p. 10) ; Nosy Bé (de Man, p. 8) ; Majunga (Odhner, p. 3) ; Amborovy (Odhner, p. 3) ; île Europa (Thiele, p. 563) ; Tuléar (Lamy, p. 340) ; Tuléar ; ! île aux Sorciers (Sganzin, p. 10 ; v. Martens, p. 141).

Sganzin dit que cette espèce est comestible et très bonne, préparée à la manière des coquilles Saint-Jacques.

Pinna saccata Linné.

1758. *Pinna saccata* LINNÉ, Syst. Nat., édit. X, p. 707.
1858.   —   —   Lin. REEVE, Conch. Icon., pl. IV, fig. 6ᵃ, 6ᵇ.
Localité. — Tuléar !.

Genre **MYTILUS**, Linné 1758.

Mytilus elongatus (Chemnitz) Schröter.

1785. *Mytilus elongatus*, etc. CHEMNITZ, Conch. Cab., VIII, p. 157, pl. 83, fig. 738.
1788.   —   —   Chemn. SCHRÖTER, Nanem Register, p. 69.
1819.   —   —   Chemn. LAMARCK, Anim. s. vert., VI, p. 122.
1887.   —   —   Chemn. KÜSTER, Conch. Cab., 2ᵉ édit., p. 52, pl. 3, fig. 1.

Localités. — Tuléar ! ; Nosy Vorona, près Androka ! ; Soanierana, plage ! ; Vatomandry, plage !.

Il est possible que ce *Mytilus* de grande taille et de forme très allongée, soit le *Mytilus perna* Lin *(Mya perna)*, car Hanley dit que le spécimen de la collection linnéenne concorde avec la figuration de Schröter (Einleit., II, pl. VII, fig. 4), qui ressemble beaucoup au *M. elongatus* Chemn., mais la seule référence du « Systema Naturæ » : d'Argenville, pl. 25, fig. N., ne s'accorde pas du tout avec celle de Schröter, c'est pourquoi nous avons préféré employer le nom *elongatus*.

Mytilus irisans Jousseaume.

1888. *Mytilus irisans* JOUSSEAUME, Moll. Mer Rouge et Golfe
        d'Aden, Mém. Soc. Zool. Fr., p. 215
        (non figuré).

Localités. — Tamatave ! ; Fort-Dauphin (collect. Ph. D.,
récolte Dongé).

Cette espèce n'a pas été figurée, mais nous en possédons des
co-types récoltés à Aden par le Dr Jousseaume, qui sont
tout à fait semblables à ceux trouvés à Tamatave par M. G. Petit. Elle n'est guère éloignée des *M. pictus* Born et *afer* Gmelin,
qui présentent aussi une sculpture chevronnée. On sera peut-
être amené à les réunir lorsqu'on possèdera des séries nombreuses
de diverses provenances.

Mytilus pictus Born.

1778. *Mytilus pictus* BORN, Index rer. nat., p. 111.
1780. — —   BORN, Test. Mus. Cœs. Vindob., p. 127,
        pl. VII, fig. 6, 7.

Localité. — Fénérive, sur les rochers (Odhner, p. 26).

Born a représenté sous le nom de *M. pictus* deux coquilles :
l'une fig. 6, d'une coloration jaunâtre et élargie du côté dorsal,
paraît être un grand exemplaire de *M. irisans*, l'autre, fig. 7,
plus cylindrique, serait un *M. elongatus*. Le nom *pictus* Born,
étant le plus ancien, devrait être adopté si on y réunissait les
M. elongatus, irisans et *afer* Gmel.

Section **HORMOMYA**, Mörch, 1853.

Mytilus (Hormomya) variabilis Krauss.

1848. *Mytilus variabilis* KRAUSS, Südafr. Moll., p. 25, pl. II,
        fig. 5.
1870. *Mytilus Pharaonis* P. FISCHER, Journ. de Conch., XVIII,
        p. 178.

1926. *Mytilus (Hormomya) variabilis* Kr. PALLARY, Explic.
des planches de Savigny, p. 116,
pl. XV, fig. 5.

Localités. — Baie d'Ambaro ! ; Ankify ! ; baie de Befotaka ! ;
Ampasimarina, plage ! ; Tuléar (Lamy, p. 337) ; Nosy Nasa-
trana, plage ! ; plage d'Androka à Ampalaza ! ; Sainte-Marie ! ;
Tamatave !.

Genre **SEPTIFER**, Récluz 1848.

Septifer bilocularis Linné.

1758. *Mytilus bilocularis* LINNÉ, Syst. Nat., édit. X, p. 705.
1785. *Mytilus Nicobaricus* CHEMNITZ, Conch. Cab., VIII, p. 155,
pl. 82, fig. 736^a, ^{b} ; 737^2, 737^3.

Localités. — Nosy Faly (de Man, p. 8) ; baie de Tsimipaika ! ;
pointe d'Ankify ! ; Nosy Bé ! ; Majunga (Odhner, p. 6) ; île
Europa (Thiele, p. 563) ; île Europa ! ; Tuléar ! ; Ambodifotatra
(Dautzenberg, p. 29) ; Soanierana, plage ! ; Tamatave, récif
(Odhner, p. 25) ; Tamatave ! ; Vatomandry, plage !.

Var. KRAUSSI Küster.

1778. *Mytilus exustus* BORN (non Linné), Index rer. nat., p. 110.
1780.   —   —   BORN (non Linné), Test. Mus Cæs.
Vindob., p. 125, pl. 7, fig. 5^a, 5^b.
1887. *Tichogonia Kraussi* KÜSTER, Conch. Cab., 2e édit., p. 14,
pl. 6, fig. 1 à 6.

Localités. — Nosy Bé ! ; île Juan de Nova ! ; Nosy Andrano ! ;
Tuléar ! ; Ankilibé ! ; Nosy Nasatrana ! ; Lambétabé, plage ! ;
Fénérive ! ; Tamatave !.

Küster a cité, avec raison, comme synonyme de cette variété
le *Mytilus exustus* Born (non Linné).

Septifer excisus Wiegmann.

1837. *Tichogonia excisa* WIEGMANN, Arch. f. Naturg., I, p. 49.

1857. *Mytilus excisus* Wiegm. REEVE Conch. Icon., pl. IV, fig. 13.

Localité. — Tamatave (Odhner, p. 25).

Genre **MODIOLUS** Lamarck, 1799.

(= **Modiola** Lamarck (1801 = ? *Volsella* Scopoli 1877.)

Modiolus aratus Dunker.

1856. *Volsella arata* DUNKER, Proc. Zool. Soc. Lond., p. 361.
1857. *Modiola arata* Dunk. REEVE, Conch. Icon., pl. IV, fig. 12.

Localités. — Ilot Ambariobé, dragage 2 m. 80 prof. ! ; Tuléar, plage !.

Modiolus auriculatus Krauss.

1848. *Modiola auriculata* KRAUSS, Südafr. Moll., p. 20, pl. II, fig. 4, 4.
1889. — — Kr. CLESSIN, Conch. Cab., 2e édit., p. 96, pl. 29, fig. 1, 2.

Localités. — Ambatoloaka ! ; île Juan de Nova ! ; Nosy Andrano ! ; île Europa ! ; baie de Lamboharana ! ; Tuléar (Lamy, p. 338) ; Tuléar ! ; Ambodifotatra (Dautzenberg, p. 29) ; Tamatave (Thiele, p. 562 ; Odhner, p. 25) ; Tamatave !.

Le *M. semifusca* Sganzin, est synonyme. D'après cet auteur on le trouve assez communément sur les Madripores.

Modiolus Philippinarum Hanley.

1844. *Modiola Philippinarum* HANLEY, Proc. Zool. Soc. Lond., p. 15.
1845. — — HANLEY, Recent. biv. Sh., p. 235, pl. 24, fig. 26.
1858. — — Hanl. REEVE, Conch. Icon., pl. I, fig. 1.

Localités. — Baie de Tsimipaika ! ; Amborovy (Odhner, p. 6) ; Tuléar (Thiele, p. 562) ; Tamatave (Odhner, p. 25) — Gisement quaternaire d'Antaboka (Perrier de la Bathie).

Genre **MODIOLARIA**, Lovén 1846.

Modiolaria difficilis Deshayes.

1863. *Modiola difficilis* Deshayes, Moll. île Réunion, p. 23,
pl. XXX, fig. 22, 23, 24.

Localité. — Majunga, dragage (Odhner, p. 6).

Genre **LITHOPHAGUS**, Megerle v. Mühlf., 1811.

Lithophagus gracilis Philippi.

1847. *Modiola (Lithophagus) gracilis* Philippi, Zeitschr. f. Ma
lakoz., p. 117.
1847. *Modiola (Lithophagus) gracilis* Philippi, Abbildungen,
. p. 5, pl. II, fig. 1.
1858. *Lithodomus gracilis* Phil. Reeve, Conch. Icon., pl. I,
fig. 4.

Localité. — Tuléar !.

Il est difficile de distinguer cette espèce du *L. teres* Philippi qui ne diffère que par sa taille plus faible et sa forme plus étroitement cylindrique.

Sous-Ordre **ARCACEA**

Genre **ARCA**, Linné 1758.

Arca imbricata Bruguière.

1789. *Arca imbricata* Bruguière, Encycl. Méthod., p. 98.

Cette espèce n'est connue de Madagascar que par les variétés suivantes :

Var. ARABICA Philippi.

1847. *Arca arabica* Philippi, Abbild., p. 28, pl. IV, fig. 2ᵃ, 2ᵇ,
2ᶜ.

1849. *Arca Kraussi* Philippi, *i b id.*, p. 88, pl. V, fig. 8 à 10.

Localités. — Madagascar (collect. du Muséum, ex Ferlus) ; Nosy Hara (P. Lemoine) ; Nosy Bé ! ; pointe d'Ampasipohé ! ; Tuléar (Lamy, p. 334) ; Sud d'Androka ! ; Nosy Manitsa ! ; Fénérive ! ; Tamatave (Odhner, p. 26) ; Tamatave !.

Var. avellana Lamarck.

1819. *Arca avellana* Lamarck, Anim. s. vert., VI, p. 38.

1833. *Byssoarca maculata* Sowerby, Proc. Zool. Soc. Lond., p. 17.

1844. *Arca maculata* Sow. Reeve, Conch. Icon., pl. XI, fig. 71.

Localités. — Baie de Tsimipaika, dragage 2 à 6 m. ! ; anse du Cratère, près Hellville ! ; Ampangorinana ! ; Mahakamby (Odhner, p. 8) ; baie de Lamboharana ! ; Tuléar (Lamy, p. 335) ; Anakao, plage !.

Arca navicularis Bruguière.

1789. *Arca navicularis* Bruguière, Encycl. Méthod., p. 99.

1844. —   —   Brug. Reeve, Conch. Icon., pl. XI, fig. 79.

Localités. — Madagascar (collect. du Muséum, ex Gardemal) ; Nosy Bé ! ; Nosy Komba ! ; Majunga (Odhner, p. 7).

Arca ventricosa Lamarck.

1819. *Arca ventricosa* Lamarck, Anim. s. vert., VI, p. 38.

1844. *Arca zebra* Reeve (non Swainson), Conch. Icon., pl. XI, fig. 69.

Localités. — Madagascar (collect. du Muséum, ex Joly) ; Nosy Hara (P. Lemoine).

Sous-Genre **BARBATIA**, Gray, 1840.

Arca (Barbatia) cælata Reeve.

1844. *Arca cælata* Reeve, Conch. Icon., pl. XVI, fig. 110.

Localité. — Nosy Manitsa !.

Arca (Barbatia) cometa Reeve.

1844. *Arca cometa* REEVE, Conch. Icon., pl. XVI, fig. 111.

Localités. — Madagascar (collect. du Muséum, ex Joly) ; Nosy Bé ! ; Nosy Komba ! ; Tuléar !.

Arca (Barbatia) decussata Sowerby.

1833. *Byssoarca decussata* SOWERBY, Proc. Zool. Soc. Lond., p. 18.

1844. *Arca decussata* Sow. REEVE, Conch. Icon., pl. XII, fig. 81.

Localités. — Madagascar (collect. du Muséum); pointe d'Ankify ! ; Nosy Bé ! ; baie d'Ambatozavavy ! ; Majunga (Odhner, p. 7) ; baie de Lamboharana ! ; Tuléar ! ; Ambodifotatra (Dautzenberg, p. 29) ; Foulpointe ! ; Tamatave ! — Gisement quaternaire d'Antaboka (Perrier de la Bathie).

Var. PETERSI Dunker.

1870. *Barbatia Petersi* DUNKER, Novit. Conch., p. 135, pl. XLV, fig. 5, 6, 7.

1891. *Arca (Barbatia) Petersi* Dunk. KOBELT, Conch. Cab., 2ᵉ édit., p. 182, pl. 45, fig. 1, 2.

Localités. — Madagascar (Lamy, Rev. *Arca* viv. du Muséum, p. 68) ; île Europa (Thiele, p. 563) ; Nosy-Hara (P. Lemoine) ; Ankatsepé ! ; Tuléar ! ; Sainte-Marie ! ; île aux Forbans !.

Arca (Barbatia) fusca Bruguière.

1789. *Arca fusca* BRUGUIÈRE, Encycl. Méthod., p. 102.

1844.   —   —   Brug. REEVE, Conch. Icon., pl. XII, fig. 82.

Localités. — Madagascar, commun (Sganzin, p. 8) ; Madagascar (collect. du Muséum, ex Ballot); Nosy Hara (P. Lemoine) ; Anakao, plage ! ; Nosy Nasatrana, plage ! ; Sainte-Marie (v. Martens, p. 143) ; Sainte-Marie, entre l'île aux Nattes et Ilampy ! ; îlot Prune !.

Arca (Barbatia) nivea (Chemnitz) Schröter.

1784. *Arca nivea maris rubri* CHEMNITZ, Conch. Cab., VII, p. 191,
pl. 54, fig. 538.
1788. *Arca nivea* SCHRÖTER, Namen Register, p. 6.
1844. — —   Chemn. REEVE, Conch. Icon., pl. XIV,
fig. 96.

Localités. — Madagascar, assez rare (Sganzin, p. 59); Tuléar
(Lamy, p. 335) ; Tuléar ! ; Sainte-Marie (v. Martens, p. 144) ;
Andevorante, plage !.

Var. VELATA Sowerby.

1833. *Byssoarca velata* SOWERBY, Proc. Zool. Soc. Lond., p. 18.
1844. *Arca velata* Sow. REEVE, Conch. Icon., pl. XII, fig. 79.

Localité. — Nosy Faly (de Man, p. 8).

Arca (Barbatia) obliquata Gray.

1828. *Arca obliquata* GRAY *in* WOOD, Index testac., Suppl., p. 6,
pl. 2, fig. 4.
1891. *Arca (Barbatia) obliquata* Gray KOBELT, Conch. Cab.,
2ᵉ édit., p. 154, pl. 39, fig. 3, 4.

Localités. — Madagascar (collect. du Muséum, ex Cloué et
ex Ferlus) ; anse du Cratère, près Hellville ! ; pointe d'Ankify ! ;
région d'Ankify ! ; baie de Befotaka ! ; Ampasipohé ! ; Tuléar (Lamy, p. 335) ; Foulpointe ! ; Tamatave !.

Arca (Barbatia) parva Sowerby.

1833. *Byssoarca parva* SOWERBY, Proc. Zool. Soc. Lond., p. 19.
1891. *Arca (Barbatia) parva* Sow. KOBELT, Conch. Cab.,
2ᵉ édit., p. 197, pl. 47, fig. 7.

Localité. — Tuléar (Lamy, p. 51).

Sous-Genre **ACAR**, Gray, 1857.

Arca (Acar) dichotoma Deshayes.

1863. *Arca dichotoma* DESHAYES, Moll. île Réunion, p. 22.
1891. *Arca (Barbatia ?) dichotoma* Desh. KOBELT, Conch. Cab.
2e édit., p. 29, pl. 8, fig. 7, 8.

Localité. — Tuléar (Lamy, p. 335).

Arca (Acar) plicata Chemnitz.

1795. *Arca plicata* CHEMNITZ, Conch. Cab., XI, p. 244, pl. 204,
fig. 2008.
1891. *Arca (Acar) plicata* Chemn. KOBELT, Conch. Cab.,
2e édit., p. 195, pl. 1, fig. 9 ; pl. 47 !
fig. 5.

Localités. — Majunga (Odhner, p. 7) ; Tuléar (Lamy, p. 335) ;
Tuléar ! ; Ankilibé, plage ! ; Nosy Nasatrana, plage ! ; Nosy
Manitsa ! ; Soanierana, plage !.

Arca (Acar) tenella Reeve.

1844. *Arca tenella* REEVE, Conch. Icon., pl. XIV, fig. 91.
1891. *Arca (Barbatia) tenella* Reeve KOBELT, Conch. Cab.,
2e édit., p. 155, pl. 39, fig. 5, 6.

Localités. — Tuléar (Lamy, p. 336) ; Tamatave, sur la partie
Sud-Est du récif de coraux (Odhner, p. 26).

Sous-Genre **FOSSULARCA**, Cossmann, 1887.

Arca (Fossularca) afra Gmelin.

1790. *Arca afra* GMELIN, Syst. Nat., édit. XIII, p. 3308.
1844. *Arca zebuénsis* REEVE, Conch. Icon., pl. XVII, fig. 117.
1891. —   —   Reeve KOBELT, Conch. Cab., 2e édit.,
p. 86, pl. 23, fig. 7, 8.

Localités. — Nosy Hara (P. Lemoine) ; Nosy Bé ! ; Nosy Komba ! ; Majunga (Odhner, p. 6) ; Tuléar (Lamy, p. 336) ; Tuléar ! ; Nosy Manitsa ! ; Soanierana, plage !.

Sous-Genre **PARALLELIPIPEDUM**, Klein, 1753.

Arca (Parallelipipedum) tortuosa Linné.

1758. *Arca tortuosa* LINNÉ, Syst. Nat., édit. X, p. 693.
1891. *Arca (Parallelipipedum) tortuosa* Lin. KOBELT, Conch.
Cab., 2e édit., p. 7, pl. 1, fig. 1, 2.

Localités. — Tuléar (Lamy, p. 108) — Gisement quaternaire à l'Est d'Ambolimoty (Perrier de la Bathie).

Var. TORTA Steenstrup.

1853. *Parallelipipedum torta* STEENSTRUP *in* MÖRCH, Catal.
Yoldi, II, p. 40.
1888. *Parallelipipedum Fauroti* JOUSSEAUME, Moll. Mer Rouge,
Mém. Soc. Zool. Fr., I, p. 214.

Localité. — Subfossile à Ampahétoana, province de Diego-Suarez, tranchée dans plantation de Cocotiers, à 200 m. de la mer !.

Sous-Genre **ANADARA**, Gray, 1847.

Arca (Anadara) antiquata Linné.

1758. *Arca antiquata* LINNÉ, Syst. Nat., édit. X, p. 694.
1844. *Arca maculosa* REEVE, Conch. Icon., pl. IV, fig. 24.
1891. *Arca (Anomalocardia) maculosa* Reeve KOBELT, Conch.
Cab., 2e édit., p. 84, pl. 23, fig. 3, 4.

Localités. — Madagascar, très commun (Sganzin, p. 8) ; Tuléar ! ; Gisement quaternaire d'Antaboka (Perrier de la Bathie).

Var. HANKEYANA Reeve.

1844. *Arca Hankeyana* REEVE, Conch. Icon., pl. X, fig. 68.

1891. *Arca (Anomalocardia) Hankeyana* Reeve Kobelt, Conch.
Cab., 2ᵉ édit., p. 203, pl. 48, fig. 3.

Localités. — Nosy Hara (P. Lemoine) ; Nosy Faly (de Man,
p. 7, pl. I, fig. 4) ; baie de Tsimipaika ! ; Nosy Bé (de Man,
p. 7) ; Hellville ! Ampangorinana ! ; Ambatoloaka ! ; Nosy
Fanihi ! ; Befotaka ! ; baie d'Ambatozavavy ! ; Ampasipohé ! ;
Tuléar, plage ! ; Tamatave !.

Var. CRENATA Reeve.

1844. *Arca crenata* REEVE, Conch. Icon., pl. VIII, fig. 51.
1891. *Arca (Scapharca) crenata* Reeve Kobelt, Conch. Cab.,
2ᵉ édit., p. 179, pl. 44, fig. 4.

Localités. — Baie de Tsimipaika ! ; Tuléar (Lamy, p. 200).

Var. RUGIFERA Dunker.

1870. *Anomalocardia rugifera* DUNKER, Novit. Conch., p. 84,
pl. XXVIII, fig. 7, 8, 9.
1891. *Arca (Anomalocardia) rugifera* Dunk. Kobelt, Conch.
Cab., 2ᵉ édit., p. 229, pl. 46, fig. 1, 2.

Localité. — Madagascar (Lamy, Rev. *Arca* viv. Muséum,
p. 207, récolte Geay).

Var. SCAPHA Meuschen.

1781. *Arca (Scapha)* MEUSCHEN *in* GRONOVIUS, Zoophylacium,
fasc. III, p. 274, pl. XVIII, fig. 3.
1891. *Arca scapha* Meusch. Kobelt, Conch. Cab., 2ᵉ édit.,
p. 12, pl. 2, fig. 3.

Localités. — Madagascar, moins commun que l'*A. antiquata*
(Sganzin, p. 8 ; v. Martens, p. 144) ; Majunga, plage (Odhner,
p. 6) ; Tuléar (Lamy, p. 200) ; Sainte-Marie, entre l'île aux
Nattes et Ilampy !.

M. de Man a figuré un *Arca* sp ? ! Recherches Faune Madagascar, pl. I, fig. 5 qui semble être un *A. antiquata* jeune.

Arca (Anadara) Ehrenbergi Dunker.

1870. *Anomalocardia Ehrenbergi* DUNKER, Novit. Conch., p. 116
pl. XXXVIII, fig. 17, 18.
1891. *Arca (Anomalocardia) Ehrenbergi* Dunk. KOBELT, Conch.
Cab., 2ᵉ édit., p. 92, pl. 25, fig. 5, 6.

Localité. — Majunga, plage (Odhner, p. 7).

Arca (Anadara) natalensis Krauss.

1848. *Arca natalensis* KRAUSS, Südafr. Moll., p. 17, pl. I, fig. 12.
1891. *Arca (Scapharca ?) natalensis* Kr. KOBELT, Conch. Cab.,
2ᵉ édit., p. 129, pl. 34, fig. 1, 2.

Localités. — Morombé ! ; Anakao, plage ! ; d'Androka à
Ampalaza, plage ! ; Majunga, plage (Odhner, p. 6) ; Tamatave !
— subfossile à Ampahétoana près Diego-Suarez ! ; gisement
quaternaire, à l'Est d'Ambolinoty (Perrier de la Bathie).

Arca (Anadara) uropygmelana Bory.

1824. *Arca uropygmelana* BORY DE SAINT-VINCENT, Encycl.
Méthod., VII, p. 156, pl. 307, fig. 2.
1891. *Arca (Anomalocardia) uropygmelana* Bory KOBELT,
Conch. Cab., 2ᵉ édit., p. 85, pl. 25,
fig. 5, 6.

Localités. — Nosy Bé (v. Martens, récolte Hildebrandt,
p. 144) ; Tuléar (Lamy, p. 207) ; Ambodifotatra (Dautzenberg,
p. 29) — Gisement quaternaire d'Antaboka (Perrier de la Bathie).

Arca (Anadara) vellicata Reeve.

1844. *Arca vellicata* REEVE, Conch. Icon., pl. V, fig. 33.
1891. *Arca (Scapharca) vellicata* Reeve KOBELT, Conch. Cab.,
2ᵉ édit., p. 177, pl. 44, fig. 1.

Localités. — Baie de Tsimipaika ! ; Nosy Bé !.

Sous-Genre **NOETIA**, Gray, 1840.

Arca (Noetia) lateralis Reeve.

1844. *Arca lateralis* REEVE, Conch, Icon., pl. XVII, fig. 115.
1891. *Arca (Barbatia ?) lateralis* Reeve KOBELT, Conch. Cab.,
2e édit., p. 192, pl. 46, fig. 12.

Localités. — Nosy Bé ! ; Majunga dragage (Odhner, p. 8) ;
Tuléar (Lamy, p. 337) ; Tuléar ! ; Soanierana, plage ! ; Fénérive !.

Genre **PECTUNCULUS**, Lamarck 1799.

Pectunculus arabicus H. Adams.

1870. *Axinæa (Pectunculus) arabica* H. ADAMS, Proc. Zool.
Soc. Lond., p. 792.
1926. *Pectunculus arabicus* H. Ad. PALLARY, Explic. des planches de Savigny, Mém. Instit. d'Egypte, p. 112, pl. XIV, fig. 4^1, 4^2, 4^3, 4^4.

Localités. — Baie d'Ambaro ! ; pointe d'Ankify ! ; Morombé !;
Anakao, plage ! ; Androka, plage ! ; Andevorante, plage !.

Pectunculus morum Reeve.

1843. *Pectunculus morum* REEVE, Conch. Icon., pl. VII, fig. 40.

Localité. — Madagascar ? (Reeve).

Pectunculus pectunculus Linné.

1758. *Arca Pectunculus* LINNÉ, Syst. Nat., édit. X, p. 695.
1819. *Pectunculus pectiniformis* LAMARCK, Anim. s. vert., VI,
p. 53.
1843.   —   — Lam. REEVE, Conch. Icon., pl. III,
fig. 11^a, 11^b.

Localités. — Hellville, rochers, au pied de la ville ! ; Tuléar (Lamy, p. 337) ; Anakao, plage ! ; Lambétabé, plage !.

Pectunculus pertusus Reeve.

1843. *Pectunculus pertusus* REEVE, Conch. Icon., pl. VII, fig. 37.

Localité. — Majunga, dragage (Odhner, p. 8).

Pectunculus radians Lamarck.

1819. *Pectunculus radians* LAMARCK, Anim. s. vert., VI, p. 54.
1843.   —   — Lam. REEVE, Conch. Icon., pl. IX, fig. 50ª, 50ᵇ.

Localité. — Majunga, plage (Odhner, p. 8).

Genre PECTUNCULINA, d'Orbigny 1844.

Pectunculina multistriata Forskäl.

1775. *Arca multistriata* FORSKÆL, Descr. Anim. itin. orient., p. 123.
1843. *Pectunculus multistriatus* Forsk. REEVE, Conch. Icon., pl. VII, fig. 42.

Localité. — Gisement quaternaire d'Antaboka (Perrier de la Bathie).

Genre NUCULA, Lamarck 1799.

Nucula rugosa Odhner.

1919. *Nucula rugosa* ODHNER, Faune malac. Madagascar, p. 23, pl. 2, fig. 15 à 18.

Localités. — Nosy Bé ! ; Nosy Komba ! ; Ambatoloaka ! ; îlot Sakatia ! ; Tuléar ! ; Androka, plage ! ; Tamatave, dragage (Odhner, p. 23) — Gisement quaternaire d'Ambolimoty (Perrier de la Bathie) ; gisement quaternaire d'Antaboka (Perrier de la Bathie).

Genre **YOLDIA**, Möller 1842.

Yoldia divaricata Odhner.

1919. *Yoldia divaricata* ODHNER, Faune malac. Madagascar,
p. 24, pl. 2, fig. 13, 14.

Localités. — Nosy Komba ! ; village d'Andraikarékabé, dragage fond de sable et algues, 10-XII-1920 ! ; Tuléar, plage ! ; Tamatave, dragué (Odhner, p. 24).

Sous-Ordre **SUBMYTILACEA**

Genre **VENERICARDIA**, Lamarck 1801,

Venericardia abbreviata Sowerby.

1903. *Cardita abbreviata* SOWERBY, Mar. Moll. of Japan, Ann.
a. Mag. Nat. Hist., 7e série, XII,
p. 500.

Localités. — Baie de Tsimipaika ! ; pointe d'Ankify !.

Genre **CARDITA**, Lamarck 1799.

Cardita pectunculus Bruguière.

1792. *Cardita pectunculus* BRUGUIÈRE, Encycl. Méthod., p. 412.
1843.   — —   Brug. REEVE, Conch. Icon., pl. I,
fig. 4.

Localité. — Madagascar (v. Martens, p. 145 ; Clessin, Conch. Cab., 2e édit., p. 39 : collect. Pætel ; collect. Ph. D. ex collect. Bonnet).

Cardita variegata Bruguière.

1792. *Cardita variegata* BRUGUIÈRE, Encycl. Méthod., p. 407,
pl. 233, fig. 6.

1843. *Cardita variegata* Brug. REEVE, Conch. Icon., pl. I,
fig. 3.

Localités. — Nosy Bé ! ; île Juan de Nova ! ; île Europa ! ;
Tuléar (Thiele, p. 562 ; Lamy, p. 341) ; Tuléar ! ; Nosy Nasa-
trana, plage ! ; Nosy Manitsa ! ; Soanierana, plage ! ; Fénérive ! ;
Tamatave, récifs (Thiele, p. 562 ; Odhner, p. 26) ; Tamatave ! ;
Andevorante, plage !.

Sous-Ordre **ERYCINACEA**

Genre **LASÆA** (Leach), Brown 1827.

Lasæa rubra Montagu.

1803. *Cardium rubrum* MONTAGU, Test. Brit., p. 83, pl. suppl.
XXVII, fig. 4.
1892. *Lasæa rubra* Mont. BUCQUOY, DAUTZENBERG et DOLLFUS.
Les Moll. du Roussillon, II, p. 240,
pl. XXXIX, fig. 5, 6.

Localités. — Ampangorinana ! ; île Europa !.
Ce Mollusque très commun en Europe où il vit surtout sur le
byssus des Moules et dans les touffes de *Lichina pygmæa*, a
été signalé aussi sur les côtes occidentale et australe d'Afrique,
aux îles Saint-Paul et Amsterdam, au Japon, dans le détroit
de Magellan et sa découverte à Madagascar vient confirmer son
cosmopolitisme.

Genre **GALEOMMA**, Turton 1825.

Galeomma denticulatum Deshayes.

1863. *Galeomma denticulata* DESHAYES, Moll. île Réunion,
p. 18, pl. III, fig. 1, 2, 3.

Localité. — Sarodrano (Lamy, p 342).

Genre **SCINTILLA**, Deshayes 1855.

Scintilla lutea Lamarck.

1818. *Lucina lutea* LAMARCK, Anim. s. vert., V, p. 544.
1841.   —   —   Lam. DELESSERT, Rec. coq. non fig.,
pl. 6, fig. 9ª, 9ᵇ, 9ᶜ.

Localité. — Madagascar, assez commun (Sganzin, p. 7 ;
v. Martens, p. 146).

Scintilla symmetrica Odhner.

1919. *Scintilla symmetrica* ODHNER, Faune malac. Madagascar,
p. 9, pl. I, fig. 4.

Localité. — Majunga (Odhner, p. 9).

Sous-Ordre **CARDIACEA**

Genre **TRIDACNA**, Bruguière, 1789.

Tridacna crocea Lamarck.

1819. *Tridacna crocea* LAMARCK, Anim. s. vert., VI, p. 106.
1862.   —   —   Lam. REEVE, Conch. Icon., pl. VIII,
fig. 9ª, 9ᵇ.

Localité. — Madagascar, commun (Sganzin, p. 9 ; v. Martens,
p. 147).

Tridacna elongata Lamarck.

1819. *Tridacna elongata* LAMARCK, Anim. s. vert., VI, p. 106.
1862.   —   —   Lam. REEVE, Conch. Icon., pl. II,
fig. 2ª, 2ᵇ.

Localités. — Mahakamby (Odhner, p. 13) ; Tuléar (Lamy,
p. 342 ; Odhner, p. 42) ; Fénérive (Odhner, p. 32) ; Tamatave,
sur le récif de coraux (Odhner, p. 30).

Tridacna gigas Linné.

1758. *Chama gigas* LINNÉ *(pars)*, Syst. Nat., édit. X, p. 691.
1819. *Tridacna squamosa* LAMARCK, Anim. s. vert., VI, p. 106.
1862.   —   — Lam. REEVE, Conch. Icon., pl. III.

Localités. — Madagascar, commun (Sganzin, p. 9) ; Nosy Bé (de Man, p. 7) ; Tuléar (Lamy, p. 342) ; Nosy Vé (Thiele, p. 562) ; Sainte-Marie (v. Martens, p. 146).

Linné a réuni sous le nom de *Chama gigas* tous les *Tridacna* dont il existait alors des figurations, en supposant que ceux de taille moyenne ou petite étaient des individus jeunes de l'espèce qui atteint, en vieillissant, une taille gigantesque. Il a signalé l'existence, dans le Museum Ludovicæ Ulricæ, d'un exemplaire « si grand, que l'homme le plus robuste pouvait à peine le soulever ».

E. A. Smith (Proc. Malac. Soc., 1898, p. 112) et M. Fr. Sarasin, (Verh. Naturf. Ges. in Basel, XV, p. 349), ont cité les dimensions d'un certain nombre de *Tridacna* géants, variant de 82 à 135 centimètres de largeur.

Charles Hedley (Moll. of Funafuti, Mem. Austr. Museum, III, p. 504, 529), qui a observé vivants de nombreux *Tridacna*, notamment sur les récifs de la Grande-Barrière, croit que les spécimens gigantesques appartiennent à l'espèce dont des exemplaires moins vieux ont été nommés *Tridacna squamosa* par Lamarck. Ils vivent presque toujours à l'état libre sur les récifs où ils sont roulés par les vagues, de sorte que leur sculpture initiale finit par disparaître complètement. Les autres espèces de *Tridacna (T. elongata*, etc.), vivent, au contraire, constamment encastrées dans le corail.

Genre HIPPOPUS, Lamarck 1799.

Hippopus hippopus Linné.

1758. *Chama Hippopus* LINNÉ, Syst. Nat., édit. X, p. 691.
1819. *Hippopus maculatus* LAMARCK, Anim. s. vert., VI, p. 108.
1862.   —   — Lam. REEVE, Conch. Icon., pl. I.

Localité. — Madagascar, très rare (Sganzin, p. 9 ; v. Martens, p. 147).

Genre **CARDIUM**, Linné 1758.

Cardium asiaticum Bruguière.

1789. *Cardium asiaticum* BRUGUIÈRE, Encycl. Méthod., p. 224.
1845. *Cardium Asiaticum* Brug. REEVE, Conch. Icon., pl. XVIII, fig. 90.

Localités. — Tuléar ! ; Tamatave ! — Gisement quaternaire du Bras d'Antsoa (Perrier de la Bathie).

Cardium australe Sowerby.

1840. *Cardium Australe* SOWERBY, Proc. Zool. Soc. Lond., p. 105.
1845. *Cardium australe* Sow. REEVE, Conch. Icon., pl. XIX, fig. 97.

Localités. — Baie de Tsimipaika ! ; Tuléar ! ; plage d'Anosy ! ; d'Androka à Ampalaza, plage !.

Cardium coronatum Spengler.

1799. *Cardium coronatum* SPENGLER, Over den toskallede Slægt Hiertenmuslinger, p. 9.
1869.   —   — Spengl. RÖMER, Conch. Cab., 2ᵉ édit., p. 68, pl. 12, fig. 3, 4, 5.

Localité. — Majunga (Odhner, p. 13).
D'après Römer, le *C. fimbriatum* Wood (1815), serait l'état jeune de cette espèce et c'est sous ce nom qu'elle figure dans le Conchologia Iconica (pl. XVIII, fig. 91).

Cardium Dupuchense Reeve.

1845. *Cardium Dupuchense* REEVE, Conch. Icon., pl. XIV, fig. 67.

1869. *Cardium flavum* Lin. var. *Dupuchense* Reeve Römer,
Conch. Cab., 2ᵉ édit., p. 58 (non figuré).

Localité. — Majunga (Odhner, p. 12).

Cardium multispinosum Sowerby.

1838. *Cardium multispinosum* Sowerby, Conchol. Illustr.,
fig. 38.
1844. — — Sow. Reeve, Conch. Icon., pl. II,
fig. 10.

Localité. — Tuléar (Thiele, p. 562).

Cardium orbita Reeve.

1845. *Cardium orbita* Reeve, Conch. Icon., pl. XVII, fig. 85.

Localités. — Morombé ! ; Tuléar ! ; Vatomandry, plage !.

Cardium pectiniforme Born.

1778. *Cardium pectinatum* Born (non Linné), Index rer. nat.,
p. 37.
1780. *Cardium pectiniforme* Born, Test. Mus. Cæs. Vindob.,
p. 49, pl. III, fig. 10 (numérotée 9,
par erreur, dans le texte).
1782. *Cardium magnum* Chemnitz (non Born), Conch. Cab.,
VI, p. 196, pl. 19, fig. 191.
1786. *Cardium flavum* Schröter (non Linné), Einleit., III,
p. 43 ; pl. VII, fig. 11ᵃ, 11ᵇ.
1797. Encyclopédie méthod., pl. 297, fig. 2.
1819. *Cardium rugosum* Lamarck, Anim. s. vert., VI, p. 10.
1869. *Cardium flavum* Römer (non Linné), Conch. Cab., 2ᵉ édit.,
p. 56, pl. 5, fig. 10 ; pl. 7, fig. 7, 8.
1888. *Trachycardium peregrinum* Jousseaume, Moll. Mer Rouge, Mém. Soc. Zool. de France, I,
p. 212.

Localités. — Madagascar, commun sur les bancs de madré-

pores et de coraux (Sganzin, p. 10, s. nom. *rugosum* Lam. ;
v. Martens, p. 147, s. nom. *rugosum* Lam.) ; Nosy Faly (de
Man, p. 6, s. nom. *rugosum* Lam.) ; Nosy Bé (de Man, p. 6,
s. nom. *rugosum* Lam.) ; Nosy Bé ! ; Hellville ! ; Nosy Fanihi ! ;
Majunga (Odhner, s. nom. *rugosum* Lam.) ; île Juan de Nova ! ;
baie de Lamboharana ! ; Tuléar (Lamy, p. 342, s. nom. *peregrinum* Jouss.) ; Tuléar ! ; Ankilibé, plage ! ; Anakao, plage ! ;
Androka, plage ! — Gisement quaternaire d'Antaboka (Perrier
de la Bathie).

Le *Cardium flavum* n'a pu être identifié par Hanley car il
n'en existe pas de spécimen dans la collection de Linné et sa
description est si vague qu'elle a donné lieu à des interprétations très différentes. L'espèce de Madagascar dont nous donnons ci-dessus quelques références, étant bien conforme à la
figuration du *C. pectiniforme* de Born, c'est à ce nom que nous
nous arrêtons. Le *Cardium rugosum* de Lamarck, a été généralement regardé comme identique et nous sommes convaincus
qu'il en est de même du *C. peregrinum* Jouss. Le *C. Dupuchense*
Reeve est aussi très voisin et ne devra probablement être regardé que comme une variété du *pectiniforme* ayant les côtes
un peu plus espacées.

Cardium tenuicostatum Lamarck.

1819. *Cardium tenuicostatum* LAMARCK, Anim. s. vert., VI, p. 5.
1844.   —   — Lam. REEVE, Conch. Icon., pl. X,
                  fig. 50.
1869. *Cardium (Pectunculus) tenuicostatum* Lam. Römer,
                  Conch. Cab., 2ᵉ édit., p. 69, pl. 12,
                  fig. 6, 7.

Localités. — Tuléar (Thiele, p. 562) — Gisement quaternaire d'Antaboka (Perrier de la Bathie).

Cardium unicolor Sowerby.

1834. *Cardium unicolor* SOWERBY, Conch. Illustr., fig. 29.
1845.   —   — Sow. REEVE, Conch. Icon., pl. XVIII,
                  fig. 88.

Localités. — Baie de Tsimipaika ! ; Nosy Bé (de Man, p. 6) ; dragué à l'Ouest de l'îlot Ambariobé, 2 m. 50 prof. !.

Sous-Genre **HEMICARDIUM**, Klein, 1753 (emend.).

Cardium (Hemicardium) auricula Forskäl.

1775. *Cardium auricula* Forskäl, Descr. Anim., p. 122.
1838.   —   —   Forsk. Sowerby, Conch. Illustr., fig. 47, 47.
1844.   —   —   Forsk. Reeve, Conch. Icon., pl. VII, fig. 39.

Localité. — Nosy Komba, près du village d'Andrékarékabé ! ; Tuléar, plage !.

Cardium (Hemicardium) fragum Linné.

1758. *Cardium Fragum* Linné, Syst. Nat., édit. X, p. 679.
1844. *Cardium fragum* Lin. Reeve, Conch. Icon., pl. IV, fig. 23.

Localités. — Nosy Hara (P. Lemoine) ; Baie de Tsimipaika! ; Ampangorinana ! ; Ambatoloaka ! ; pointe à la fièvre, dragage 20 à 22 m., fond de vase ! ; pointe d'Ampasipohé ! ; île Juan de Nova ! ; île Europa (Thiele, p. 563) ; île Europa ! ; Tuléar ! ; Anakao, plage ! ; Nosy Nasatrana, plage ! ; Nosy Manitsa ! ; Sainte-Marie, entre l'île aux Nattes et Ilampy !.

Cardium (Hemicardium) retusum Linné.

1767. *Cardium retusum* Linné, Syst. Nat., édit. XII, p. 1121.
1845.   —   —   Lin. Reeve, Conch. Icon., pl. XIX, fig. 103.

Localités. — Ankatsepé ! ; Majunga, plage (Odhner, p. 13) ; Morombé ! ; Androka, plage ! — Gisement quaternaire d'Antaboka (Perrier de la Bathie).

Sous-Ordre **CHAMACEA**

Genre **CHAMA**, Bruguière, 1789.

Chama brassica Reeve.

1847. *Chama brassica* REEVE, Conch. Icon., pl. VI, fig. 31.

Localités. — Diego-Suarez (collect. du Muséum ex L. Rousseau, fide Lamy) ; baie de Tsimipaika ! ; pointe d'Ankify ! ; Tuléar (Odhner, p. 41).

Chama fibula Reeve.

1846. *Chama fibula* REEVE, Conch. Icon., pl. V, fig. 27.
Localité. — Baie de Befotaka !.

Chama imbricata Broderip.

1834. *Chama imbricata* BRODERIP, Trans. Zool. Soc. Lond., I,
p. 304, pl. 39, fig. 2, 3.
1847. — — Brod. REEVE, Conch. Icon., pl. I,
fig. 3 ; pl. VI, fig. 3ᵇ (jeune).

Localités. — Baie d'Ambaro ! ; baie de Tsimipaika ! ; Ambatoloaka ! ; Nosy Fanihi ! ; baie de Lamboharana ! ; Sarodrano !.

Chama spinosa Broderip.

1834. *Chama spinosa* BRODERIP, Trans. Zool. Soc. Lond., I,
p. 306, pl. 38, fig. 8, 9.
1847. — — Brod. REEVE, Conch. Icon. pl. VIII,
fig. 44.

Localités. — Majunga (Odhner, p. 13) ; Tamatave (Odhner, p. 30).

Sous-Ordre **CONCHACEA**

Genre **LIBITINA**, Schumacher 1817.

Libitina rostrata Lamarck.

1819. *Cypricardia rostrata* LAMARCK, Anim. s. vert., VI, p. 28.
1843. — — Lam. REEVE, Conch. Icon.,pl. I, fig. 3.

Localités. — Madagascar, très rare (Sganzin, p. 8) ; île Sainte-Marie (v. Martens, p. 151).

Libitina sublævigata Lamarck.

1819. *Cardita sublævigata* LAMARCK, Anim. s. vert., VI, p. 26.
1843. *Cypriçardia vellicata* REEVE, Conch. Icon., pl. II, fig. 7.

Localités. — Baie d'Ambiky, sur les Palétuviers ! ; Nosy Fanihi !.

D'après M. Lamy le *C. vellicata* Reeve est l'état jeune du *C. sublævigata* Lamarck.

Genre **TIVELA**, Link 1807.

Tivela dolabella Sowerby.

1851. *Cytherea dolabella* SOWERBY, Thes. Conch., II, p. 619,
pl. CXXVII, fig. 15.
1864. — — Sow. REEVE, Conch. Icon., pl. I, fig. 2.

Localités. — Tuléar ! ; Tamatave ! ; Fénérive ! ; Foulpointe ! ; Andevorante (collect. Ph. D., récolte Em. Dorr).

Tivela Lamyi nov. sp.
Pl. IV, fig. 1, 2, 3, 4, 5, 6 (gr. nat.).

Testa solida, compressa, subtrigona, inæquilateralis, postice quam antice magis producta. Umbones parvi, parum inflati. Margo dorsualis utrinque fere recte descendens ; margo ventralis arcuatus, antice rotundatus postice vero paululum ascendens. Valvularum pagina externa nitida, concentrice tenuiter striata. Lunula haud distincta, area lanceolata, superficialis. Cardo normalis, pallii sinus elongatus, ad extremitatem obtusus.

Color albus radiis ac zonulis fulvis irregulariter pictus ; pagina interna alba.

Altit. 38 ; latit. 47 ; crass. 18 millim.

Coquille solide, aplatie, subtrigone, inéquilatérale (région antérieure plus longue que la postérieure). Sommets petits, peu saillants. Bord dorsal d'abord déclive et presque rectiligne de chaque côté ; le côté antérieur s'arrondit ensuite vers sa base, tandis que le postérieur est légèrement anguleux à son point de jonction avec le bord ventral. Bord ventral arqué et dilaté antérieurement, ascendant vers l'extrémité postérieure. Surface externe des valves luisante et finement striée dans le sens de l'accroissement. Intérieur des valves lisse. Charnière normale ; impression palléale allongée et dépassant le milieu de la largeur de la coquille.

Coloration : fond blanc, irrégulièrement orné de zones concentriques et de rayons fauves plus ou moins interrompus. Le dessin, bien marqué au début, s'atténue vers le bord ventral chez les spécimens adultes.

Localités. — Madagascar (collection du Muséum de Paris ex collect. de Férussac, 1837) ; plage entre Androka et Ampalaza ! ; Tamatave ! ; Andevorante, plage !.

Des valves de cette espèce appartenant à la collection du Muséum, y étaient inscrites sous le nom de *Tivela compressa* Sowerby (Thesaurus Conch., II, p. 616, pl. CXXVIII, fig. 33, 34), mais cette assimilation ne nous satisfaisant pas, nous lui attribuons ici un nom différent. Les spécimens rapportés par M. G. Petit confirment en effet, qu'il s'agit d'une espèce nettement inéquilatérale, alors que le *T. compressa* est bien équilatéral. De plus, le *T. Lamyi* est constamment plus trigone, plus aplati.

Nous possédons un *T. compressa* rapporté du Cap de Bonne Espérance par Ponsouby (1892) qui concorde parfaitement avec la figure 33 du « Thesaurus », dont la provenance est la même.

Tivela Petiti, nov. sp.
Pl. VII, fig. 1, 2, 3, 4, 5 (gr. nat.).

Testa solida, mediocriter convexa, ovato-trigona, æquilateralis. Umbones parvi, parum inflati, fere contigui. Margo dorsualis primum utrinque declivis, deinde cum marginem ventralem arcuatim confluens. Margo ventralis regulariter arcuatus, postice non ascendens. Lunula haud distincta, area lanceolata et planulata. Ligamentum prominulum. Valvularum pagina externa nitida tenuiterque concentrice striata ; pagina interna lœvis ; pallii sinus linguiformis, mediam testam non attingens.

Color externus albus, fulvo concentrice ac radiatim pictus, internus roseus, versus marginem ventralem albescens ; musculorum impressiones fuscotinctæ.

Alt. 43, long. 60, crass. 25 millim.

Coquille solide, médiocrement convexe, ovale trigone, plus large que haute, équilatérale. Sommets petits, peu saillants, presque contigus. Bord dorsal d'abord déclive de chaque côté, puis s'arrondissant pour rejoindre le bord ventral qui est régulièrement arqué et non ascendant du côté postérieur. Surface externe des valves luisante et finement striée dans le sens de l'accroissement. Intérieur des valves lisse. Charnière normale. Impression palléale largement ouverte, linguiforme n'atteignant pas le milieu du diamètre antéro-postérieur de la coquille.

Coloration externe blanche, ornée de zones concentriques et de rayons fauves. Coloration interne d'un beau rose, passant au blanc à proximité du bord ventral. Impressions des muscles adducteurs brunes.

Le *T. Petiti* diffère du *T. compressa* par sa taille plus forte, sa forme plus transversale ainsi que par sa coloration interne rose (celle du *compressa* est uniformément blanche). Il diffère du *T. Lamyi* par sa forme équilatérale, plus transversale, moins trigone, par son sinus palléal plus largement ouvert, moins allongé, enfin par sa coloration interne.

Genre **MERETRIX**, Lamarck 1799.

Sous-Genre **CALLISTA**, Poli, 1791.

Meretrix (Callista) florida Lamarck.

1818. *Cytherea florida* LAMARCK, Anim. s. vert., V, p. 62.
1851.   —   —   Lam. SOWERBY, Thes. Conch., II,
        p. 627, pl. CXXXVI, fig. 193 à 196.
1864. *Dione florida* Lam. REEVE, Conch. Icon., pl. I, fig. 1ª, 1ᵇ.

Localités. — Madagascar (Gray, Catal. Brit. Mus. ; v. Mártens, p. 149 ; Römer, Monogr., p. 67) ; baie de Befotaka ! — Gisement quaternaire d'Antaboka (Perrier de la Bathie).

Meretrix (Callista) umbonella Lamarck.

1818. *Cytherea umbonella* LAMARCK, Anim. s. vert., V, p. 575.
1855.   —   —   Lam. SOWERBY, Thes. Conch., II,
        p. 622, pl. CXXX, fig. 63 à 66 ;
        p. 742, pl. CLXIII, fig. 204 (var.).
1863. *Dione umbonella* Lam. REEVE, Conch. Icon., pl. VII,
        fig. 27.

Localité. — Tuléar (Lamy, p. 345).

Sous-Genre **LIOCONCHA**, Mörch, 1853.

Meretrix (Lioconcha) arabica Chemnitz.

1795. *Venus arabica* CHEMNITZ, Conch. Cab., XI, p. 224,
        pl. CCI, fig. 1968-1970.
1851. *Cytherea Arabica* Chemn. SOWERBY, Thes. Conch., II,
        p. 643, pl. CXXXV, fig. 165, 166,
        168.
1863. *Circe arabica* Chemn. REEVE, Conch. Icon., pl. X, fig. 44ª,
        44ᵇ, 44ᶜ.

Localité. — Tuléar (Lamy, p. 345).

Meretrix (Lioconcha) lentiginosa Chemnitz.

1795. *Venus lentiginosa* CHEMNITZ, Conch. Cab., XI, p. 223, pl. 201, fig. 1963, 1964.
1851. *Cythera lentiginosa* Chemn. SOWERBY, Thes. Conch., II, p. 644, pl. CXXXV, fig. 160, 161, 162.
1863. *Circe lentiginosa* Chemn. REEVE, Conch. Icon., pl. X, fig. 45ª, 45ᵇ, 45ᶜ.

Localité. — Ambatoloaka !.

Meretrix (Lioconcha) lineolata Sowerby.

1852. *Cytherea lineolata* SOWERBY, Thes. Conch., II, p. 786, pl. CLXVIII, fig. 214, 215.

Localité. — Côte Est de Madagascar (de Man, p. 5).

Sous-Genre **PITAR**, Römer, 1857.

Meretrix (Pitar) affinis Gmelin.

1790. *Venus affinis* GMELIN, Syst. Nat., édit. XIII, p. 3278.
1887. *Cytherea (Caryatis) affinis* Gmel. RÖMER, Monogr. G. *Venus*, p. 105, pl. XXVIII, fig. 3 ; pl. XXXIII, fig. 6, 7.

Localités. — Nosy Hara (P. Lemoine) ; îlot Ambariotsimaramara, près la rivière Djabal, à l'Ouest d'Hellville ! ; Tuléar, plage ! ; Sainte-Marie, entre l'île aux Nattes et Ilampy !.

Meretrix (Pitar) ambigua Deshayes.

1858. *Trigona ambigua* DESHAYES, Catal. Conchif. Brit. Mus., p. 47.
1864. *Cytherea ambigua* Desh. REEVE, Conch. Icon., pl. IX, fig. 37.

Localité. — Tamatave, dragué (Odhner, p. 29).

Meretrix (Pitar) hebræa Lamarck.

1818. *Cytherea hebræa* LAMARCK, Anim. s. vert., V, p. 568.
1851. *Cytherea Hebræa* Lam. SOWERBY, Thes. Conch., II,
     p. 641, pl. CXXXIV, fig. 143, 144,
     148.

Localité. — Tamatave, dragué (Odhner, p. 29).

Meretrix (Pitar) Reeveana Hidalgo.

1863. *Dione striata* REEVE (*pars*, non Gray), Conch. Icon.,
     pl. X, fig. 44 (non pl. V, fig. 19).
1909. *Caryatis Reeveana* HIDALGO, Mol. test. de las islas Fili-
     pinas, Jolo y Marianas, p. 327.

Localité. — Tamatave (Odhner, p. 30).

Reeve a décrit sous le même nom : *Dione striata* Gray deux espèces différentes : l'une, pl. V, fig. 19, qui est le véritable *striata* de Gray (Analyst, VIII, p. 306) et l'autre, pl. X, fig. 44. Hidalgo a remplacé le nom de cette seconde espèce par *Reeveana*. C'est bien cette dernière qui a été citée par M. Odhner car il dit que sa coquille de Tamatave concorde avec la figure 44 du « Conchologia Iconica ».

Genre CIRCE, Schumacher 1817.

Circe corrugata (Chemnitz) Schröter.

1784. *Venus corrugata*, etc. CHEMNITZ, Conch. Cab., VII, p. 25,
     pl. 39, fig. 410, 411.
1788. — —   Chemn. SCHRÖTER, Namen Register,
     p. 112.
1818. *Cytherea rugifera* LAMARCK, Anim. s. vert., V, p. 579.
1851. *Circe rugifera* Lam. SOWERBY, Thes. Conch., II, p. 652,
     pl. CXXXIX, fig. 44, 45.
1863. *Circe corrugata* Chemn. REEVE, Conch. Icon., pl. II, fig. 4.

Localité. — Madagascar (v. Martens, p. 149).

Circe divaricata Chemnitz.

1782. *Venus divaricata*, etc. CHEMNITZ, Conch. Cab., VI, p. 317,
     pl. 30, fig. 316.
1788. — — Chemn. SCHRÖTER, Namen Register,
     p. 112.
1790. — — Chemn. GMELIN, Syst. Nat., édit. XIII,
     p. 3277.
1851. *Circe divaricata* Gmel. SOWERBY, Thes. Conch., II, p. 650,
     pl. CXXXVII, fig. 8, 9.
1863. — — Chemn. REEVE, Conch. Icon., pl. VI,
     fig. 23^a à 23^d.

Localités. — Nosy Faly (de Man, p. 6) ; île aux Forbans !.

Circe paralytica Römer.

1869. *Circe paralytica* RÖMER, Monogr. G. *Venus*, p. 211,
     pl. LVIII, fig. 1.

Localité. — Madagascar (Römer ; v. Martens, p. 149).

Circe scripta Linné.

1758. *Venus scripta* LINNÉ, Syst. Nat., édit. X, p. 689.
1851. *Circe scripta* Lin. SOWERBY, Thes. Conch., II, p. 651,
     pl. CXXXIX, fig. 38, 40, 41, 43.
1864. — — Lin. REEVE, Conch. Icon., pl. I, fig. 1^a,
     1^b, 1^c.

Localités. — Baie de Tsimipaika ! ; Ankify ! — Gisements
quaternaires du Bras d'Antsoa et d'Antaboka (Perrier de la
Bathie).

Genre CRISTA, Römer, 1857.

Crista adunca Römer.

1869. *Crista adunca* RÖMER, Monogr. G. *Venus*, p. 178, pl. LI,
     fig. 2.

Localités. — Pointe d'Ankify ! ; Nosy Bé ! ; Nosy Fanihi ! ; Ankatsepé ! ; Tuléar ! ; Ankilibé ! ; Sarodrano ! ; Tamatave ! — Gisement quaternaire d'Antaboka (Perrier de la Bathie).

Crista pectinata Linné.

1758. *Venus pectinata* LINNÉ, Syst. Nat., édit. X, p. 689.
1851. *Circe pectinata* Lin. SOWERBY, Thes. Conch., II, p. 649,
            pl. CXXXVII, fig. 1, 2, 3.
1863. — — Lin. REEVE, Conch. Icon., pl. V,
            fig. 20ᵃ, 20ᵇ, 20ᶜ.

Localités. — Madagascar, assez abondant (Sganzin, p. 7) ; Nosy Faly (de Man, p. 6) ; Nosy Bé ! ; Nosy Komba ! ; Majunga, plage (Odhner, p. 12) ; Nosy Andrano ! ; Tuléar (Lamy, p. 346) ; Anakao, plage ! ; Nosy Nasatrana ! ; Lambétabé, plage ! ; Nosy Manitsa ! ; Sainte-Marie (v. Martens, p. 149) ; entre l'île aux Nattes et Ilampy ! ; Fénérive ! ; Tamatave ! ; Vatomandry, plage !.

Genre SUNETTA, Link 1807.

Sunetta truncata Deshayes.

1853. *Cuneus truncatus* DESHAYES, Proc. Zool. Soc. Lond., p. 1.
1864. *Meroe truncata* Desh. REEVE, Conch. Icon., pl. II, fig. 3ᵃ,
            3ᵇ, 3ᶜ.
1870. *Sunetta truncata* Desh. RÖMER, Monogr. G. *Venus*, II,
            p. 10, pl. III, fig. 1.

Localités. — Fénérive ! ; Vatomandry, plage !.

Genre DOSINIA, Scopoli 1777.

Dosinia hepatica Lamarck.

1818. *Cytherea hepatica* LAMARCK, Anim. s. vert., V, p. 572.
1841. — — Lam. DELESSERT, Rec. coq. Lamarck,
            pl. 9, fig. 8ᵃ à 8ᵈ.

1850. *Artemis hepatica* Lam. REEVE, Conch. Icon., pl. I, fig. 7.
1852.　　—　　　— Lam. SOWERBY, Thes. Conch., II,
　　　　　　　p. 663, pl. CXLII, fig. 35, 36.

Localités. — Nosy Bé ! ; Nosy Iranja (collect. Ph. D. ex P. de Givenchy) ; île Juan de Nova ! ; Tuléar ! ; Sarodrano ! ; Anakao, plage ! ; Tamatave ! ; Vatomandry, plage !.

Dosinia histrio Gmelin.

1784. *Venus exoleta variegata* CHEMNITZ, Conch. Cab., VII,
　　　　　　　p. 23, pl. 38, fig. 407.
1790. *Venus Histrio* GMELIN, Syst. Nat., édit. XIII, p. 3287.
1852. *Artemis variegata* Gray SOWERBY, Thes. Conch., II,
　　　　　　　p. 675, pl. CXLIV, fig. 83.
1862. *Dosinia histrio* Gmel. RÖMER, Monogr. G. *Dosinia*, p. 33,
　　　　　　　pl. VI, fig. 2, 3.

Localité. — Ambatoloaka !.

Var. ALBIDA Römer.

1862. *Dosinia histrio* Gm. var. *albida, unicolor* RÖMER, Monogr. G. *Dosinia*, p. 33.

Localité. — Anakao, plage !.

Dosinia pubescens Philippi.

1847. *Cytherea (Artemis) pubescens* PHILIPPI, Abbildungen,
　　　　　　　p. 36, pl. VIII, fig. 3.
1850. *Artemis cœlata* REEVE, Conch. Icon., pl. V, fig. 28.
1862. *Dosinia pubescens* RÖMER, Monogr. G. *Dosinia*, p. 79,
　　　　　　　pl. XV, fig. 1.

Localités. — Madagascar (Römer, p. 79) ; baie de Befotaka ! ; Tuléar (Lamy, p. 346).

Dosinia trigona Reeve.

1850. *Artemis trigona* REEVE, Conch. Icon., pl. VII, fig. 42.

1862. *Dosinia trigona* Reeve RÖMER, Monogr. G. *Dosinia*, p. 20, pl. IV, fig. 5.

Localités. — Tuléar ! ; Fénérive ! ; Tamatave !.

Genre CRYPTOGRAMMA, Mörch 1853.

Cryptogramma flexuosa Linné.

1767. *Venus flexuosa* LINNÉ, Syst. Nat., édit. XII, p. 1131.
1847. *Cytherea flexuosa* Lam. CHENU, Illustr. Conch., pl. 13, fig. 7, 7ᵃ, 7ᵇ, 8, 8ᵃ, 8ᵇ ; 9, 9ᵃ, 10, 10ᵃ.
1852. *Venus flexuosa* Lin. SOWERBY, Thes. Conch., II, p. 716, pl. CLVI, fig. 85, 86.

Localité. — Madagascar, commun dans les sables (Sganzin, p. 7).

Genre ANAITIS, Römer, 1857.

Anaitis foliacea Philippi.

1846. *Venus foliacea* PHILIPPI, Abbildungen, p. 107, pl. V, fig. 1.

Localité. — Madagascar (Philippi, p. 107, fide Petit de la Saussaye ; v. Martens, p. 150).

Reeve et Sowerby ont regardé le *V. foliacea* de Philippi comme synonyme de *tiara* Dillw., mais cette assimilation est fort douteuse car les figurations de Born, Chemnitz, etc., citées par Dillwyn représentent des coquilles plus grandes et ornées de lamelles beaucoup plus espacées.

Genre CHIONE, Megerle von Mühlfeldt, 1811.

Chione Listeri Gray.

1838. *Dosina Listeri* GRAY, The Analyst, VIII, p. 308.
1852. *Venus Listeri* Gray SOWERBY, Thes. Conch., II, p. 705, pl. CLII, fig. 7, 8, 9.
1863. — — Gray REEVE, Conch. Icon., pl. V, fig. 14.

Localité. — Nosy Bé (de Man, p. 5).

Chione marica Linné.

1758. *Venus Marica* Linné, Syst. Nat., édit. X, p. 685.
1852. *Venus marica* Lin. Sowerby, Thes. Conch., II, p. 719,
         pl. CLVII, fig. 107 à 110.

Localités. — Nosy Bé ! ; Hellville ! ; Anakao, plage ! ; Nosy
Nasatrana, plage ! ; plage d'Androka à Ampalaza ! ; Sainte-
Marie entre l'île aux Nattes et Ilampy ! ; Tamatave (Odhner,
p. 30) ; Tamatave ! — Gisement quaternaire d'Antaboka (Perrier de la Bathie).

Chione puerpera Linné.

1771. *Venus puerpera* Linné, Mantissa, p. 545.
1782.   —   —   Lin. Chemnitz, Conch. Cab., VI, p. 372
         pl. 36, fig. 388, 389.
1852.   —   —   Lin. Sowerby, Thes. Conch., II, p. 703,
         pl. CLII, fig. 1, 2.
1863.   —   —   Lin. Reeve, Conch. Icon., pl. IV,
         fig. 10.

Localités. — Madagascar (v. Martens, p. 150, fide Gray) ;
Tuléar (Lamy, p. 346).

Chione recognita E. A. Smith.

1886. *Venus (Chione) recognita* E. A. Smith, « Challenger »
         Lamellibr., p. 125, pl. III, fig. 5a
         à 5e.

Localité. — Ambatoloaka !.

Chione reticulata Linné.

1758. *Venus reticulata* Linné, Syst. Nat., édit. X, p. 687.
1797.   Encyclopédie méthod., pl. 276, fig. 4a
         à 4e.
1818. *Venus corbis* Lamarck, Anim. s. vert., V, p. 585.

1852. *Venus reticulata* Lin. Sowerby, Thes. Conch., II, p. 706, pl. CLIII, fig. 11 à 13.

1863.   —   —   Lin. Reeve, Conch. Icon., pl. X, fig. 34.

Localité. — Nosy Fanihi !.

Chione siamensis Lynge.

1909. *Chione (Timoclea) Siamensis* Lynge, Mar. Lamellibr. of Siam, p. 244 (148), pl. V, fig. 6, 7.

Localité. — Majunga, dragué (Odhner, p. 12).

Chione striatissima Sowerby.

1852. *Venus striatissima* Sowerby, Thes. Conch., II, p. 718, pl. CLVII, fig. 103, 104, 105.

1864.   —   —   Sow. Reeve, Conch. Icon., pl. XXVI, fig. 135.

Localités. — Baie d'Ambatozavavy ! — Gisements quaternaires du Bras d'Antsoa et d'Antaboka (Perrier de la Bathie).

Chione toreuma Gould.

1850. *Venus toreuma* Gould, Boston Soc. of Nat. Hist., III, p. 277.

1863.   —   —   Gould Reeve, Conch. Icon., pl. XVI, fig. 64a, 64b.

Localité. — Nosy Hara (P. Lemoine).

Genre **TAPES** Megerle von Mühlfeldt, 1811.

Tapes Deshayesi Sowerby.

1852. *Tapes Deshayesii* Sowerby, Thes. Conch., II, p. 685, pl. CXLVI, fig. 34 à 38.

1864.   —   —   Reeve, Conch. Icon., pl. II, fig. 4a, 4b.

Localité. — Côte Est de Madagascar (de Man, p. 5).

Tapes Kochi Philippi.

1843. *Venus Kochii* PHILIPPI, Abbildungen, pl. I, fig. 5.
1852. — — Phil. SOWERBY, Thes. Conch., II,
  p. 738, pl. CLVIII, fig. 147 à 151.
1867. *Tapes Kochii* Phil. REEVE, Conch. Icon.,pl. VIII, fig. 38ᵃ,
  38ᵇ.

Localités. — Baie de Befotaka ! — Gisement quaternaire du
Bras d'Antsoa (Perrier de la Bathie).

Tapes papilionaceus Lamarck.

1784. *Ala papilionis*, etc. CHEMNITZ, Conch. Cab., VII, p. 46,
  pl. 42, fig. 441.
1818. *Venus papilionacea* LAMARCK, Anim. s. vert., V, p. 594.
1852. *Tapes papilionacea* Lam. SOWERBY, Thes. Conch., II,
  p. 679, pl. CXLV, fig. 1, 2.
1864. *Tapes rotundata* REEVE (non Linné), Conch. Icon., pl. II,
  fig. 7.

Localité. — Madagascar (v. Martens, fide Gray).

Tapes Rodatzi Dunker.

1848. *Venus Rodatzi* DUNKER, Zeitschr. f. Malakoz., p. 185.
1850. — — DUNKER, Novit. Conch., p. 13, pl. IV,
  fig. 4, 5, 6.
1870. *Tapes Rodatzi* Dunk. RÖMER, Monogr. G. *Venus*, II,
  p. 50, pl. XVIII, fig. 1.

Localité. — Gisement quaternaire d'Antaboka (Perrier de la
Bathie).

Tapes sp. ?

M. de Man a figuré un *Tapes* de Madagascar sous le nom de
T. geographica, mais il n'était pas bien convaincu de l'exacti-
tude de sa détermination puisqu'il dit que sur son exemplaire

« les stries longitudinales propres au *T. geographica*, ne sont presque pas visibles ». La forme de cette coquille de M. de Man est, d'ailleurs, bien plus ovale et moins allongée que celle du *Tapes* méditerranéen décrit par Chemnitz ; sa figuration se rapprocherait plutôt du *Tapes vitulatus* Deshayes, sans qu'il soit cependant possible de l'assimiler d'une manière certaine à cette espèce.

Localité. — Côte Est de Madagascar (de Man, p. 5, pl. I, fig. 2).

Genre **VENERUPIS**, Lamarck 1818.

Venerupis macrophylla Deshayes.

1853. *Venerupis macrophylla* DESHAYES, Catal. Conchifera Brit. Mus., p. 193.

1854.   —   — Desh. SOWERBY, Thes. Conch., II, p. 763, pl. CLXV, fig. 20.

1874.   —   — Desh. SOWERBY *in* REEVE, Conch. Icon., pl. IV, fig. 23.

Localités. — Baie d'Ampasindava ! ; Ankilibé !.

Genre **PETRICOLA**, Lamarck 1801.

Petricola ventricosa Krauss.

1848. *Petricola ventricosa* KRAUSS, Südafr. Moll., p. 2, pl. I, fig. 1.

1874.   —   — Kr. SOWERBY *in* REEVE, Conch. Icon., pl. III, fig. 23.

Localité. — Majunga, dragué (Odhner, p. 14).

Genre **DIPLODONTA**, Bronn 1831.

Diplodonta subcostata Odhner.

1919. *Diplodonta subcostata* ODHNER, Faune malac. Madagascar, p. 9, pl. 1, fig. 2, 3.

Localité. — Majunga, dragué (Odhner, p. 9).

Genre **DONAX**, Linné 1758.

Donax abbreviatus Lamarck.

1818. *Donax abbreviata* LAMARCK, Anim. s. vert., V, p. 547.
1818. *Donax veneriformis* LAMARCK, Anim. s. vert., V, p. 548.
1854. *Donax trifasciata* REEVE, Conch. Icon., pl. II, fig. 7.
1866. *Donax abbreviata* Lam. SOWERBY, Thes. Conch., III,
           p. 312, pl. IV, fig. 106, 107.
1881. *Donax abbreviatus* Lam. BERTIN, Revis. Donacidées du
           Muséum, p. 112.
1881. *Donax veneriformis* Lam. BERTIN, *ibid.*, p. 113.

Localités. — Nosy Bé ! ; Nosy Komba ! ; baie de Befotaka ! ;
Morombé ! ; Tuléar ! ; Ankilibé ! ; Sarodrano ! ; Anakao, plage !;
Nosy Nasatrana, plage ! ; plage d'Androka à Ampalaza ! ;
Sainte-Marie (Amiral Cloué, 1850, fide Bertin) ; Sainte-Marie,
entre l'île aux Nattes et Hampy ! ; Fénérive !.

La nécessité de réunir les *D. abbreviatus* et *veneriformis* de
Lamarck, a été pressentie par Bertin, bien qu'il les ait cités provisoirement comme espèces distinctes.

Donax æmulus E. A. Smith.

1877. *Donax æmulus* E. A. SMITH, Proc. Zool. Soc. Lond., p. 721,
           pl. LXXV, fig. 23, 24, 25.

Localités. — Ankatsepé ! ; pointe à Larrée ! ; Soanierana,
plage ! ; Fénérive ! ; Tamatave ! ; Andevorante, plage ! ; Vatomandry, plage !.

Donax æneus Mörch.

1853. *Donax æneus* MÖRCH, Catal. Yoldi, II, p. 18.
1854. *Donax ænea* Mörch REEVE, Conch. Icon., pl. VIII, fig. 52.
1866. *Donax æneus* Mörch SOWERBY, Thes. Conch., III, p. 315,
           pl. III, fig. 83.

1869. *Donax (Serrula) æneus* Mörch. RÖMER, Conch. Cab.,
2ᵉ édit., p. 48, pl. 8, fig. 22, 22ᵃ,
23, 24, 25, 25ᵃ.

Localités. — Ankatsepé ! ; Tuléar !.

Donax Bertini nom. nov.

1869. *Donax (Latona) granosus* RÖMER (non Lamarck), Conch.
Cab., 2ᵉ édit., p. 88, pl. 14, fig. 11,
12, 13.
1881. *Donax (Machærodonax) granosus* Römer BERTIN (non
Lamarck), Revis. Donacidées du Mu-
séum, p. 116).

Localités. — Pointe à Larrée ! ; Tamatave, très abondant sur
les plages sablonneuses (Sganzin, p. 7 ; v. Martens, p. 152) ;
Andevorante, plage ! ; Vatomandry, plage ! ; Fort-Dauphin
(collect. Ph. D. ex Dongé).

Römer a figuré sous le nom de *Donax granosa* une espèce que
Bertin considère avec raison comme différente du *D. granosa*
de Lamarck. Deshayes après avoir examiné le type du *granosa*
dans la collection de Lamarck, dit (Anim. s. vert., 2ᵉ édit., VI,
p. 242), que ce n'est qu'une variété du *Donax cuneata* Linné.

Bertin a cependant cru pouvoir conserver le nom *granosus*
Römer (non Lamarck) parce que « le *Donax granosus* de Lamarck devant disparaître des Catalogues zoologiques, le nom
granosus imposé par Römer pouvait être conservé ». Mais ce
procédé étant en désaccord avec les règles de la nomenclature,
nous lui substituons ici le nom de *D. Bertini*.

Le *D. Bertini* diffère du *D. cuneatus* Lin. par son côté postérieur plus court, moins anguleux à la base, son aire postérieure
moins nettement limitée par une carène et nullement divisée
par un pli rayonnant.

Il est probable que le *Donax* cité de Tamatave par Sganzin,
comme étant le *granosus* Lam. est plutôt le *Bertini*, car les
nombreux spécimens récoltés dans la même région de Madagascar par M. G. Petit, appartiennent tous à cette espèce.

Donax bipartitus Sowerby.

1892. *Donax bipartitus* SOWERBY, Mar. Shells of S. Africa,
p. 58, pl. 3, fig. 74.

Localités. — Pointe à Larrée ! ; Soanierana, plage ! ; Fénérive ! ; Tamatave ! ; Andevorante, plage !; Vatomandry, plage !.

Donax Brazieri E. A. Smith.

1891. *Donax brazieri* E. A. SMITH, Proc. Zool. Soc. of Lond.,
p. 491, pl. XL, fig. 10.

Localités. — Fénérive ! ; Tamatave !.

Donax cuneatus Linné.

1758. *Donax cuneata* LINNÉ, Syst. Nat., édit. X, p. 683.
1782. —   —   *Linnæi* CHEMNITZ, Conch. Cab., VI, p. 266,
pl. 26, fig. 260.
1854. —   —   Lin. REEVE, Conch. Icon., pl. III,
fig. 15.
1866. —   —   Lin. SOWERBY, Thes., III, p. 311,
pl. III, fig. 88, 89, 90.

Localité. — Tuléar !.

Donax elegans Odhner.

1919. *Donax elegans* ODHNER, Faune malac. Madagascar, p. 10,
pl. 1, fig. 5 à 8.

Localités. — Majunga, plage (Odhner, p. 10) ; Tuléar ! ; Ankilibé !.

Donax faba (Chemnitz) Schröter.

1782. *Donax Faba*, etc. CHEMNITZ, Conch. Cab., VI, p. 270,
pl. 26, fig. 266, 267.
1788. *Donax faba* Chemn. SCHRÖTER, Namen Register, p. 30.

1818. *Donax radians* Lamarck, Anim. s. vert., V, p. 547.
1854. — —   Lam. Reeve, Conch. Icon., pl. V,
         fig. 26ª, 26ᵇ.
1866. *Donax Faba* Chemn. Sowerby, Thes. Conch., III, p. 312,
         pl. IV, fig. 108, 109.

Localités. — Tuléar (Lamy, p. 343) ; Tuléar ! ; Sarodrano ! ;
Anakao, plage ! ; Nosy Nasatrana, plage ! ; Androka, plage ! ;
Sainte-Marie, entre l'île aux Nattes et Ilampy !.

Donax incarnatus (Chemnitz) Schröter.

1782. *Donax incarnata*, etc. Chemnitz, Conch. Cab., VI, p. 265,
         pl. 26, fig. 259.
1788. — —   Chemn. Schröter, Namen Register,
         p. 30.
1854. — —   Chemn. Reeve, Conch. Icon., pl. VIII,
         fig. 53.
1866. *Donax incarnatus* Chemn. Sowerby, Thes. Conch., III,
         p. 311, pl. IV, fig. 98, 99.

Localités. — Fénérive, Tamatave !.

Donax madagascariensis Wood.

1828. *Donax Madagascariensis* Wood, Index testac., Suppl.,
         p. 5, pl. 2, fig. 3.
1854. —   — Wood Reeve, Conch. Icon., pl. VIII,
         fig. 50.
1866. —   — Wood Sowerby, Thes., III, p. 306,
         pl. 1, fig. 6.

Localités. — Madagascar (Reeve, Conch. Icon., sp. 50 ;
v. Martens, p. 152 ; Bertin, Revis. Donacidées Muséum, p. 89) ;
pointe à Larrée ! ; Sanierana, plage ! ; Fénérive ! ; Tamatave,
dragué (Odhner, p. 28) ; Tamatave ! ; Andevorante, plage ! ;
Vatomandry, plage !.

Donax productus Odhner.

1919. *Donax productus* Odhner, Faune malac. Madag., p. 28,
pl. 2, fig. 22, 23.

Localité. — Tamatave, dragué (Odhner, p. 28).

Donax semisulcatus Hanley.

1843. *Donax semisulcata* Hanley, Proc. Zool. Soc. Lond., p. 5.
1854. — — Hanl. Reeve, Conch. Icon., pl. VIII,
fig. 56.
1866. *Donax semisulcatus* Hanl. Sowerby, Thes. Conch., III,
p. 306, pl. I, fig. 22.

Localités. — Pointe à Larrée ! ; Sanierana, plage ! ; Tamatave, dragué (Odhner, p. 28) ; Andevorante, plage ! ; Vatomandry, plage !.

Genre GARI, Schumacher 1817.

Gari Lessoni de Blainville.

1826. *Psammobia Lessoni* de Blainville, Dict. Sc. Nat.,
XLIII, p. 480.
1856. — — de Bl. Reeve, Conch. Icon., pl. II,
fig. 8.

Localité. — Baie de Befotaka !.

Gari ornata Deshayes.

1854. *Psammobia ornata* Deshayes, Proc. Zool. Soc. Lond.,
p. 323.
1856. — — Desh. Reeve, Conch. Icon., pl. IV,
fig. 26^a, 26^b.

Localité. — Gisement quaternaire d'Antaboka (Perrier de la Bathie).

Genre **PSAMMOTÆA**, Lamarck 1818.

Psammotæa violacea Lamarck.

1818. *Psammotæa violacea* LAMARCK, Anim. s. vert., V, p. 517.
1851. *Capsella violacea* Lam. REEVE, Conch. Icon., pl. I, fig. 6.
1881. *Hiatula (Psammotæa) violacea* Lam. BERTIN, Revis.
　　　　　　　Garidées du Muséum, p. 96.

Localité. — Tuléar, plage !.

Genre **PSAMMOTELLINA**, P. Fischer 1887.

Psammotellina Ruppelliana Reeve.

1857. *Psammotella Ruppelliana* REEVE, Conch. Icon., pl. I,
　　　　　　　fig. 6.

Localité. — Gisement quaternaire du Bras d'Antsoa (Perrier de la Bathie).

Genre **ASAPHIS**, Modeer 1793.

Asaphis deflorata Linné.

1758. *Venus deflorata* LINNÉ, Syst. Nat., édit. X, p. 687.
1818. *Sanguinolaria rugosa* LAMARCK, Anim. s. vert., V, p. 511.
1856. *Capsa deflorata* Lin. REEVE *(pars)*, Conch. Icon., pl. I,
　　　　　　　fig. 1ᵈ *(tantum)*.

Localités. — Madagascar (Bertin ! Texor de Ravisi) ; Madagascar, très abondant sur les plages sablonneuses (Sganzin, p. 6) ; Nosy Hara (P. Lemoine) ; Nosy Bé (de Man, p. 5) ; village d'Ampangorinana ! ; Sarodrano ! ; Ambodifotatra (Dautzenberg, p. 29) ; Sainte-Marie, très abondant (Sganzin, p. 6 ; v. Martens, p. 154).

Sganzin a commis un *lapsus calami* en donnant à cette espèce le nom de Sanguinolaire ridée *Sanguinolaria livida* Lamarck, car le nom latin inscrit dans les « Animaux sans vertèbres » pour la Sanguinolaire ridée est *Sanguinolaria rugosa*.

Reeve a réuni sous le nom linnéen *deflorata* des espèces qui méritent d'être considérées comme distinctes et notamment l'*A. coccinea* Martyn, des Indes Occidentales.

L'*A. deflorata* est consommé par les Malgaches qui, pour le cuire, en font des tas autour desquels ils allument un feu ardent (Sganzin).

Genre **SOLENOCURTUS**, Blainville 1824 (emend.).

Solenocurtus Philippinarum Dunker.

1861. *Macha Philippinarum* DUNKER, Proc. Zool. Soc. Lond., p. 424.

1874. *Solecurtus Philippinarum* Dunk. REEVE, Conch. Icon., pl. II, fig. 12.

Localité. — Ambatoloaka !.

Genre **CULTELLUS**, Schumacher, 1817.

? Cultellus attenuatus Dunker.

1861. *Cultellus attenuatus* DUNKER, Proc. Zool. Soc. Lond., p. 422.

1870. — — DUNKER, Novitates, p. 72, pl. XXIV, fig. 4.

1874. — — Dunk. SOWERBY *in* REEVE, Conch. Icon., pl. II, fig. 8.

Localité. — Tamatave, dragué (Odhner, p. 31) cité avec doute.

Cultellus cultellus Linné.

1758. *Solen Cultellus* LINNÉ, Syst. Nat., édit. X, p. 673.

1874. *Cultellus cultellus* Lin. SOWERBY *in* REEVE, Conch. Icon. pl. VI, fig. 23ª, 23ᵇ.

Localités. — Baie de Befotaka ! ; Tuléar (Lamy, p. 346).

Cultellus Grayanus Dunker.

1861. *Aulus Grayanus* DUNKER, Proc. Zool. Soc. Lond., p. 427.
1874. *Cultellus Grayanus* Dunk. SOWERBY *in* REEVE, Conch.
Icon., pl. V, fig. 17.
Localité. — Majunga (Odhner, p. 13).

Genre SOLEN, Linné 1758.

Solen corneus Lamarck.

1818. *Solen corneus* LAMARCK, Anim. s. vert., V, p. 451.
1841.   —   —   Lam. DELESSERT, Rec. Coq. de Lamarck non figurées, pl. 2, fig. 2^a, 2^b.
1874.   —   —   Lam. SOWERBY *in* REEVE, Conch.
Icon., pl. IV, fig. 19 ; pl. VII,
fig. 18^b.
Localités. — Nosy Faly (de Man, p. 4) ; Tuléar ! ; Tuléar :
plage de Mahavatsé ! ; Ankilibé ! — Gisement quaternaire
d'Antaboka (Perrier de la Bathie).

? Solen Woodwardi Dunker.

1861. *Solen Woodwardi* DUNKER, Proc. Zool. Soc. Lond., p. 420.
1870.   —   —   DUNKER, Novit. Conch., pl. 70,
pl. XXIV, fig. 2.
Localité. — Tuléar (Lamy, p. 346, cité avec doute).

Sous-Ordre MYACEA

Genre MESODESMA, Deshayes, 1830.

Sous-Genre ATACTODEA, Dall, 1895.

Mesodesma (Atactodea) striatum (Chemnitz) Gmelin.

1782. *Mactra striata*, etc. CHEMNITZ, Conch. Cab., VI, p. 225,
pl. 22, fig. 222, 223.
1790.   —   —   Chemn. GMELIN, Syst. Nat., édit. XIII,
p. 3257.

1854. *Mesodesma striata* Chemn. REEVE, Conch. Icon., pl. II,
fig. 10.
1914. *Mesodesma (Atactodea) striatum* Chemn. LAMY, Revis.
Mesodesmatidæ viv. du Muséum,
Journ. de Conch., LXII, p. 45, 47,
pl. I, fig. 10.

Var. GLABRATA Gmelin.

1790. *Mactra glabrata* GMELIN, Syst. Nat., édit. XIII, p. 3258.
1854. *Mesodesma glabrata* Gmel. REEVE, Conch. Icon., pl. III,
fig. 20.
1914. *Mesodesma (Atactodea) glabratum* Gmel. LAMY, Revis
Mesodesmatidæ, viv. du Muséum,
Journ. de Conch., LXII, p. 41, pl. I,
fig. 9.

Localités. — Nosy Hara (P. Lemoine) ; Anse du Cratère,
près Hellville ! ; Ankify ! ; Ampangorinana ! ; Nosy Fanihi ! ;
Ampasipohé ! ; île Juan de Nova ! ; Nosy Andrano ! ; Tuléar,
plage ! ; Sarodrano ! ; Lambétabé, plage ! ; Anakao, plage ! ;
Ambodifotatra (Dautzenberg, p. 29) ; Sainte-Marie, entre l'île
aux Nattes et Ilampy !.

M. Lamy a expliqué les différences qui existent entre les
M. striatum et *glabratum*, mais il est d'avis que de nombreux
spécimens qui établissent le passage entre ces deux formes
extrêmes, ne permettent de les considérer que comme deux
variétés d'une même espèce.

Genre **MACTRA**, Linné 1767.

Mactra achatina Chemnitz.

1795. *Mactra achatina* CHEMNITZ, Conch. Cab., XI, p. 218,
pl. 200, fig. 1957, 1958.
1818. *Mactra maculosa* LAMARCK, Anim. s. vert., V, p. 474.
1850. *Mactra adspersa* Dunk. PHILIPPI, Abbildungen, p. 135,
pl. III, fig. 2, 2.

1854. *Mactra achatina* Chemn. REEVE, Conch. Icon., pl. XII,
    fig. 51.
1884. — — Chemn. WEINKAUFF, Conch. Cab.,
    2e édit., p. 50, pl. 17, fig. 3, 4.

Localités. — Madagascar (Lamy, p. 213) ; baie de Tsimipaika !.

Mactra æquisulcata Sowerby.

1894. *Mactra æquisulcata* SOWERBY, Mar. Sh. of. S. Africa,
    Journ. of Conch., VII, p. 376.
1917. — — Sow. LAMY, Revis. *Mactridæ* viv. du
    Muséum, Journ. de Conch., LXIII,
    p. 211.

Localités. — Madagascar (collect. de Férussac, fide Lamy) ;
Morombé ! ; Tuléar ! ; plage d'Androka à Ampalaza ! ; pointe
à Larrée ! ; Sonierana, plage ! ; Fénérive ! ; Tamatave ! ; Andevorante (collect. Ph. D. : récolte Em. Dorr) ; Andevorante,
plage ! ; Vatomandry, plage !.

Mactra cuneata (Chemnitz) Gmelin.

1782. *Mactra cuneata*, etc. CHEMNITZ, Conch. Cab., VI, p. 221,
    pl. 22, fig. 215.
1790. — — Chemn. GMELIN, Syst. Nat., édit.
    XIII, p. 3260.
1854. — — Chemn. REEVE, Conch. Icon., pl. XIX,
    fig. 109.
1917. — — Chemn. LAMY, Revis. *Mactridæ* viv.
    du Muséum, p. 229.

Localités. — Majunga (Odhner, p. 11) ; Tuléar (Thiele,
p. 562) ; Tamatave (Odhner, p. 30).

Mactra lilacea Lamarck.

1818. *Mactra lilacea* LAMARCK, Anim. s. vert., V, p. 479.
1854. *Mactra pulchra* Gray REEVE, Conch. Icon., pl. XIII,
    fig. 63 (excl. fig. 60).

1854. *Mactra decora* Desh. REEVE, Conch. Icon., pl. XVI,
fig. 80.
1917. *Mactra lilacea* Lam. LAMY, Revis. *Mactridæ* viv. du
Muséum, Journ. de Conch., LXIII,
p. 203, pl. VI, fig. 6.

Localités. — Madagascar (collect. Ph. D., ex P. de Givenchy) ;
Ankify ! ; îlot Sakatia ! ; baie de Befotaka ! ; baie d'Ambatozavavy ! ; Morombé ! ; Tuléar ! ; Ankilibé ! ; Fénérive ! ; Tamatave ! — Gisement quaternaire du Bras d'Antsoa (Perrier
de la Bathie).

Var. ALBA (Jousseaume) Lamy.

1917. *Mactra lilacea* Lam., var. *alba* (Jousseaume mss.) LAMY,
Revis. *Mactridæ* viv. du Muséum,
Journ. de Conch., LXIII, p. 207.

Localité. — Baie de Befotaka !.

Mactra olorina Philippi.

1846. *Mactra olorina* PHILIPPI, Abbildungen, p. 72, 74 ; pl. II,
fig. 2.
1854. — — Phil. REEVE, Conch. Icon., pl. IX,
fig. 35.
1854. *Mactra semisulcata* REEVE (non Lamarck), *ibid.*, pl. XI,
fig. 48.
1917. *Mactra olorina* Phil. LAMY, Revis. *Mactridæ* viv. du Muséum, Journ. de Conch., LXIII,
p. 209.

Localités. — Plage d'Androka à Ampalaza ! ; Fénérive !.

Mactra opposita Deshayes.

1854. *Mactra opposita* DESHAYES, Proc. Zool. Soc. Lond., p. 65.
1854. — — Desh. REEVE, Conch. Icon., pl. XVIII,
fig. 95.

Localité. — Tamatave (Odhner, p. 29).

Genre **STANDELLA**, Gray 1853.

Sous-Genre **EASTONIA**, Gray, 1853.

Standella (Eastonia) nicobarica Gmelin.

1790. *Mactra nicobarica* GMELIN, Syst. Nat., édit. XIII,
p. 3261.

1795. *Mactra Ægyptiaca* CHEMNITZ, Conch. Cab., XI, p. 218,
pl. 200, fig. 1955, 1956.

1854. — — Chemn. REEVE, Conch. Icon., pl. XX,
fig. 112.

1917. *Standella (Eastonia) nicobarica* Gmel. LAMY, Revis.
Mactridæ viv. du Muséum, Journ.
de Conch., LXIII, p. 389.

1923. *Eastonia (Merope) reticulata* Spengl. DAUTZENBERG,
Liste préliminaire, p. 68.

Localités. — Befotaka ! ; Morombé ! ; Tuléar (Thiele, p. 562) ;
Tuléar ! ; Ankilibé !.

Standella (Eastonia) Solanderi Gray.

1837. *Spisula Solanderi* GRAY, Magas. of Nat. Hist. new ser. I,
p. 373.

1854. *Mactra Solandri* Gray REEVE, Conch. Icon., pl. XX,
fig. 113.

1917. *Standella (Eastonia) Solanderi* Gray LAMY, Revis. *Mac-*
tridæ viv. du Muséum, Journ. de
Conch., LXIII, p. 391.

Localités. —Majunga, dragué (Odhner, p. 10, s. nom. *africana*
Bartsch) ; Tamatave !.

Genre **CORBULA**, Bruguière, 1792.

Corbula acutangula Issel.

1869. *Corbula acutangula* ISSEL, Malac. del Mar Rosso, p. 246,
pl. III, fig. 1.

Localités. — Majunga (Odhner, p. 11) — Gisement quaternaire d'Antaboka (Perrier de la Bathie).

Genre **SAXICAVA**, Fleuriau de Bellevue 1802.

Saxicava rugosa Linné.

1767. *Mytilus rugosus* LINNÉ, Syst. Nat., édit. XII, p. 1156.
1896. *Saxicava rugosa* Lin. BUCQUOY, DAUTZENBERG et G. DOLLFUS, Les Mollusques du Roussillon, II, p. 597, pl. 86, fig. 12 à 24.

Localité. — Tamatave, sur le récif de coraux (Odhner, p. 31).

Genre **GASTROCHÆNA**, Spengler 1783.

Gastrochæna apertissima Deshayes.

1854. *Gastrochæna apertissima* DESHAYES, Proc. Zool. Soc. Lond., p. 326.
1878.   —   — Desh. SOWERBY *in* REEVE, Conch. Icon., pl. I, fig. 4.
1925.   —   — Desh. LAMY, Revis. des *Gastrochænidæ* viv. du Muséum, Journ. de Conch., LXVIII, p. 301.

Localité. — Madagascar, plusieurs ex. fourrés dans la coquille du *Chama brassica* Reeve (Odhner, p. 41).

Gastrochæna cuneiformis Spengler.

1783. *Gastrochæna cuneiformis* SPENGLER, Nye Saml. k. Danske Vidensk. Selsk. Skrift., II, p. 179, pl. 1, fig. 8 à 11.
1843. *Gastrochæna gigantea* DESHAYES, Traité Elém., 2° partie, p. 35, pl. 2, fig. 6, 7, 8.
1878.   —   — Desh. SOWERBY *in* REEVE, Conch. Icon., pl. III, fig. 15ᵃ, 15ᵇ.

1878. *Gastrochæna cuneiformis* Spengl. Sowerby *in* Reeve,
Conch. Icon., pl. III, fig. 20 ; pl. IV,
fig. 20ᵇ.
1925.   —   —   Spengl. Lamy, Revis. *Gastrochænidæ*
viv. du Muséum, Journ. de Conch.,
LXVIII, p. 295.

Localité. — Baie de Lamboharana !.

Sous-Genre **SPENGLERIA**, Tryon, 1861.

Gastrochæna (Spengleria) mytiloides Lamarck.

1818. *Gastrochæna mytiloides* Lamarck, Anim. s. vert., V.
p. 447.
1878.   —   —   Lam. Sowerby *in* Reeve, Conch.
Icon., pl. III, fig. 12.
1925. *Gastrochæna (Spengleria) mytiloides* Lam. Lamy, Revis.
Gastrochænidæ viv. du Muséum,
Journ. de Conch. LXVIII, p. 312.

Localités. — Madagascar, commun dans les madrépores
(Sganzin, p. 6 ; v. Martens, p. 156 ; collect. du Muséum : Boivin,
1853) ; Sainte-Marie (v. Martens, p. 156).

Sous-ordre **ADESMACEA**

Genre **PHOLAS**, Linné 1758.

? **Pholas silicula Lamarck.**

1818. *Pholas silicula* Lamarck, Anim. s. vert., V, p. 445.
1841.   —   —   Lam. Delessert, Rec. coq. Lamarck
non figurées, pl. I, fig. 19ᵃ, 19ᵇ.

Localités. — Madagascar, rare dans les terres glaises (Sganzin, p. 6 ; v. Martens, p. 155 — Gisement quaternaire du Bras
d'Antsoa (Perrier de la Bathie).
Le *Pholas silicula*, représenté par Delessert et dont le type

est conservé au Muséum de Paris est, comme l'a vérifié M. Lamy, basé sur une valve de *Barnea* et fort probablement du
Barnea candida européen. Sa citation à Madagascar par Sganzin
est donc tout à fait incertaine.

Genre **MARTESIA** (Leach) Blainville 1824.

? **Martesia obtecta** Sowerby

1849. *Pholas obtecta* Sowerby, Thes. Conch., II, p. 496,
pl. CVIII, fig. 80, 81.
1893. *Martesia obtecta* Sow. Clessin, Conch. Cab., 2ᵉ édit.,
p. 43, pl. 11, fig. 9, 10.

C'est avec beaucoup d'hésitation que nous rapportons à ce
Mollusque une loge creusée dans un morceau de corail roulé
recueilli par M. Petit sur la plage d'Ampasimarina (Nord de
Majunga). Les parois de cette loge sont partiellement revêtues
d'un enduit calcaire. La plupart des *Martesia* perforent des
bois flottés, mais cependant deux Pholadidés classés dans le
genre *Martesia* par Clessin, Paetel, etc., ont été rencontrés en
Australie, dans le corail, par J. E. Dring.

Genre **KUPHUS**, Guettard 1770.

Kuphus arenarius Lamarck.

1818. *Septaria arenaria* Lamarck, Anim. s. vert., V, p. 437.
1875. *Kuphus giganteus* Sowerby *in* Reeve, Conch. Icon., pl.
unique, fig. 1ᵃ, 1ᵃ, 1ᵇ.
1927. *Kuphus arenarius* Lin. Lamy, Revis *Teredinidæ* viv. du
Muséum, Journ. de Conch., LXX,
p. 280.

Localités. — Tintingue, rare sur les côtes sablonneuses (Sganzin, p. 5 ; v. Martens, p. 155) ; Tamatave (Sganzin, p. 5, v. Martens, p. 155).

Ordre **DIBRANCHIA**

Sous-Ordre **LUCINACEA**

Genre **LUCINA**, Bruguière 1792.

Lucina edentula Linné.

1758. *Venus edentula* LINNÉ, Syst. Nat., édit. X, p. 689.
1850. *Lucina ovum* REEVE, Conch. Icon., pl. V, fig. 21.
1920. *Lucina edentula* Lin. forma *ovum* Reeve LAMY, Révis. *Lucinacea* viv. du Muséum, Journ. de Conch., LXV, p. 78.

Localités. — Nosy Bé (Lamy : Muséum, collect. Rousseau) ; Androka, plage ! ; plage d'Androka à Ampalaza ! ; pointe à Larrée ! — Gisement quaternaire d'Antaboka (Perrier de la Bathie).

Lucina elongata Odhner.

1919. *Lucina elongata* ODHNER, Faune malac. Madagascar, p. 26, pl. 2, fig. 19.
1920. — — Odhn. LAMY, Revis. *Lucinacea* viv. du Muséum, Journ. de Conch., LXV, p. 77.

Localité. — Tamatave, dragué (Odhner, p. 26).

Genre **LORIPES**, Poli 1791.

Loripes clausus Philippi.

1848. *Lucina clausa* PHILIPPI, Zeitschr. f. Malakoz., p. 151.
1850. — — PHILIPPI, Abbildungen, p. 101, pl. II, fig. 2, 2, 2.

1920. *Loripes clausus* Phil. Lamy, Revis. *Lucinacea* viv. du Muséum, Journ. de Conch., LXV, p. 107.

Localités. — Madagascar (Lamy : collect. du Muséum ex Goudot) ; Diego-Suarez (Lamy : collect. du Muséum ex L. Rousseau) ; Tuléar, plage ! ; Sarodrano ! ; Nosy Nasatrana, plage ! ; Androka, plage ! ; Sainte-Marie, entre l'île aux Nattes et Ilampy ! ; Andevorante, plage ! ; Vatomandry, plage !.

Genre **PHACOIDES**, Blainville 1825.

Sous-Genre **PARVILUCINA**, Dall, 1901.

Section **BELLUCINA**, Dall, 1901.

Phacoides (Bellucina) Semperiana Issel.

1869. *Lucina Semperiana* Issel, Malac. del Mar Rosso, p. 82.
1850. *Lucina pisum* Reeve (non Philippi), nec Sowerby, nec d'Orbigny), Conch. Icon., pl. XI, fig. 66.
1920. *Phacoides (Bellucina) Semperiana* Iss. Lamy, Revis. *Lucinacea* viv. du Muséum, Journ. de Conch., LXV, fig. 211.
1926. *Phacoides (Bellucina) Semperiana* Iss. Pallary, Explic. des planches de Savigny, Mém. Institut d'Egypte, p. 104, pl. XII fig. 12^1, 12^2.

Localités. — Baie d'Ampasindava ! ; Ampangorinana ! ; Andraikarékabé ! ; pointe d'Ampasipohé ! ; pointe à la Fièvre ! ; Majunga (Odhner, p. 9) ; Tuléar (Lamy, p. 345).

Genre **CODOKIA**, Scopoli 1777 (emend.)

Codokia punctata Linné.

1758. *Venus punctata* Linné, Syst. Nat., édit. X, p. 688.

1850. *Lucina punctata* Lin. REEVE, Conch. Icon., pl. I, fig. 2.
1921. *Codokia punctata* Lin. LAMY, Revis. *Lucinacea* viv. du
      Muséum, Journ. de Conch., LXV,
      p. 244.

 Localités. — Ankify ! ; île Juan de Nova ! ; île Europa,
(Thiele, p. 563) ; île Europa !.

Codokia tigerina Linné.

1758. *Venus tigerina* LINNÉ, Syst. Nat., édit. X, p. 688.
1850. *Lucina exasperata* REEVE, Conch. Icon., pl. I, fig. 4.
1920. *Codokia tigerina* Lin. LAMY, Revis. *Lucinacea* viv. du
      Muséum, Journ. de Conch., LXV,
      p. 239.

 Localités. — Madagascar (Lamy : collect. du Muséum ex
Texor de Ravisi et collect. Douillot, p. 241) ; Nosy Bé (de Man,
p. 6 ; Lamy : collect. du Muséum, ex Boivin, p. 239) ; île Juan
de Nova ! ; Nosy Andrano ! ; île Europa (Thiele, p. 563) ;
Tuléar (Lamy, p. 344) ; Tuléar, plage ! ; Anakao, plage ! ;
Nosy Nosatrana, plage ! ; Tamatave !.

 C'est à M. Lamy qu'est due la mise au point de la nomenclature des *Codokia* confondus par divers auteurs sous le nom de
Lucina tigerina ; le véritable *tigerina* de Linné étant l'espèce
de l'Océan Indien, celle des Antilles, le *C. orbicularis* Linné et
celle de Californie, le *C. distinguenda* Tryon.

Sous-Genre **JAGONIA**, Récluz, 1869.

Codokia (Jagonia) divergens Philippi.

1850. (Avril) *Lucina divergens* PHILIPPI, Abbildungen, p. 103,
     pl. II, fig. 4.
1850. (Juin) *Lucina fibula* REEVE *(pars)*, Conch. Icon., pl. VII,
     fig. 37, 38 *(tantum)*.
1850. *Lucina fibula* A. ADAMS et REEVE, Zool. Voyage « Sama-
     rang », p. 80, pl. XXIV, fig. 5.

1920. *Codokia (Jagonia) divergens* Phil. Lᴀᴍʏ, Revis. *Lucinacea* viv. du Muséum. Journ. de Conch., LXV, p. 254.

Localités. — Madagascar (Lamy : collect. Muséum, ex Boivin) ; Sainte-Marie, entre l'île aux Nattes et Ilampy ! ; Tamatave !.

Dans la synonymie donnée par M. Lamy dans sa « Revision des *Lucinacea* », le Voyage du « Samarang » est indiqué avec la date de 1848, mais le titre de cet ouvrage porte 1850 et le *Lucina fibula* s'y trouve accompagné de la référence de Reeve : « Conchologia Iconica », qui a paru en juin 1850. Il est donc certain que le « Voyage du Samarang » est postérieur à juin 1850 et que le *Lucina divergens* publié par Philippi en avril 1850 a nettement la priorité.

Genre **DIVARICELLA**, von Martens, 1880.

Divaricella angulifera von Martens.

1850. *Lucina ornata* Rᴇᴇᴠᴇ (non Agassiz), Conch. Icon., pl. VIII, fig. 48 (*fide* Lamy).
1880. *Lucina (Divaricella) angulifera* ᴠᴏɴ Mᴀʀᴛᴇɴs, Moll. Maskar. u. Seych., p. 145, pl. XXII, fig. 14.
1920. *Divaricella ornata* Reeve Lᴀᴍʏ Agassiz), Revis. *Lucinacea* du Muséum, Journ. de Conch., LXV, p. 270.

Localité. — Tamatave, dragué (Odhner, p. 26).

M. Lamy croit que cette espèce est la même que le *quadrisulcata* d'Orbigny, des Antilles et il la désigne sous le nom d'*ornata* Reeve (1850), mais comme il existait déjà auparavant un *L. ornata* Agassiz, il est préférable d'employer *angulifera* von Martens, comme l'a fait M. Odhner.

Sous-Ordre **TELLINACEA**

Genre **TELLINA**, Linné 1758.

Tellina asperrima Hanley.

1844. *Tellina asperrima* HANLEY, Proc. Zool. Soc. Lond., p. 59.
1846.   —   —   HANLEY *in* SOWERBY, Thes. Conch., I,
                    p. 226, pl. LX, fig. 135.
1878. *Tellina (Tellinella) asperrima* Hanl. BERTIN, Revis.
                    Tellinidés du Muséum, p. 240.

Localité. — Madagascar (Bertin : récolte Cloué).

Tellina capsoides Lamarck.

1818. *Tellina capsoides* LAMARCK, Anim. s. vert., V, p. 531.
1867. *Tellina Capsoides* Lam. REEVE, Conch. Icon., pl. XXXIII
                    fig. 183a.
1878. *Tellina (Tellinella) capsoides* Lam. BERTIN, Revis. Tel-
                    linidés du Muséum, p. 250.

Localités. — Tuléar ! ; Ankilibé !.

Tellina jubar Hanley.

1844. *Tellina Jubar* HANLEY, Proc. Zool. Soc. Lond., p. 60.
1846. *Tellina jubar* HANLEY *in* SOWERBY, Thes. Conch., I,
                    p. 229, pl. LXIII, fig. 214.
1878. *Tellina (Tellinella) jubar* Hanl. BERTIN, Revis. Tellinidés
                    du Muséum, p. 232.

Localité. — Madagascar (Bertin, collect. Muséum : L. Rousseau).

Tellina madagascariensis Gmelin.

1790. *Tellina madagascariensis* GMELIN, Syst. Nat., édit. XIII,
                    p. 3237.

1846. *Tellina Madagascariensis* Gmel. HANLEY *in* SOWERBY,
              Thes. Conch., I, p. 244, pl. LXIII,
              fig. 218.
1878. *Tellina (Tellinella) madagascariensis* Gmel. BERTIN, Ré-
              vis. Tellinidés du Muséum, p. 248.

Localités. — Madagascar (Gmelin ; v. Martens ; Bertin) ;
Majunga, dragué (Odhner, p. 9); Tintingue, sur les plages sablonneuses (Sganzin, p. 7).

Tellina ostracea Lamarck.

1818. *Tellina ostracea* LAMARCK, Anim. s. vert., V, p. 534.
1842. *Tellina Ostracea* Lam. HANLEY, Catal. rec. biv. sh., p. 71,
              pl. 14, fig. 11.
1846. *Tellina ostracea* Lam. HANLEY *in* SOWERBY, Thes. Conch.,
              1, p. 269, pl. LVII, fig. 45.
1878. *Tellina (Tellinella) ostracea* Lam. BERTIN, Revis. Telli-
              nidés du Muséum, p. 244.

Localités. — Madagascar (Bertin, collect. Muséum : Cloué) ;
Tamatave, dragué (Odhner, p. 27).

Tellina perna Spengler.

1798. *Tellina Perna* SPENGLER, Skrivt. Nat. Selsk., p. 79.
1846. *Tellina perna* Sp. HANLEY *in* SOWERBY, Thes. Conch., I,
              p. 236, pl. LXIII, fig. 202, 217, 219.
1878. *Tellina (Tellinella) perna* Sp. BERTIN, Revis. Tellinidés
              du Muséum, p. 253.

Localité. — Tamatave, dragué (Odhner, p. 27).

Tellina petalina Deshayes.

1854. *Tellina petalina* DESHAYES, Proc. Zool. Soc. Lond., p. 367.
1868.   —   —   Desh. REEVE, Conch. Icon., pl. XLIX
              fig. 292.
1878. *Tellina (Tellinella) petalina* Desh. BERTIN, Revis. Telli-
              nidés du Muséum, p. 232.

Localité. — Madagascar (Bertin, collect. du Muséum : Cloué et Texor de Ravisi).

Tellina Pharaonis Hanley.

1844. *Tellina Pharaonis* HANLEY, Proc. Zool. Soc. Lond., p. 148.

1846. *Tellina pharaonis* HANLEY *in* SOWERBY, Thes. Conch., I, p. 235, pl. LXIII, fig. 215.

1878. *Tellina (Tellinella) pharaonis* Hanl. BERTIN, Révis. Tellinidés du Muséum, p. 253.

1926. *Tellinella (Pharaonella) pharaonis* Hanl. PALLARY, Explic. des planches de Savigny, Mém. Institut d'Egypte, p. 104, pl. XII, fig. 13^1, 13^2, 13^3.

Localité. — Madagascar (Bertin, collect. du Muséum : Cloué).

Tellina pristis Lamarck.

1818. *Tellina pristis* LAMARCK, Anim. s. vert., V, p. 531 (Encycl., pl. 287, fig. 1^a, 1^b).

1846. — — Lam. HANLEY *in* SOWERBY, Thes. Conch., I, p. 268, pl. LXI, fig. 160.

1879. *Tellina (Tellinella) pristis* Lam. BERTIN, Révis. Tellinidés du Muséum, p. 249.

Localités. — Madagascar (Bertin, collect. du Muséum : Cloué) ; Nosy Bé ! ; Tuléar ! ; Sarodrano !.

Tellina rastellum Hanley.

1842. *Tellina rastellum* HANLEY, Recent biv. Shells, p. 9, pl. XIV, fig. 14.

1846. — — HANLEY *in* SOWERBY, Thes. Conch., I, p. 225, pl. LXIV, fig. 231 ; pl. LXV, fig. 242.

1878. *Tellina (Tellinella) rastellum* Hanl. BERTIN, Révis. Tellinidés du Muséum, p. 241.

Localités. — Madagascar (Bertin, collect. du Muséum Cloué) ; Nosy Bé (Bertin, collect. du Muséum : Boivin).

Tellina rugosa Born.

1778. *Tellina rugosa* BORN, Index rer. nat., p. 18.
1780. — —   BORN, Test. Mus. Cæs. Vindob., p. 29, pl. 2, fig. 3, 4.
1846. — —   Born HANLEY *in* SOWERBY, Thes. Conch., I, p. 267, pl. LXIV, fig. 233, 238.
1878. *Tellina (Tellinella) rugosa* Born BERTIN, Révis. Tellinidés du Muséum, p. 242.

Localités. — Andorohonta ! ; Sainte-Marie, entre l'île aux Nattes et Ilampy !.

Tellina staurella Lamarck.

1818. *Tellina staurella* LAMARCK, Anim. s. vert., V, p. 522.
1841. — —   Lam. DELESSERT, Rec. Coq. Lamarck non figurées, pl. 6, fig. 2a, 2b.
1846. — —   Lam. HANLEY *in* SOWERBY, Thes. Conch., I, p. 229, pl. LX, fig. 148 pl. LXI, fig. 171 ; pl. LXV, fig. 261.
1878. *Tellina (Tellinella) staurella* Lam. BERTIN, Révis. Tellinidés du Muséum, p. 234.

Localités. — Nosy Bé (de Man, p. 4) ; Tuléar (Lamy, p. 343) ; Sarodrano !.

Tellina virgata Linné.

1758. *Tellina virgata* LINNÉ, Syst. Nat., édit. X, p. 674.
1846. — —   Lin. HANLEY *in* SOWERBY, Thes. Conch., I, p. 228, pl. LXIII, fig. 204.
1878. *Tellina (Tellinella) virgata* Lin. BERTIN, Révis. Tellinidés du Muséum, p. 231.

Localités. — Befotaka ! ; Tuléar (Lamy, p. 342) ; Tuléar ! ; plage d'Androka à Ampalaza ! — Gisement quaternaire d'Antaboka (Perrier de la Bathie).

Tellina vulsella (Chemnitz) Hanley.

1782. *Tellina rostrata seu Vulsella* CHEMNITZ (non *Tellina rostrata* Linné), Conch. Cab., VI, p. 113, pl. 11, fig. 105.
1846. *Tellina vulsella* (Chemn.) HANLEY *in* SOWERBY, Thes. Conch., I, p. 235, pl. LXI, fig. 162, 163.
1878. *Tellina (Tellinella) vulsella* (Linné) BERTIN, Revis. Tellinidés du Muséum, p. 252.

Localité. — Tuléar !.

Le *Tellina rostrata* de Linné étant une espèce fort différente du *Tellina rostrata seu vulsella* de Chemnitz, Hanley a employé pour ce dernier le nom *vulsella* qui a été ensuite généralement admis.

C'est, par erreur que Bertin a attribué à Linné la paternité du nom *vulsella* alors qu'aucune Telline de ce nom n'existe dans le « Systema Naturæ ».

Sous-Genre **ARCOPAGIA** (Leach) Brown, 1827.

Tellina (Arcopagia) fimbriata Hanley.

1844. *Tellina fimbriata* HANLEY, Proc. Zool. Soc. Lond., p. 149.
1846.   —   —   HANLEY *in* SOWERBY, Thes. Conch., I, p. 262, pl. LX, fig. 132.
1878. *Arcopagia fimbriata* Hanl. BERTIN, Revis. Tellinidés du Muséum, p. 320.

Localités. — Madagascar (Bertin, collect. du Muséum : Texor de Ravisi) ; Tuléar (Lamy, p. 343).

Tellina (Arcopagia) lingua-felis Linné.

1758. *Tellina Lingua felis* LINNÉ, Syst. Nat., édit. X, p. 674.
1846. *Tellina lingua-felis* Lin. HANLEY *in* SOWERBY, Thes. Conch., I, p. 266, pl. LXIV, fig. 236,

1878. *Arcopagia lingua-felis* Lin. BERTIN, Revis. Tellinidés du
    Muséum, p. 320.

Localités. — Madagascar, commun sur les plages sablonneuses (Sganzin, p. 7) ; Madagascar (Bertin, collect. du Muséum : Cloué) ; Sainte-Marie (v. Martens, p. 153.

Tellina (Arcopagia) robusta Hanley.

1844. *Tellina robusta* HANLEY, Proc. Zool. Soc. Lond., p. 63.
1846.   —   —   HANLEY *in* SOWERBY, Thes. Conch., I,
                p. 252, pl. LVI, fig. 23.
1878. *Arcopagia robusta* Hanl. BERTIN, Revis. Tellinidés du
    Muséum, p. 321.

Localités. — Morombé ! ; Anakao, plage ! ; Sainte-Marie.
entre l'île aux Nattes et Ilampy !.

Tellina (Arcopagia) scobinata Linné.

1758. *Tellina scobinata* LINNÉ, Syst. Nat., édit. X, p. 676.
1846.   —   —   Lin. HANLEY *in* SOWERBY, Thes.
                Conch., I, p. 266, pl. LXIV, fig. 235.
1878. *Arcopagia scobinata* Lin. BERTIN, Revis. Tellinidés du
    Muséum, p. 317.

Localités. — Madagascar, très commun sur les plages sablonneuses (Sganzin, p. 7) ; Tuléar ! ; Sainte-Marie (v. Martens,
p. 154) ; Tamatave !.

Section TELLINIDES, Lamarck, 1818.

Tellina (Arcopagia-Tellinides) opalina (Chemnitz) Schröter.

1782. *Tellina opalina diaphana*, etc. CHEMNITZ, Conch. Cab.,
                VI, p. 118, pl. 12, fig. 107, 108.
1788. *Tellina opalina* Chemn. SCHRÖTER, Namen. Register,
                p. 103.

1839. *Tellina planissima* Anton, Verzeichniss, p. 4.
1846.   —   —   Anton. Hanley *in* Sowerby, Thes.
      Conch., I, p. 295, pl. LIX, fig. 124 ;
      pl. LXII, fig. 197.
  Localités. — Tuléar.! ; Ankilibé, plage ! ; Tamatave !

Tellina (Arcopagia-Tellinides) timorensis Lamarck.

1818. *Tellinides Timorensis* Lamarck, Anim. s. vert., V,
      p. 536.
1846. *Tellina Timorensis* Lam. Hanley *in* Sowerby, Thes.
      Conch., I, p. 292, pl. LXI, fig. 158,
      172.
1878. *Tellina (Tellinides) Timorensis* Lam. Bertin, Revis Tel-
      linidés du Muséum, p. 283.
  Localité. — Madagascar (Bertin, collect. du Muséum : Cloué).

Sous-Genre **MOERELLA**, P. Fischer, 1887.

Tellina (Moerella) semitorta Sowerby.

1867. *Tellina semitorta* Sowerby *in* Reeve, Conch. Icon.,
      pl. XXXIX, fig. 221ᵃ, 221ᵇ.
1878. *Tellina (Donacilla) semitorta* Sow. Bertin, Revis. Telli-
      nidés du Museum, p. 263.
  Localités. — Majunga, dragué (Odhner, p. 10) ; Tamatave
(Odhner, p. 27).

Sous-Genre **ANGULUS**, Megerle von Mühlfeldt, 1811.

Tellina (Angulus) corbuloides Hanley.

1844. *Tellina Corbuloides* Hanley, Proc. Zool. Soc. Lond.,
      p. 70.
1846.   —   —   Hanley *in* Sowerby, Thes. Conch., I,
      p. 280, pl. LVII, fig. 50, 57.

1878. *Tellina (Fabulina) corbuloides* Hanl. BERTIN, Revis.
Tellinidés du Muséum, p. 280.

Localités. — Anse du Cratère, près Hellville ! ; baie d'Ambatozavavy ! ; pointe d'Ampasipohé !.

Tellina (Angulus) dispar Conrad.

1837. *Tellina dispar* CONRAD, Journ. Acad. Nat. Sc. Philadelphia, VII, p. 259.
1846.   —   —   Conr. HANLEY *in* SOWERBY, Thes. Conch., I, p. 306, pl. LIX, fig. 108, 113, 114.
1878. *Tellina (Fabulina) dispar* Conr. BERTIN, Revis. Tellinidés du Muséum, p. 277.

Localités. — Nosy Nasatrana, plage ! ; Nosy Manitsa ! ; Sainte-Marie, entre l'île aux Nattes et Ilampy ! ; Tamatave !.

Tellina (Angulus) rhomboides Quoy et Gaimard.

1833. *Tellina rhomboides* QUOY et GAIMARD, Voyage de l'« Astrolabe », III, p. 502, pl. 81, fig. 4 à 7.
1846. *Tellina Rhomboides* Q. et G. HANLEY *in* SOWERBY, Thes. Conch., I, p. 304, pl. LVIII, fig. 92, 96, 97.
1878. *Tellina (Fabulina) rhomboides* Q. et G. BERTIN, Revis. Tellinidés du Muséum, p. 279.

Localité. — Tamatave, dragué (Odhner, p. 27).

Tellina (Angulus) rubella Deshayes.

1854. *Tellina rubella* DESHAYES, Proc. Zool. Soc. Lond., p. 364.
1878. *Tellina (Fabulina) rubella* Desh. BERTIN, Revis. Tellinidés du Muséum, p. 279.

Localité. — Tuléar (Lamy, p. 343).

Sous-Genre **OMALA**, Schumacher, 1817.

Tellina (Omala) hilaris Hanley.

1844. *Tellina hilaris* HANLEY, Proc. Zool. Soc. Lond., p. 140.
1846.   —   —   HANLEY *in* SOWERBY, Thes. Conch., 1,
             p. 281, pl. LVII, fig. 54.
1878. *Tellina (Homala) hilaris* Hanl. BERTIN, Revis. Tellinidés
             du Muséum, p. 293.

Localités. — Baie d'Ampasindava ! ; anse du Cratère, près
Hellville ! ; Andraikarikabé ! ; baie d'Ambatozavavy ! ; pointe
d'Ampasipohé ! ; Tuléar ! ; plage d'Anosy : Ankilibé !.

Tellina (Omala) donaciformis Deshayes.

1854. *Tellina donaciformis* DESHAYES. Proc. Zool. Soc. Lond.,
             p. 357.
1868.   —   —   Desh. REEVE, Conch. Icon., pl. LI,
             fig. 299.
1878. *Tellina (Homala) donaciformis* Desh. BERTIN, Revis.
             Tellinidés du Muséum, p. 290.

Localités. — Anse du Cratère près Hellville ! ; Ambatoloaka ! ;
Tuléar !.

Genre **METIS**, H. et A. Adams, 1856.

Metis angulata Linné.

1767. *Tellina angulata* LINNÉ, Syst. Nat., édit. XII, p. 1116.
1782.   —   —   Linnæi CHEMNITZ, Conch. Cab., VI,
             p. 89, pl. 9, fig. 74, 75.
1846.   —   —   Lin. HANLEY *in* SOWERBY, Thes.
             Conch., I, p. 324, pl. LXV, fig. 250.
1878. *Metis angulata* Lin. BERTIN, Revis. Tellinidés du Mu-
             séum, p. 330.

Localités. — Morombé ! ; Tuléar ! ; plage d'Androka à Ampalaza !.

Genre **GASTRANA**, Schumacher, 1817.

Gastrana suarezensis Bertin.

1878. *Gastrana suarezensis* BERTIN, Revis. Tellinidés du Muséum, p. 359, pl. 9, fig. 3ª, 3ᵇ.

Localité. — Diego-Suarez (Bertin, collect. du Muséum, récolte L. Rousseau, 1841).

Genre **MACOMA**, Leach 1819.

Macoma dubia Deshayes.

1854. *Tellina dubia* DESHAYES, Proc. Zool. Soc. Lond., p. 371.
1868. — —   Desh. REEVE, Conch. Icon., pl. XLVII, fig. 279.
1878. *Macoma dubia* Desh. BERTIN, Revis. Tellinidés du Muséum, p. 353.

Localités. — Ampasipohé ! ; Tuléar ! ; Ankilibé ! ; Sarodrano !.

Macoma pellucida Philippi.

1843. *Tellina pellucida* PHILIPPI, Abbildungen, p. 72, pl. I, fig. 4.
1846. — —   Phil. HANLEY *in* SOWERBY, Thes. Conch., I, p. 326, pl. LIX, fig. 118.
1878. *Macoma pellucida* Phil. BERTIN, Revis. Tellinidés du Muséum, p. 338.

Localité. — Tamatave, dragué (Odhner, p. 27).

Macoma subovata Sowerby.

1867. *Tellina subovata* SOWERBY *in* REEVE, Conch. Icon., pl. XXIX, fig. 160.

1878. *Macoma subovata* Sow. BERTIN, Revis. Tellinidés du Muséum, p. 351.

Localités. — Gisement quaternaire du Bras d'Antsoa (Perrier de la Bathie) ; gisement quaternaire d'Antaboka (Perrier de la Bathie).

Genre IACRA, H. et A. Adams 1856.

Iacra lactea Dunker.

1862. *Strigillina lactea* DUNKER, Malacoz. Blätter, VIII, p. 43
1914. *Syndesmya (Iacra) lactea* Dunk. LAMY, Revis. *Scrobiculariidæ* viv. du Muséum, Journ. Conch., LXI, p. 296.
1919. *Syndesmya (Iacra) lactea* Dunk. ODHNER, Faune malac. Madagascar, p. 28, pl. 2, fig. 20, 21.

Localités. — Tuléar ! ; Tamatave, dragué (Odhner, p. 28) Tamatave ! ; Vatomandry, plage !.

Iacra Petiti Dautzenberg.

1923. *Iacra Petiti* DAUTZENBERG, Liste préliminaire Moll. mar. de Madagascar, p. 70, 72 et p. 73 figures.

Localités. — Tuléar ! ; Ankilibé ! ; pointe à Larrée ! ; Soanierana, plage ! ; Foulpointe ! ; Tamatave ! ; Vatomandry, plage !.

Genre THEORA, H. et A. Adams 1856.

Theora lata Hinds.

1843. *Neæra lata* HINDS, Proc. Zool. Soc. Lond., p. 79.
1856. *Theora lata* Hinds H. et A. ADAMS, Genera of rec. Moll., II, p. 370, pl. XCVII, fig. 5, 5ª.
1914. — — Hinds LAMY, Revis. des *Scrobiculariidæ* viv. du Muséum, Journ. de Conch. LXI, p. 299.

Localité. — Majunga, dragué (Odhner, p. 10).

Genre **SEMELE**, Schumacher, 1817.

Semele exarata A. Adams et Reeve.

1850. *Amphidesma exarata* A. ADAMS et REEVE, « Samarang »,
Moll., p. 81, pl. XXIV, fig. 9.

1853.   —   — Ad. et R. REEVE, Conch. Icon., pl. I,
fig. 1.

1914. *Semele exarata* Ad. et R. LAMY, Revis. *Scrobiculariidæ*
viv. du Muséum, Journ. de Conch.,
LXI, p. 343.

Localité. — Madagascar (Lamy, collect. du Muséum : Cloué).

Semele radiata (Ruppell) Reeve.

1853. *Amphidesma radiata* RUPPELL mss. *in* REEVE, Conch.
Icon., pl. II, fig. 12.

1914. *Semele radiata* Rupp. LAMY, Revis. *Scrobiculariidæ* viv.
du Muséum, Journ. de Conch., LXI,
p. 337.

Localités. — Madagascar (Lamy, collect. du Muséum : Capi-
taine Modest ; Geay) ; Majunga, dragué (Odhner, p. 10) ; Tuléar (Lamy, p. 343) ; Soanierana, plage ! ; Tamatave !.

Semele sinensis A. Adams.

1853. *Semele Sinensis* A. ADAMS, Proc. Zool. Soc. Lond., p. 95.

1853. *Amphidesma sinensis* A. Ad. REEVE, Conch. Icon., pl. V,
fig. 28.

1914. *Semele sinensis* A. Ad. LAMY, Revis. *Scrobiculariidæ* du
Muséum, Journ. de Conch., LXI,
p. 337.

Localité. — Madagascar (Lamy : collect. du Muséum :
Cloué 1850).

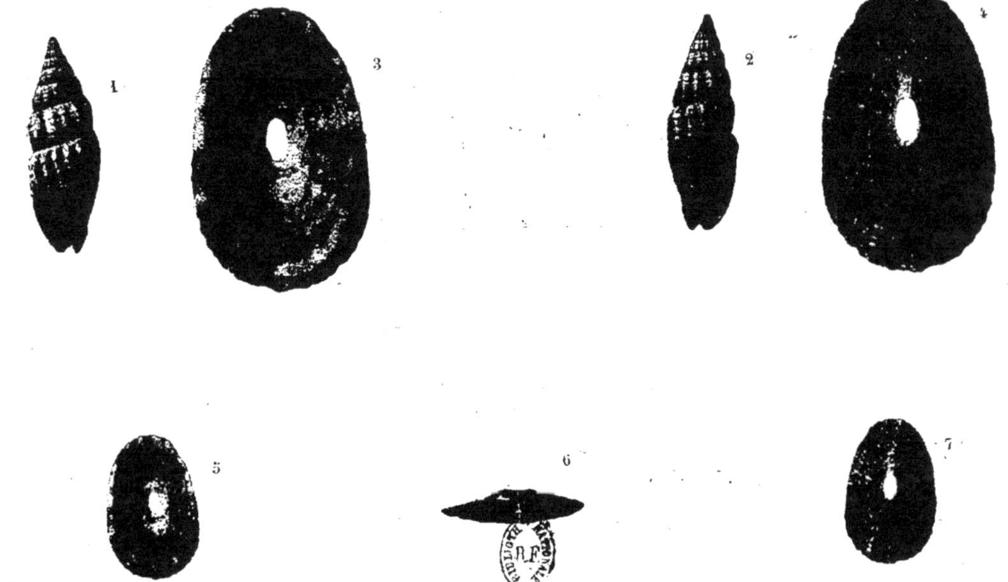

Fig. 1, 2. — *Mitra Perrieri* Dautzenberg ($\times$ 2).
3, 4. — *Fissurellidea Genevievæ* Dautzenberg ($\times$ 2).
5, 6, 7. — *Fissurellidea Genevievæ* Dautzenberg (gr. nat.)

FIG. 1, 2, 3, 4. — *Ostrea (Lopha) cucullata* Born, var. *cornucopiæ* Chemnitz (gr. nat.)

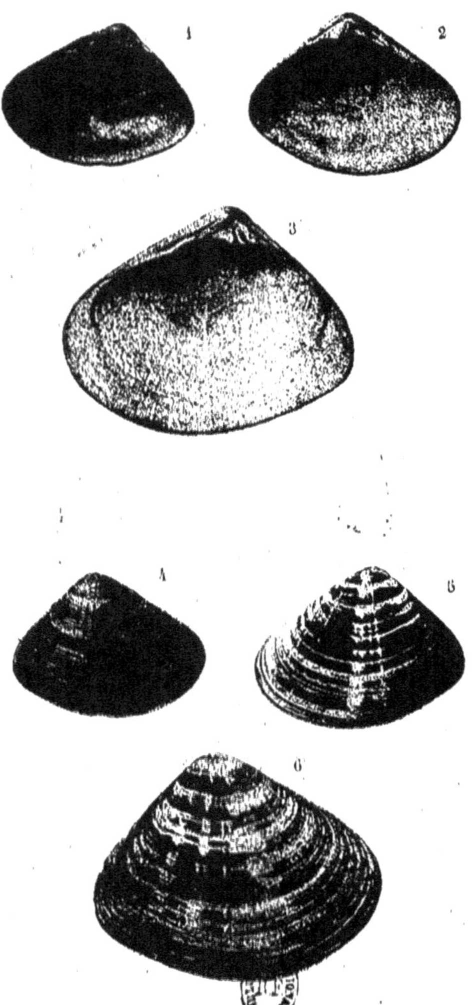

Fig. 1, 2, 3, 4, 5, 6. — *Tivela Lamyi* Dautzenberg (gr. nat.).

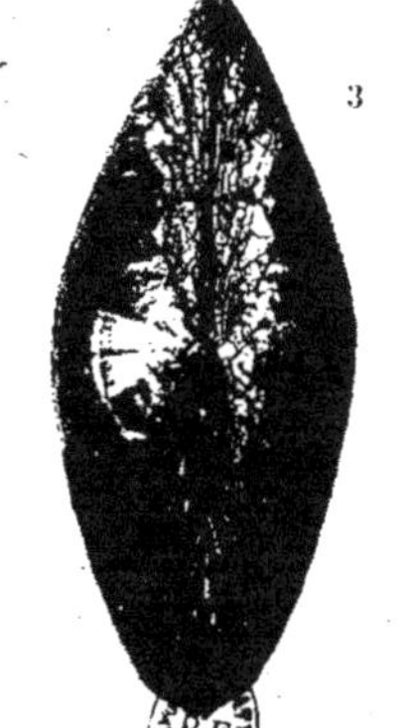

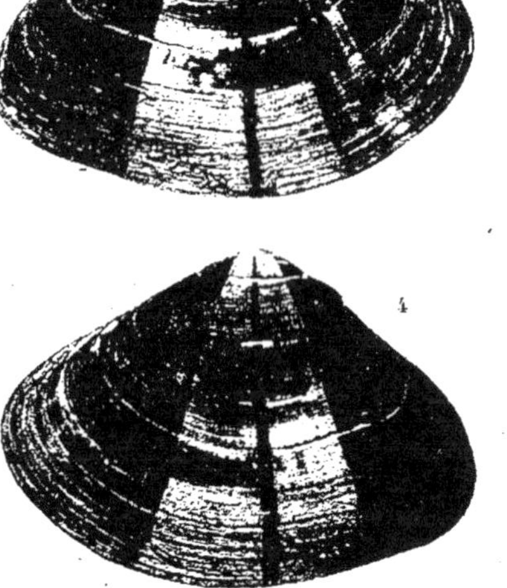

Fig. 1, 2, 3, 4, 5. — *Tivela Petiti* Dautzenberg (gr. nat.)